KB090418

KOREA

한국
관광지리

Geography Tourism of KOREA

안종수 저

전국 관광 QR코드

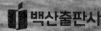

백산출판사

관광을 통해서 견문을 넓혀 다른 문화를 이해하고 새로운 '자기개발'을 추구할 수 있다.

여행은 새로운 자연과 사회, 그리고 사람을 만나는 것이며, 동시에 새로운 나 자신을 만나는 경험을 하게 된다. 그래서 더욱 값진 것이다.

우리나라는 자연자원뿐만 아니라 문화유적이 풍부하며 최근에는 현대적인 산업관광자원이 크게 증가하였기 때문에 해외관광과 더불어 국내관광의 중요성이 높아지고 있다.

이번에 출판하는 「한국관광지리」는 백산출판사에서 1999년 6월에 발간한 「한국관광」을 대폭 수정·보완하여 개정3판으로 발행하는 것이다. 이 책은 우리나라 각 분야에서 문화·역사적으로 독특하고 대표적인 관광자원을 소개하고 있다. 이 책은 우리나라의 자연과 문화의 기본적인 지식을 바탕으로 하여 다음과 같은 특징을 갖는다.

• 우리나라의 관광자원을 전체적으로 이해하고 조감할 수 있도록 하였다.
• 필수관광지와 빅테이터 분석 결과 다중관광지 중심으로 하였다.
• 관광상품과 코스 개발 시 인접한 관광자원을 효율적으로 활용할 수 있도록 주요 관광지를 중심으로 주변 관광지를 묶어서 구역화하였다.
• 관광자원에 대한 매력도를 높일 수 있도록 지역별 축제·향토음식·특산물에 관한 정보를 가급적 많이 다루고자 했다.
• 관광자원해설분야의 자격시험에 도움이 되도록 하였고, 중요내용은 각 시·도의 개관부분에 대부분 집약했다.
• 2019~2020 '한국관광백선'을 수록하였다.

자료의 협력과 사용을 허락해 주신 한국관광공사, 각 시·도 관광과의 관계자 여러분께도 진심으로 감사드린다.

2019. 1

안종수

차 례

Contents

제1장 한국관광 개관 … 11

제2장 서 울 … 43

시티투어(51), 경복궁(52), 종묘와 종묘제례악(56), 인사동(63), 명동(65), 남산공원·
서울N타워·국립중앙박물관(71), 반포한강공원(74), 서울식물원(75), 홍대거리(76),
과천서울대공원·경마공원(77), 코엑스(79), 롯데월드·롯데월드타워·몰(80)

제3장 경기도·인천 … 85

• 그림 목차 •

● **표 목차** ●

● **관심지식 목차** ●

● **관광지식 목차** ●

관광안내전화
1330
Korea Travel Hotline

1330은 한국의 관광안내 대표전화
관광안내, 통역, 관광불편신고 상담 및 접수 / 한국어, 영어, 일본어, 중국어 안내 / 24시간 연중무휴
국내 1330 해외 +82-2-1330   1 한국어 2 영어 3 일본어 4 중국어

감동과 재미 가득한 여행방법 한 가지

관광지 해설사의 도움을 받자. 예약은 필수~!

한국의 웬만한 관광지에는 관광지 스토리텔링을 하는 자원봉사자들이 근무하고 있다. 해당 관광지 또는 관광지를 관할하는 시 · 군 · 구청의 문화관광과에 예약을 해야 한다. 관광지에 따라 주중 계속 근무하는 곳과 주말(금 · 토 · 일요일)에만 근무하는 곳이 있다. 개인보다는 5~6명 이상의 단체를 우선 대상으로 봉사한다.

문화재 · 숲 · 해양 · 생태 등 다양한 분야의 해설가들이 활동하고 있다. 매우 감동적이고 유익하다.

한국관광 개관 01

1. 기후와 관광

관광과 여행은 분위기가 중요하다. 그래서 즐거운 여행을 하려면 우선 좋은 날씨를 선택해야 한다. 계절별로 기상의 특성을 파악하며 적합한 여가활동과 여행목적지를 선택하는 지혜가 필요하다.

우리나라 기후의 특징은 온대지역에 위치함으로써 4계절이 뚜렷하고 유라시아 대륙의 영향으로 연교차(연중 최고기온과 최저기온의 차이)가 심하다.

또한 여름은 무덥고 겨울은 춥고 길며, 연간 평균 강수량이 약 1,200mm로 여름철에 약 60% 이상이 집중되어 계절별 강수량의 차이가 크다.

계절의 일평균기온이 25℃ 이상이면 바다와 산계곡 그리고 박물관등 실내관광지가 여행에 적합하고 0℃ 이하인 때에는 스키장, 온천 그리고 실내관광이 좋다. 10~20℃ 사이인 봄·가을이 야외관광에 가장 쾌적한 환경이 된다.

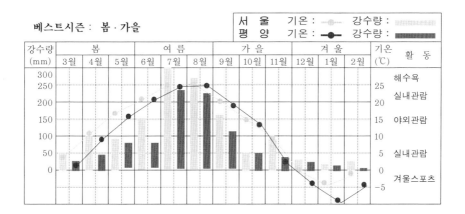

1) 봄

전국적으로 꽃이 피고 지역별 행사가 많아 봄철 나들이 인구가 많다.

〈표 1〉 우리나라 생물의 계절(절정기)   (월/일)

	매 화	벚 꽃	진달래	나 비	단 풍
제 주	2. 10	4월 초순	4. 10	3월 중순	11. 10
남해안	3. 10	4. 10	4. 5	3월 중순	11. 5
전주·대구	3. 30	4. 13	4. 10	3월 20일경	10. 30
충 청	4. 5	4. 15	4. 10	3월 하순	10. 25
서 울	-	4. 20	4. 10	4월 초순	10. 20
평 양	-	4. 25	-	4월 초순	10. 15

※ 기후변화에 따라 해마다 변동될 수 있음.

- **꽃샘추위** : 겨울철에 우리나라 기후에 절대적인 영향을 주었던 시베리아 기단이 완전히 물러가지 않아 온화한 날씨와 추운 날씨가 번갈아 찾아 오므로 날씨 변덕으로 인한 감기에 조심해야 한다.
- **황사현상** : 고공층의 편서풍으로 인해 중국지방의 황토낙진이 바람을 타고 우리나라에 이동하는 현상으로 외출을 삼가고 눈병 등 위생에 대해 각별한 주의가 필요하다.
- **심한 기상변화** : 우리나라 상공을 이동성 저기압과 고기압이 주기적으로 통과하기 때문에 순식간에 날씨가 변덕을 부리게 된다. 여행시 두터운

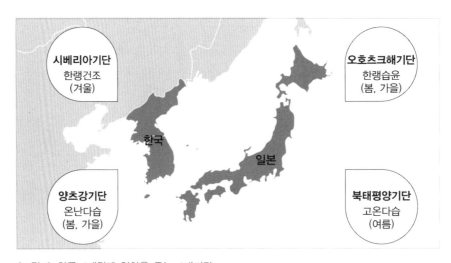

〈그림 1〉 한국 4계절에 영향을 주는 4대기단

셔츠와 바지 등을 여벌로 준비해야 한다.

• **높새현상** : 한류가 흐르는 오호츠크해 기단에서 동남풍이 우리나라로 불어와 영동지방의 태백산맥을 넘을 때 태백산맥의 동쪽은 지형성 강우를 가져오고, 그 반대쪽인 영서지방은 건조한 높새바람이 분다. 그래서 이 지역은 건조한 기후에 강한 농산물이 재배된다.

(1) **3월** : 관광계절의 시작이며 등산을 겸한 꽃나들이가 주요 활동이다.

대륙의 한랭한 고기압이 쇠약해짐에 따라 남해의 연안지방에서는 개나리꽃과 진달래꽃들이 피기 시작하고, 하순경에 이르면 기러기나 학 등의 철새가 오가는 것을 볼 수 있다.

이 달에는 땅 속에 있던 온갖 벌레들이 꿈틀거리며 기온이 상승함에 따라 얼어붙은 보리밭이나 길 등이 녹기 시작하여 남부지방에서는 상순경에, 중부지방에서는 중순경에, 그리고 북부지방에서는 아직도 영하의 기온을 나타내는 곳이 많다.

　※ 여가 · 관광 : 3 · 1운동 유적지, 변산반도, 실내테마파크, 남도의 사찰, 섬진강 유역, 제주도

(2) **4월 :** 벚꽃 등 꽃구경과 더불어 주변문화권을 답사한다.

대륙성 고기압이 극도로 쇠약해짐에 따라 이 고기압은 흩어져 훈훈한 해양을 따라 이동이 활발해진다. 이 달에 들어서면 배, 복숭아, 사과 등의 과수에 꽃과 파릇파릇 풀잎이 제법 돋아나고 나무에 싹이 트기 시작한다.

벚꽃은 이 달에 만발하게 되며, 제비같은 철새가 날아오고, 땅 속의 개구리나 뱀 등이 활동하기 시작하며 완연한 봄기운에 젖는다.

평균기온의 분포를 보면, 남해안 지방이 10℃ 내외이고 북부지방은 4~10℃로 상당히 온후해지며, 이 달에는 중국 양쯔강 유역으로부터 북동쪽으로 진행하는 저기압의 영향을 받아 남해연안 일대는 가끔 비가 내리는 것을 볼 수 있다.

또한 이 달부터는 건기에 들어가기 때문에 화재가 상당히 위험하므로 특히 산이나 들에서 불조심을 해야만 한다. 남부에서는 이 달 중순경에 마지

막 서리가 내리며 농작물 재배에 가장 적기이다.

※ 여가 · 관광 : 벚꽃구경, 백제문화권, 한려해상, 진도 모세의 기적, 둘레길

(3) 5월 : 계절의 여왕이며 관광성수기로 지역축제와 미식을 즐긴다.

대륙으로부터 이동해 오던 시베리아 한랭 고기압이 이 달부터는 점차로 따뜻한 성질을 띠고 이동하기 때문에 일정한 계절풍을 볼 수 없게 된다.

이 달에 들어서부터는 벼농사가 시작되며 산과 들은 완전히 초록색으로 물들고 대부분의 꽃들이 만발한다. 내륙지방에서는 천둥을 들을 수 있으며, 해안선 일대와 개천가에는 짙은 안개가 많이 끼고, 남해연안에서는 비가 자주 오고 바람과 황사의 내습이 가끔 있다.

평균 기온분포를 보면 중부 이남은 16℃~17℃ 내외이고, 중부 이북은 15℃~16℃ 정도 되며, 가장 추운 북부지방도 10℃ 이상이 된다.

※ 여가 · 관광 : 경주지역 답사, 휴양림, 수도권의 유원지 · 사찰, 지역별 축제, 어린이공원, 제주올레길

2) 여 름

연중 휴가객이 가장 많아 해변과 계곡으로 집중되는 계절이다. 7월 말에서 8월 초순이 가장 성수기이며, 우리나라는 산과 바다가 전국적으로 분포되는 지형적 여건으로 여름철 휴가객들이 전국적으로 분산되고 있다.

• 고온현상 : 열대기후와 똑같다. 북태평양기단의 영향으로 무더운 계절이다.
• 소나기 : 강한 일사현상으로 오후에는 열대지방의 스콜처럼 가끔 소나기가 내리므로 여름철 여행시는 우산을 준비해야 한다.

(1) 6월 : 하순부터 장마가 시작된다.

북태평양으로부터 고온다습한 해양성 고기압이 대륙의 한랭고기압의 뒤를 이어 점차 그 세력이 커감에 따라 바다로부터 대륙을 향한 남동의 해양성 계절풍이 잦다.

남해연안 일대는 강수 일수가 더욱 많아지고 빠른 때에는 이 달 하순경부

터 장마가 시작되기도 한다. 특히 내륙지방에서는 복사열로 인한 뇌우발생이 많아지고 바닷가에는 심한 안개가 번진다. 기온분포를 보면 중부 이남은 평균기온이 18℃∼22℃ 내외이고 중부 이북은 15℃∼19℃나 되며, 가장 추운 지방도 14℃ 내외가 된다.

이 달의 날씨는 대체로 흐린 날이 12∼13일이나 되며, 평균기온은 20℃∼25℃를 나타내고 있다.

   ※ 여가ㆍ관광 : 용산전쟁기념관 등 6ㆍ25유적지, 통일전망대, 관광농원, 철쭉제, 무주지역

(2) **7월** : 20일경 지루한 장마는 끝나고 본격적인 여름 휴가철이 시작된다.

덥고 습기찬 해양성 고기압이 상당한 세력으로 발달함에 따라 남동계절풍이 탁월해지면서 우리나라는 장마전선을 이루게 되고 우기에 들어가게 된다. 따라서 날씨는 흐린 상태가 계속되고 습기가 많은 장마가 계속되며 대체로 이 달 초순부터 약 3주일 동안 장마기를 갖게 된다.

태풍은 이 달 중순경부터 때때로 내습하여 홍수가 빈발하며 경우에 따라서는 가뭄이 오는 수가 있다.

   ※ 여가ㆍ관광 : 해수욕장, 섬, 한탄강 계곡 급류타기, 해상스포츠, 산, 계곡

(3) **8월** : 10일 이후에는 해수욕이 그리워진다.

해양성 고기압이 가장 크게 발달한 최성기로서 일사가 강하여 지면으로부터의 복사가 격심해서 1년 중 가장 더운 날씨를 보이고 있다. 또한 폭풍우를 동반하는 태풍이 가장 많이 내습하고 있어서 대부분의 풍수해가 이 달에 발생한다. 이 밖에도 과열로 인한 뇌우가 많아서 예기치 않은 큰 비가 자주 내린다.

기온분포를 보면 내륙지방에서는 평균 최고기온이 30℃ 이상까지 되지만, 대체로 전국에 걸쳐 21℃∼26℃의 평균기온분포를 보이고 있다.

흐린 날 수가 12∼15일, 습도는 77%∼82%의 분포를 나타내고, 평균 증발량은 120∼150mm 내외이다.

   ※ 여가ㆍ관광 : 섬여행, 강원도 오지 탐험, 산장, 캠핑장, 계곡, 실내 빙상장, 시내 호텔 및 수영장, 박물관, 미술관

3) 가 을

단풍의 계절, 수확의 계절로 청명하고 적당한 기온은 많은 사람들이 여행에 강렬한 유혹을 받는 매혹적인 계절이다.

- 가을장마 : 여름에 북상했던 장마권이 태양의 남반구쪽으로 이동하여 남하하면서 9월 초순부터 중순 사이에 장마가 일시적으로 형성된다.
- 풍수해 : 주로 남부지방에 태풍이 통과하여 농수산물의 피해가 크고 섬지역에는 여객선의 운항이 가끔씩 중지된다.
- 쾌청 : 양쯔강 기단에 의한 고기압권에 들어섬으로써 세계적으로 드문 맑은 가을 하늘을 볼 수 있다.

(1) **9월** : 좋은 날씨지만 휴가 뒤끝이라 대부분이 비수기철이다.

해양성 고기압이 점차로 쇠약해짐에 따라 남동계절풍도 약화되어 일정한 바람은 없으며 도서연안의 안개도 상당히 줄어든다.

이 달에는 늦게 통과하는 태풍이 가끔 있으나 그 세력은 8월의 것에 비하여 약하며, 태풍의 통과시 호우를 보일 때도 있다. 그러나 강우량은 상당히 감소되고 차차 맑은 날씨를 보여 가을 분위기를 나타낸다. 이 달 하순에 추분이 끼어 있어서 대부분의 곡식들이 여물어 가고 있으며, 북부지방에서는 기러기 같은 철새의 남하를 볼 수 있다.

기온분포를 살펴보면 대체로 16℃～22℃ 내외로서, 중부 평균기온은 18℃～20℃ 정도가 되고, 남부 해안지방은 20℃～22℃를 나타낸다.

북부의 중강진은 평균 최저기온인 8.5℃까지 내려가기도 하며, 개마고원 일대에서는 9월 30일경부터 첫 얼음을 보이기도 한다.

※ 여가 · 관광 : 동굴탐험, 휴양림, 관광농원, 한강유람, 서울 시내

(2) **10월** : 본격적인 가을 관광철이 시작된다.

해양성 고기압의 세력이 완전히 쇠약해지고 계속하여 밀려오는 대륙의 이동성 고기압으로 인하여 맑은 날씨를 보이며, 단풍이 들기 시작하고 농작물의 수확기에 접어들어 이 달 중순경부터는 첫서리가 내리기 시작하며, 하순부터는 북부 산악지방에서 첫 얼음이 얼기도 한다.

이 달 하순부터는 중부지방에서도 첫 얼음을 볼 수 있다. 이 달의 평균기온은 중부 이남이 13℃~16℃ 내외가 되고, 중부 이북은 11℃~13℃의 분포를 보이며, 전반적으로 11℃~16℃의 기온분포를 나타내고 있다. 10월에 흐린 날은 비교적 적어서 평균 6~8일 정도로서 대부분은 맑으며, 습도는 68~72% 정도가 된다.

> ※ 여가 · 관광 : 민속마을, 서울 근교, 서울대공원, 강원도, 단풍구경, 전국의 국립공원, 섬과 해안지방 등산, 축제

(3) **11월** : 실내에서 하는 레크리에이션에 알맞은 계절이다.

한랭한 대륙성 고기압의 세력이 증가됨에 따라 만주와 몽고지방으로부터 북서계절풍이 우리나라쪽으로 불어오기 시작하여 초겨울의 날씨를 나타내기 시작한다.

평균기온의 분포를 보면 1℃~10℃로서 제법 쌀쌀한 가을 날씨를 보이고, 강수량도 극도로 줄어들어 연일 건조한 맑은 날씨가 계속된다. 중강진, 성진, 신의주, 평양, 삼수, 갑산 등을 포함하는 북부 산악지대에서는 기온이 영하까지 내려가며 대체로 이 달중에 첫눈이 내린다.

> ※ 여가 · 관광 : 지리산지역의 산사와 온천, 약수터, 등산

4) 겨 울

눈이 내림으로써 스키 등 겨울 스포츠와 온천을 즐길 수 있다.
- **북서풍** : 대륙의 강한 시베리아기단에 의해 동서고저의 기압이 배치되어 춥고 건조한 날씨가 계속된다.
- **삼한사온** : 시베리아기단의 주기적인 강약으로 추운 날씨가 약간 누그러지고 다시 추워지는 반복현상이 나타난다.

(1) **12월** : 스키 · 온천 등 본격적인 겨울레저가 시작되는 시기다.

메마르고 찬 대륙성 고기압의 세력이 한층 더 발달함에 따라 추위가 본격화되고, 상순에는 북부의 압록강, 두만강 등이 얼며, 중순에는 대동강과 한강

▲ 겨울철의 스키

이 언다.

또한 우리나라 기후의 특색 중 하나인 삼한사온이 뚜렷하여, 맑은 날씨에 일사량도 상당히 많아서 추위가 견디기 힘들 정도는 아니다. 중부 이남과 남부지방에서는 이 달 중순부터 첫눈이 내리며, 평균기온은 남부지방이 1~4℃ 정도이고, 그 밖의 지방은 영하의 기온 분포를 보인다.

이 달 중에 가장 추운 곳은 중강진 지방으로 −22℃까지 내려가는 때가 있으며, 가장 온화한 곳은 제주도로서 5℃ 내외이다.

※ 여가·관광 : 스키장, 온천, 철새탐조, 근교온천, 눈썰매장, 실내관람 및 레포츠

(2) **1월** : 1년 중 가장 추운 계절이다. 신년을 계획하는 온천휴양을 비롯해서, 스키와 등산·실내 관람이 좋다.

1월은 우리나라에서 1년 중 가장 추운 달이다.

시베리아 대륙의 메마르고 한랭한 고기압의 세력이 가장 강한 달로서 이 한랭건조한 고기압이 태평양쪽으로 진로를 택하여 규모가 큰 북서계절풍이 불며, 현저한 대륙성 기후를 나타내어 1년 중 가장 추운 한파와 폭풍을 동반한다.

기온분포를 보면 남해연안 일대를 제외하고는 대체로 빙점 이하의 평균기온을 나타내며 중부지방은 −1℃에서 −5℃이고, 북부 산악지대는 −9℃ 혹은 −20℃ 이하까지 혹한이 내습하기도 하며, 제주도는 5℃의 영상기온으로 비교적 덜 춥다.

※ 여가·관광 : 해돋이 명소, 온천, 해수사우나, 박물관, 미술관, 제주도

(3) **2월** : 가장 비수기로 온천·등산이 주요 레저활동이다.

시베리아 일대에 머무는 대륙의 한랭한 고기압이 약간 쇠약해짐에 따라 한파와 폭풍이 1월에 비하여 얼마간 줄어들어 때때로 따뜻한 봄볕을 느낄 수 있다.

또 2월이 되면 남해연안과 다도해 부근에서는 매화꽃을 볼 수 있고 하순경에는 중부 이남지역에서 눈이 녹기 시작한다.

기온분포를 보면 남해연안 일대의 평균기온이 2℃~3℃, 중부지방이 −2℃ 내외이고, 북부지방은 −7℃~−16℃ 정도로 1월의 기온에 비해 상당히 누그러진 상태이다. 늦추위가 끈덕지게 있는 때도 있지만 곧 물러간다.

※ 여가·관광 : 섬진강유역 및 남도 매화꽃구경, 영일만, 선운사, 실내테마파크, 등산

🌱관광지식 1

강원도의 겨울 폭설·섬진강 봄철 다우(多雨)의 원인은?

수분이 많은 동해안의 공기가 태백산맥의 동쪽을 넘을 때 공기의 온도는 내려가면서 공기중에 가진 수분은 비나 눈이 되어 내리고 반대편 서쪽 사면은 건조해진 공기가 급강하하면서 세력을 얻어 온도가 상승한다.

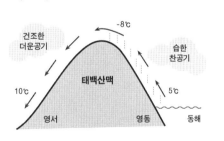

섬진강에 봄철 비가 많은 이유는 양쯔강의 기단이 서해를 통과하면서 습도가 높아지고 지리산을 넘을 때 비가 서쪽 사면에 많이 내리게 된다. 그래서 구례와 광양에서 산수유와 매화가 타지역보다 일찍 개화된다.

2. 지질사와 관광자원의 형성

여러 가지 재료를 검증하여 계산한 지구의 연령은 약 47억 5,000만년 ± 2억년이다.

우리나라의 지질을 구성하고 있는 암석 중에서 화강편마암의 연령은 약 27억년이며 비교적 안정된 지형이다. 우리나라 암석의 80% 이상이 화강암 또는 화강편마암이다.

1) 선캄브리아기(약 6억년 이전) - 3등분된 한반도

충청북도 지역을 통과하는 중부고속도로와 경상남도 산악지형을 여행하다 보면 도로변 절개지에 수평으로 퇴적 지층이 자주 나타난다. 강원도 남부·충청북도·전라북도 일부지역들은 수십억년 전에 얕은 바다이었거나 내륙 호수(경상남도 지역)였음을 증명해 보이고 있다.

시·원생대에는 현재 한반도의 모형이 3등분된 지체구조로 추정된다. 즉 평안북도 이북지역인 평북개마지괴(땅덩이), 한반도의 중부지역의 경기지괴, 영·호남의 영남지괴로 나뉘어져 그 사이에는 오늘날 평안남북도와 강원북부지역에 평남지향사(얕은 바다가 후일 육지로 변함)가 형성되고, 삼척·옥천·

〈그림 2〉 우리나라의 지체 구조

전남화순을 잇는 지역은 옥천지향사가 되었다. 그리고 영남지괴 아래 지역인 오늘날 경상남도 지역에는 경상호라는 커다란 호수가 있었다.

2) 고생대(약 6억년~2억 3천만년 전) - 석회동굴과 석탄층 형성

고생대 전반에는 바다지역이었던 오늘날의 평남지향사(평양-원산을 연결하는 지역), 옥천지향사(삼척·충북 옥천·전남 화순을 연결하는 지역) 지역에 바다에서 살던 각종 물고기와 조개류가 오랜기간 동안 두텁게 쌓여 석회암층이 되었다. 고생대 중기에는 이 바다지층이 서서히 융기하여 상층부분은 고온다습한 기후로 말미암아 늪지대에 울창한 삼림지역이 되었고 하층부분은 석회암지역이 되었다. 상층의 삼림은 중생대에 한반도에서 발생한 커다란 지각변동으로 지하에 묻혀 석탄자원이 되는데, 오늘날 강원도에서 전라도에 이르는 옥천지향사 지역과 평안남도 지방의 석탄지대를 이루게 되었다.

3) 중생대(약 2억 3천만년~7500만년 전) - 중국방향의 산맥, 설악산, 금강산, 북한산 형성

중생대 전기에는 만주쪽에서 한반도 방향으로 횡압력이 작용하여 랴오뚱·중국방향의 산맥을 형성시켰다. 그리고 이 때 지하 깊은 곳으로부터 용암상태의 화강암이 관입을 하여 지상으로 솟아올라와 오늘날의 서울 강북지역, 설악산, 금강산이 되었다.

후기에는 영남지역의 경상호가 퇴적이 완료되어 호수가 메워짐으로써 육지화되었다. 오늘날 이 지역을 통과하는 고속도로 절개지 사면에 책을 차곡차곡 쌓은 모형으로 나타나는 퇴적암층이 나타났는데, 이는 과거 이 지역에 경상호가 있어 수천년 동안 주변에서 흘러든 토사가 호수바닥부터 차곡차곡 지속적으로 퇴적되었기 때문이다. 부산 태종대 퇴적지층도 이렇게 형성되었다.

4) 신생대(7500만년 전~현재) - 한국방향 산맥, 백두산, 한라산의 화산폭발

신생대 초기에 동해쪽에서 횡압력이 작용해 한국방향 산맥(낭림산맥, 마천령산맥, 태백산맥)이 형성됨으로써 강원도의 동쪽은 높고 서해안은 낮은 경동

〈표 2〉 한국지질사 연대표와 관광자원

시 대	연 대	지각작용	관광자원 형성
시생대 원생대	50억년 전		• 한반도는 옥천지향사와 평남지향사의 얕은 바다에 의해 3등분(평북개마지역, 경기지괴, 영남지괴)되어 있었음.
고생대	6억년 전	• 해저부분인 평남·강원·충북의 일부 바다지역이 퇴적되어 융기됨. • 고생대 후기는 지구의 온난화현상으로 지향사의 늪지대에 대규모 삼림이 조성됨.	• 얕은 바다부분인 평남·옥천지향사에 어패류의 패각 등이 쌓여 석회암층 형성(후일 지상으로 융기하여 석회동굴로 발달) • 평남·옥천지향사가 융기하고 그 위에 대규모 삼림지대가 형성(후일 지각작용으로 지하에 묻혀 석탄층이 됨)
중생대	2~3억년 전 1억년 전	• 만주에서 한반도에 큰 횡압력이 작용하여 한반도에 중국방향의 구조선(산맥)이 형성됨. • 영남지방의 내륙호수인 경상호의 퇴적이 완료되어 육지로 변함.	• 화강암이 지상으로 솟아나 금강산, 설악산, 북한산, 계룡산, 무등산, 월출산 등이 등장 • 영남지역 고속도로변 절개지에 퇴적층이 많이 나타나고 부산태종대가 형성됨
신생대 현 재	0.75억년 전 200만년 전	• 동해쪽에서 한반도에 큰 횡압력이 작용하여 한국방향의 산맥이 형성되고 화산이 폭발함. • 지구가 태양의 공전궤도에서 멀어져 4번의 빙하기와 4번의 간빙기가 도래함.	• 태백산맥, 마천령산맥이 형성되고 백두산, 울릉도 성인봉, 제주도 한라산 등이 화산작용으로 지상에 솟아올라 동쪽은 높고 서쪽은 낮은 동고서저의 국토가 됨. • 수만년 동안 비 대신 눈이 내려 지상에 쌓임으로써 해수면이 현재보다 130m 정도 낮아져 서해와 제주도는 바다가 물러가고 한반도와 육지로 연결(제주도에서 황곰뼈, 파충류가 발견됨). • 하천과 해변의 계단식 단구지형 발달 • 5대호, 마테호른 등 세계적인 빙하지형 발달

지형이 되었다.

후기, 즉 3기 말에서 4기 초에는 화산활동이 비교적 활발하여 제주도, 울릉도, 백두산에 화산이 형성되었으며, 두만지괴, 길명지구대가 등장한다. 그리고 200만년 전부터 1만년 전 사이에 빙하기가 있었는데, 이 때는 지구의 기온이 크게 떨어져 지상에 비 대신 눈이 몇 만년 동안 계속 쌓임으로써 바닷물이 크게 줄어 해수면이 지금보다 100~130m 내려갔다. 그래서 지상을 흐르는 하천의 침식작용이 활발하여 하천의 제방과 둔덕 등 소규모 지형들이 빙하기에 많이 생겨났다.

3. 한국사와 문화유산

한국의 전통문화유산은 농경사회와 불교, 유교를 바탕으로 하고 있다.

기원 전 한반도에 자리잡은 부족국가들은 샤머니즘의 영향 아래 있었으며 최초에는 자연에 순응하며 자연을 경배의 대상으로 삼았다.

한반도는 기원 연도가 시작될 무렵인 **삼국시대**부터 외래문화를 본격적으로 받아들이게 된다.

중국으로부터 전래된 불교문화는 삼국시대에 크게 융성하여 통일신라와 고려시대까지 그 영향을 미쳤다. 역대 통치자들은 불교를 숭상하여 호국의 신앙으로 여겼으며, 현재 전해지고 있는 상당수의 국보급 문화유산들이 이 시기에 만들어졌다. 한편, 일본문화는 우리나라로부터 지대한 영향을 받아 섬나라 특유의 경향으로 발전해 나갔으며, 삼국 중에서 고구려는 중국 만주지방을 광범위하게 통치함으로써 많은 고구려 유적을 그 곳에 남기게 되었다.

고려시대에 불교는 대단히 왕성하였으며 팔만대장경과 세계 최초의 목판 및 금속활자를 발명하여 높은 문화수준을 세계에 과시하였다. 한편, 몽고의 침략을 받아 몽고의 풍속과 관습이 남게 되었다.

1392년 조선왕조는 유교를 국가 통치이념으로 삼아 인의예지(仁義禮知)를 개인의 덕목으로 삼았다. 유교적 이념은 서양문화가 도입되기 시작한 19세기 말까지 한국사람의 문화와 의식을 절대적으로 지배하였다. 우리나라 각지에 세워진 많은 사당건물은 이러한 것을 반영하고 있다.

오늘날에는 세계문화를 수용하여 발빠른 경제사회를 이룩함으로써 국제적 행사인 올림픽 등을 치룰 만큼 국력이 향상되고 이에 따른 현대적 관광자원과 시설이 확보되어가고 있다.

서기 2000년 이후에는 한국인의 삶을 보여주는 각종 드라마와 영화가 대중매체를 통해 아시아지역에 큰 반향을 일으켜 '한류(韓流)'가 새로운 관광소재가 되었다.

1) 선사시대(구석기시대~고조선 멸망; 70만년 전~B.C. 108)

구석기시대는 70만년 전부터 구석기인들이 한반도에서 살기 시작했다. 한 개의 석기를 가지고 여러 가지 용도로 사용했던 전기 구석기시대의 대표적인 유적은 경기도 연천 전곡리유적과 북한의 평남 상원 검은모루동굴이 있다.

후기 구석기시대에는 용도에 따라 여러 가지의 석기를 사용했으며, 대표적인 유적은 충남 공주 석장리, 충북 단양 수양개 유적이 유명하다. 이 곳에서 사람과 동물뼈 화석, 동물뼈로 만든 도구 등이 출토되었다.

신석기시대는 기원전 6,000년경부터 시작되었으며, 이 때는 진흙을 불에 구워서 만든 토기를 사용하여 음식물을 조리하거나 저장하였다. 빗살무늬토기가 대표적인 유물이며, 서울 암사동에는 선사유적지가 있는데, 당시 토기를 사용하여 농사를 지어 식량을 생산하고 저장하였음을 알 수 있다.

청동기·철기시대인 B.C. 10세기경 우리나라에서도 청동기시대가 열렸는데, 비파형동검, 화살촉, 반달돌칼 등이 고인돌, 돌무지 무덤 등에서 나오고 있다.

청동기에 이어 B.C. 4세기경부터는 철기가 농기구로 사용됨으로써 농사 문화가 크게 발달하였는데, 이때부터 생산량에 따른 빈부의 격차와 계급사회가 자연스럽게 태동되었다.

고조선시대는 부족국가시대로서 부여, 고구려, 옥저, 동예 그리고 한강 이남의 삼한이 그 대표적 예이다. 특히 남쪽지방에 자리잡은 삼한은 벼농사를 짓기 위해 전북 김제의 벽골제, 경남 밀양의 수산제, 충북 제천의 월미지 저수지를 축조하여 오늘날까지 내려오고 있다.

2) 고대문화(삼국시대 초~통일신라 말기)

불교와 중국 남북조시대의 영향을 받아 보다 세련되고 다채로운 문화가 등장했으며 불교사원의 건축과 불상의 조각이 활발하게 이루어졌다.

한편, 고구려, 백제, 신라는 각각 그 문화적 특징을 가지게 되었다.

(1) 고구려

고구려 예술은 패기와 정열이 넘치고 있었는데, 그 이유는 중국과 대결하는 동안 중국문화에 대한 비판능력을 가지고 외래문화를 개성있게 받아들였기 때문이다.

평안남도 강서고분과 만주즙안의 장군총은 고구려의 대표적인 유적이라고 할 수 있다. 강서고분에 그려진 사신도는 고구려 벽화 중에서도 매우 우수한 것으로 색상이 조화롭고 정열적이며 세련미가 넘친다. 또한 광개토대왕릉비는 왕의 업적을 자연석에 기록하였는데 글씨체가 기운차고 독특하다.

(2) 백 제

백제는 중국문화의 수입과 전달에 매우 큰 역할을 하면서 세련된 문화를 지녔다. 귀족적 성격이 강하며 우아하고 미(美)의식이 세련되었다.

백제의 유물·유적은 그리 많이 남아 있지는 않다. 고분과 벽화는 고구려의 영향을 받았으나 웅진시기의 공주 송산리 무녕왕릉 벽돌무덤의 건축은 중국 남조의 영향을 받아 소박하며, 금관의 장식 등이 완전한 형태로 발견됨으로써 백제 공예품의 우수성을 알 수 있다. 웅진에서 부여로 옮긴 사비시기에 와서는 귀족미술이 크게 발달하여 능산리 돌방무덤을 보면 건축기술과 벽화가 세련되었다. 백제금동대향로가 능산리에서 출토되었는데, 도교와 불교의 색채가 강하게 드러난 훌륭한 공예품이다.

▲ 백제금동대향로

충남 서산의 마애삼존석불상은 온화한 미소와 아름다움을 지닌 국보이다. 전북 미륵사지석탑은 초기 불탑양식인 목조식을 모방하고 있으며, 부여의 정림사지 5층석탑은 균형이 잘 잡힌 백제시대 유물의 백미로 꼽힌다.

(3) 신 라

신라는 조화미(調和美) 속에 패기가 있다. 처음에는 삼국 중 가장 뒤떨어졌으나 고구려, 백제의 영향으로 문화적 기반을 차츰 넓혀 나갔다.

분황사 모전석탑(벽돌식 석탑)과 첨성대가 대표적이다. 한편, 백제의 아비지가 건축한 황룡사 9층석탑은 고려시대 몽고의 침입으로 소실되었다. 솔거와 같은 뛰어난 화가의 작품이 전해오지 않아 아쉽지만, 경주 천마총에 그려진 천마도는 패기가 넘치고 있다. 많은 고분에서 출토된 금팔지, 금귀걸이 등에서 신라미술의 세련미를 엿볼 수 있다.

(4) 통일신라

통일신라시대의 예술은 주로 조형미술이 중심이었으며 특히 불교미술을 중심으로 발달했다. 흔히 이 시대의 미술은 무르익은 기교의 산물이라 한다. 당시의 미술은 사실적으로 표현하고자 하면서도 실물 그대로가 아닌 이상적인 아름다움과 통일된 조화의 미(美)를 창조하고자 했다.

▲ 석가탑

▲ 다보탑

인공연못인 경주 안압지의 굴곡이나 섬의 위치, 정자와 누각의 조형미가 뛰어나다.

석굴암과 불국사는 통일신라시대의 대표적인 예술작품이다. 불교세계의 이상을 나타내고 있는 석굴암은 그 치밀함과 정제미(精製美)로 당시의 건축, 조각 그리고 과학의 높은 수준을 보여주고 있어 불국사와 함께 세계 문화유산으로 지정되었다. 불국사 경내의 석가탑, 다보탑, 청운교, 백운교의 건축미도 통일신라시대의 문화예술을 말해주고 있다. 현재 경주국립박물관 앞뜰에 놓인 성덕대왕 신종(에밀레종)과 강원도 오대산 상원사의 동종(銅鐘), 화엄사의 4사자3층석탑, 법주사 쌍사자석등, 경주 감은사지3층석탑, 전남화순 쌍봉사 철감선사 탑비 등이 모두 통일신라시대의 대표적인 작품이다.

3) 중세문화(고려시대)

고려시대의 예술은 귀족적이고 불교적인 색채가 강하다.

건축에서는 개성의 궁궐을 비롯해서 현화사, 흥화사 등 사찰을 많이 건립하였지만 모두 불타버렸다.

경북 안동의 **봉정사 극락전**, 경북 영주의 **부석사 무량수전**, 충남 홍성의 수덕사 대웅전은 고려 후기의 건축물로 현존하는 가장 오래된 목조건물이다. 고려 전기의 대표적인 석탑으로는 오대산 월정사의 팔각9층탑이 있으며, 후기 석탑으로는 경천사의 10층석탑이 있다. 지리산 연곡사의 북부도와 공주 갑사부도는 승려의 사리를 안치한 묘탑이며, 고려시대를 대표하는 가장 우수한 불상으로는 **부석사 소조아미타여래좌상**이 있다.

고려시대의 공예품으로는 고려청자가 유명한데, 전남 강진과 전북 부안에 대표적인 가마터가 있었다. 해남 대흥사의 탑산사종과 경기도 화성의 용주사 종이 고려시대에 제작된 종으로 현재까지 전해져 내려오고 있다.

▲ 부석사 소조여래좌상

4) 근세문화(조선건국~병자호란)

조선시대의 문화는 유교적인 양반문화와 불교, 도교, 토속신앙이 융합된 서민문화였다. 시대의 흐름에 따라 성리학이 더욱 발달되어 유교적인 양반문화가 그 폭을 넓혀 갔다.

건축에는 새로운 특징이 나타났는데, 15세기에 궁궐, 관아 성곽, 성문 그리고 학교 등의 건축이 그 중심을 이루었다.

서울의 **창덕궁 돈화문**, 경남 합천 해인사 **장경판전**(8만대장경 보관소), 개성의 남대문이 현존하는 대표적인 건물이다. 건물의 특징으로는 건물에 부속된 정원도 될 수 있는 한 인공을 가하지 않고 자연 그대로를 살린 것인데, **창덕궁**의 후원과 전남 담양군 소쇄원 정원이 그 대표적인 예이다. 16세기의 건축은 성리학의 발달로 인하여 서원건축이 왕성하였는데, 경주의 옥산서원과 안동의 도산서원은 주택, 사원, 정자의 건축양식을 배합한 아름다움을 지녔다.

조선시대의 대표적인 자기는 **백자**와 **분청사기**가 있는데, 백자는 순백의 고

상함을 풍겨서 사대부의 취향에 걸맞았다. 한편, 고려자기의 기법을 이어받아 만든 분청사기는 청자처럼 화려하고 정교하지는 못하나 우아한 것이 특징이었으며, 관요가 있었던 광주 분원의 것이 유명하다.

▲ 조선시대 도자기

5) 근대 · 현대문화(1600년 이후)

조선 후기의 대표적인 건축물은 17세기의 것으로는 전북 **금산사 미륵전**과 구례 화엄사의 **각황전** 및 **법주사 팔상전**이 있으며, 18세기의 것으로는 평양의 대동문과 불국사 대웅전이 있고, 19세기의 것으로는 경복궁 **근정전**과 **경회루**가 있다. 특히 18세기 말에 완성된 **수원화성**은 우리나라의 전통적인 성곽양식의 장점을 살리면서 서양식 건축기술을 도입하여 축조한 것으로 세계문화유산으로 지정되어 있다.

〈표 3〉 한국역사연표와 관광자원

시 대	연 대	관광자원
구석기	70만년전 전기 후기	한반도에 구석기인 거주 시작 경기도 연천 전곡리유적, 북한 평남상원 검은모루동굴 충남 공주 석장리, 충북 단양 수양개 유적
신석기	BC 6000년경 BC 2500년경 BC 2333년	진흙을 불에 구워 빗살무늬토기 제작 암사동 선사유적지 고인돌(강화도 · 고창 · 화순) 고조선 건국
청동기 철기	BC 1000년경 BC 400년경 BC 238	비파형동검, 화살촉, 반달돌칼 철기농기구 사용, 농업생산량에 따라 빈부격차, 계급사회 형성 부여 건국
삼국시대	BC 57~18	삼국(고구려, 백제, 신라) 건국

고구려	백제	신라	가야
강서고분 만주즙안장군총 (장수왕릉?) 광개토왕비(414)	서산마애삼존불(6~7C?) 백제금동대향로(7C) 정림사지오층석탑	분황사석탑(634) 황룡사9층목탑 천마총	고령대가야고분 (5세기)

시 대	연 대	관광자원
통일신라	676	신라 삼국통일 감은사지3층석탑(통일신라 초기) 불국사 · 석굴암(751) 화엄사(754) 쌍봉사 철감선사탑비(870)
고려	918	고려 건국 봉정사 극락전, 부석사 무량수전, 수덕사 대웅전(고려후기) 월정사 팔각구층탑(12C), 고려청자, 금속활자, 8만대장경
조선	1392	조선 건국 경복궁 등 5대 고궁, 서원, 해인사 장경판전, 이조백자 이조분청사기, 금산사 미륵전, 화엄사 각황전, 법주사 팔상전 수원화성, 명동성당(1892)
대한민국	1919	대한민국임시정부 수립 용인민속촌(1974), 용인자연농원(에버랜드, 1976) 코엑스(1979), 롯데월드(1988), 서울올림픽경기장(1988) 월드컵경기장(2002), 평창동계올림픽경기장(2018) 한류 붐(2000년경), 롯데타워(2016)

근대문화는 서양문화가 본격적으로 조선에 소개되면서 우리나라 건축문화에 반영되었다. 서울 서대문구의 현저동에 위치한 독립문은 프랑스 개선문을 모델로 건립하였고, 덕수궁내의 석조전은 르네상스식 건물이다. 한편, 서울의 **명동성당**은 대표적인 고딕양식의 건물이다.

1970년을 지나면서 우리나라는 경제개발과 더불어 국력이 크게 신장되고 세계 각국과의 문화교류가 활발해지면서 현대적인 문화예술 건축양식이 도입되었다. 최초의 고층빌딩으로는 서울 종로구 관철동의 삼일빌딩으로, 이후 63빌딩·롯데월드타워(123층 550m) 등 고층빌딩이 계속 증가되고 있다. 또한 스포츠와 여가문화의 대표적인 건축물로는 서울 올림픽경기장과 서울 상암동 월드컵경기장, 평창동계올림픽경기장을 비롯해서 서울대공원, 롯데월드, 용인의 민속촌, 에버랜드 등이 있다. 2000년을 전후로 한국 드라마에서 시작된 '한류(韓流)'가 아시아 지역에서 한국문화를 강렬하게 전달함으로써 많은 외국인들이 한국을 찾아오고 있다. 국내적으로는 각 지방정부가 다양한 지역축제와 관광매력물을 계속 조성하여 관광산업진흥에 매우 적극적이다.

4. 한국의 세시풍속

현대에는 전통의식이 많이 약해지거나 변화되었지만, 50여년 전만 해도 전통의식은 한국인들의 생활 의식이었고 전통적인 문화였다. 전통문화를 제대로 인식하는 것은 관광의 지적인 매력을 높이는 방법이기도 하다.

1) 통과의례, 농경사회의 한국인 일생

(1) 출 산

아이는 산모가 평상시에 거처하는 방에서 낳는 것이 원칙이다. 그러나 첫 아기는 산모의 친가에 가서 낳고 한 집안에서 일년 내에 둘 이상의 산모가 있을 때에는 나중에 낳게 되는 산모가 딴 집에 가서 낳게 했다.

아이는 볏집 다발 위에다 낳는 것이 재래적인 관습이었다. 산아의 탯줄은

15cm 정도 남겨 수수껍질로 끊어 실로 묶고 태반은 삼일 후에 숯불로 태우거나 강에다 띄워서 버린다. 산모는 아기를 낳고는 미역국에 밥을 말아먹는다.

인줄을 치는 습관이 지금은 사라졌지만, 전통적인 관습은 산고가 들면 대문에다 인줄이라는 금기의 줄을 4~9일간 쳤다. 남아의 경우에는 숯과 고추를 간간이 꽂은 인줄을 치고, 여아인 경우에는 숯과 생솔가지를 꽂은 인줄을 친다. 인줄이 쳐 있는 집에는 가족 외에는 친척이라도 출입이 금지되었다.

산아에 대한 금기·금신은 가족들도 엄수하여야 한다. 특히 산후 3일간은 큰소리를 내지 못하고 빨래도 할 수 없으며 가축을 잡아먹을 수도 없다.

산아의 명명에는 특별한 기일도 의식도 절차도 없다. 시일이 지나서 필요를 느낄 때 명명하게 되는데, 이 때에는 '아명'이라 하여 임시로 이름을 짓는다. 그런데 이런 명명도 남아에게만 있는 것이고 여아는 이름도 지으려 하지 않았다.

(2) 백일잔치

산아가 출산한 지 백일이 되면 백일잔치를 한다. 산아가 첫 아기고 남아일 경우에는 꽤 성대히 한다. 특수한 음식을 장만하여 많은 손님을 초대하고 이웃에 백일떡을 돌리기도 한다. 초대받은 하객이나 백일떡을 받은 집에서는 백일을 맞이한 아이를 위하여 금품을 보내어 축하한다.

(3) 돌잔치

산아가 태어난 지 만 일년이 되어 첫 탄생일을 맞이할 때에는 돌잔치를 크게 벌인다. 아이에게 옷을 잘 차려 입히고 음식물을 풍성하게 차린 돌상을 주기도 한다. 돌상 앞에는 실·돈·문방구·책 등 여러 가지 물품을 놔두고 아이로 하여금 집게 한다. 먼저 집은 물건에 의하여 그 아이의 성격이며 운명을 점쳐보는 것이다. 실을 먼저 집으면 명이 길다고 보고, 붓을 집으면 문장가가 되겠다고 하며, 돈을 집으면 부자가 될 것이라고 한다.

이러한 일이 끝나면 친척, 지인을 초청하여 음식을 나누며 하객의 축언과 축하선물을 받는다.

한국인은 미혼자를 아이로 취급한다. 미혼자의 표시로 남녀 모두 머리를 전두의 중앙에서 좌우로 갈라 후두부에서 묶어 땋아 길게 늘어뜨린다. 그러다가 결혼하게 되면 성인을 표시하는 표로 머리모양을 달리 한다. 미혼의 남녀는 아무리 연령이 많아도 사회적 대우를 받지 못한다.

한국인의 남녀는 6~7세쯤 되면 격리시켜서 자라게 한다. 여자아이는 집안에서 지내야 하며 성인 남자는 물론 어린 남아도 여자들이 거처하는 방에 자유로이 출입하지 못한다.

여자아이는 결혼할 때까지 부모 밑에서 가사를 도우며 요리법 · 재봉기술 · 방직기술 · 각종 예법 · 윤리적 행습 등을 습득하고, 남아의 경우에는 유족한 집 아이는 서당에서 학문을 익히고 유족하지 못한 집 아이는 부모 밑에서 가사를 도우며 농경기술이나 각종 생활행습을 습득하고 일상생활에 필요한 사교술을 익힌다.

(4) 결 혼

우리나라 사람은 비교적 조혼을 했다. 집이 부유하고 사회적 지위가 높을수록 조혼의 경향이 있었다. 오늘날은 그렇지 않지만, 1940년 전까지만 해도 남녀 모두 15세 전에 결혼한 사람을 얼마든지 볼 수 있었다. 이 때에는 대부분 신랑은 나이가 어리고 신부는 신랑보다 위인데 심한 경우에는 아홉살 정도 차이가 나는 예도 있었다.

우리나라에 있어서 결혼이란 결혼하는 남녀의 생을 위하기보다는 가계 계승과 가문 번창에 더 큰 중점을 두고 있었다.

그래서 결혼하는 남녀의 애정이라든지 생활설계에 대한 자유로운 의사표명은 크게 제한되었다. 배필의 선정이며 결혼일자 결정 등은 거의 부모의 일방적인 결정에 따랐다. 결혼의 예식은 지방과 신분에 따라 또는 가문에 따라 다소의 차이가 있는데, 여자가 남자의 집으로 시집오는 것이 원칙이었다.

남녀의 결혼 여부는 소위 궁합에 의하여 결정되었다. 결혼할 남녀의 생년월일시에 나타난 운세에 맞추어서 길하다고 결정되면 양인은 궁합이 맞는다고 하고, 이 궁합에 나타나는 결정에 따라서 결혼일자며 혼례식 거행의 시간까지도 정해졌다.

결혼일에 신랑은 신부의 집에 가서 예식을 올리고 3일만에 신부와 함께 본가로 돌아왔다. 신부는 시가의 부모며 조상은 물론 일가친척에까지도 인사를 올린다.

신부는 시집온 지 3일만에 처음으로 부엌에 내려가서 식사를 지어 시부모에게 바친다. 그리고 그 날부터 시가의 가풍에 맞는 제반행습을 익히고 시어머니의 지도하에 가정적 잡무를 행하게 된다. 신부의 새로운 생활은 퍽 고되고 힘들었다. 그래서 '시집살이'라는 말은 신혼의 기쁨보다는 '고생살이'라는 말로 통용되었다.

한국인은 결혼을 인륜대사라고 한다. 그만큼 중시하는 통과의례여서 많은 결혼비용을 지출하고 큰 잔치를 베풀어서 원근의 친족과 지인까지 초대하여 향연한다. 최근 대가족제도가 해체되고 소가족, 핵가족화가 진전되면서 결혼에 관련된 풍습에 서구적인 의식과 생활양식이 많이 도입되었다.

(5) 환 갑

한국인은 61세가 되면 환갑이라고 한다. 그 생일날에 자손들은 부모에게 최고의 의복을 입히고 최대의 음식을 갖춘 축하상과 술잔을 올리며 장수와 길복을 축하하며 원근의 친족과 지인을 초대한다.

이 때 축하객의 많고 적음은 그 가족의 사회적 세력과 명성을 측정하는 척도가 된다. 최근에는 평균 수명의 증가로 환갑을 크게 중요시 안한다.

(6) 귀 의

노령의 성인이 죽어갈 때에는 그의 자손들이며 가족들이 모여 죽음을 지켜본다. 숨이 끊어지면 가족들은 소리 높이 운다. 이것을 곡이라고 한다. 그와 동시에 망인의 평상복 상의를 지붕에 던진다. 이 행식을 '초혼'이라고 한다.

2) 연중행사 속의 갖가지 축제

한국인은 오랫동안 음력을 써왔기 때문에 양력을 쓰게 된 오늘날에도 음력으로 행사를 갖는 경우가 많다.

매월 1·2일은 액흉이 동쪽에 있다 하여 이 때에는 동쪽으로의 출타·이사·방문·사업·가택수리 등의 행동을 취하지 않거나 삼간다. 3·4일은 액흉이 남쪽에, 5·6일은 서쪽에, 7·8일은 북쪽에 액흉이 있으므로 그 방향에서의 행동을 조심한다. 9·10일은 액흉이 공중에 떠 있다고 하여 자유로이 행동을 할 수 있다고 한다.

(1) 설

설은 구정, 설날, 신일(愼日)이라고도 하며, 한해가 시작되는 첫날을 말하는데, 우리 민족에 있어서는 큰 명절 중의 하나이다. 모든 사람은 가장 좋은 의복으로 갈아입고 모든 일을 쉬고 온 가족이 한데 모여서 조상에 대한 차례(茶禮)를 지내고 성찬을 취식한다. 연소자들은 가족의 연장자에 대하여 신년을 축하하는 세배를 올린다. 그리고 나서 연소자의 남자들은 인근의 어른들에게 세배하기 위해 이댁 저댁을 방문한다.

2일부터는 원거리에 있는 친지들에게 세배를 다니거나 친지들을 초대하여 소연회를 베풀며 윷놀이를 한다.

▲ 설날 세배

(2) 정월 대보름

정월 대보름은 새 해에 처음 맞이하는 음력 만월(滿月)의 밤을 말하는데 한자(漢字)로는 '上元(상원)'이라고 한다.

대보름달은 소원을 성취시켜주고 복을 가져다준다는 데서 달맞이를 하게 된다. 또 대보름달은 먼저 보는 사람이 그 해의 운이 좋다는 데서 뒷동산 높은 곳에 올라가 달맞이를 하려고 다투어 산에 올라간다.

그 밖에도 각 지방에서 여러 가지 종류의 민중행사가 벌어진다. 부락과 부락이 서로 대치하여 줄다리기·돌싸움·횃불싸움을 한다. 남자 청년들이 중심이 되어 노는 놀이인데, 참가인원이 수천이 넘고 용장하며 살벌하다.

15일을 전후해서 자기 부락의 집을 돌아가며 매귀 또는 지신밟기라는 농악을 친다. 이것으로 악귀를 쫓고 길복을 초래케 한다고 믿는다.

매귀를 치러 오면 집주인은 그 집의 형편에 따라 적당한 양의 곡물과 금전을 지불하고 매귀치는 사람들에게 주, 식으로 향응한다. 매귀를 쳐서 이렇게 거둔 곡물과 금전은 부락의 공동비용으로 사용한다.

(3) 한 식

이 날에는 아침 일찍 조상을 위한 차례(茶禮)를 지내고 그것이 끝나면 가족들은 각기 조상의 묘소를 성묘하고, 분묘가 상한 데가 있으면 돌보고 잔디가 잘 자라지 않았으면 다시 잔디를 심는다.

(4) 단오절

음력 5월 5일은 단오라 하여 큰 명절의 하나로 친다. 옛날 기록에 의하면 전국적으로 설날처럼 모든 일을 쉬고 새옷으로 갈아입고 특별한 음식을 차려 먹고 여러 가지 행사를 하며 즐겼다는데, 오늘날에 와서는 북부지방에서만 그러할 뿐 남부지방에서는 그 자취만 남아 있다.

북부지방에서는 남자들은 씨름을 하여 최우승자는 황소를 상으로 받고 여자는 그네를 뛰어 묘기를 나타내어 상품으로 반지·식기·화장품을 받는다. 남부지방에서는 씨름은 없고 그네뛰기만 더러 볼 수 있을 뿐이다.

오늘날은 강릉의 단오제와 전남 영광 법성포의 단오절 행사가 가장 성대하게 치러지고 있다.

(5) 추 석

음력 8월 15일은 추석이라 하는 큰 명절로 치는 날이다. 이 날은 북부지방에서는 특기할 만한 행사는 없지만 남부지방에서는 설날과 같이 새옷을 입고 특별음식을 먹고 일을 쉬고 즐긴다.

아침에 조상에게 다례를 지내고 산소에 가서 성묘를 한다. 또 씨름도 하고 그네도 뛰는 등 민중적 행사는 북부지방의 단오와 같다.

전라도의 해안과 도서지방에서는 밝은 달 아래서 20대 전후의 소녀들만이 30~40여명씩 일단이 되어 노래를 부르며 원무를 추는 놀이가 각지에서 있게 된다. 문헌을 보면 신라시대에는 왕도의 부녀자를 두 패로 나누어 7월

15일부터 추석날까지 한 달 동안 삼을 삼게 하여 이것을 추석날에 비교·품평하고 진 쪽에서는 이긴 쪽의 사람들에게 주식을 내어 주는데 이긴 쪽 사람들은 가무백회를 했다고 한다. 그런데 오늘날에 와서는 이러한 행사는 아무 데서도 찾아볼 수 없다.

(6) 상 달

음력 10월을 상달이라 한다. 10월은 중요 산업인 농사의 수확기이기도 하다. 각 가정에서는 일년 농사의 풍작을 축하하는 뜻도 있지만, 가택의 길복을 기원하는 굿을 하는 달이다.

길일을 택하여 음식을 성대히 장만하여 무녀를 데려다가 종교적 의식을 하게 하는데, 이 행사에는 가무음곡과 촌극들이 곁들여지고 짧으면 1일, 길면 3~4일 계속한다.

이 굿이란 것은 일가의 길복을 기원하는 종교적 의의가 전면에 나타나는 행사이기도 하지만, 오락적 기능도 크게 작용하여 평상시에는 외출도 못하고 집안에서만 무의미하게 지내던 부녀자의 생활을 윤택하게 해주는 행사이다.

(7) 동짓날

음력 11월은 동지가 들어있는 달이므로 동짓달이라고 흔히 부른다. 동짓날에는 새벽 일찍이 빨간 팥죽을 쑤어 먹고 또 집안 곳곳에 죽을 뿌리는데, 이는 집안에 숨어 있는 악귀·잡귀를 쫓아낸다는 뜻이다. 악귀·잡귀는 붉은 빛을 무서워한다고 한다.

(8) 섣 달

음력 12월을 섣달이라고 한다. 이 달은 일년 동안 있었던 일을 총결산하는 달이며, 또 새해를 맞이하는 준비의 달이기도 하다.

섣달 그믐날은 설날의 준비·빚받기·빚갚기 등으로 무척 바쁘게 지낸다. 중류 이상의 가정에서는 조상의 사당에 세배하고 연소자들은 연장자에게 해를 보내는 인사를 드리기 위해 돌아다닌다. 이것을 '묵은세배'라고 한다.

이날 밤에는 집 안팎으로 등을 달고 불을 밝히고 대문도 열어둔다. 악귀는 나가고 복은 들어오라는 뜻이다.

섣달 그믐날 밤은 자지 않고 뜬눈으로 새야 한다고 한다. 이 때 자면 눈썹이 희어진다고 한다. 어린애들이 참다 못하여 자면 잠든 사이 눈썹에 흰 가루를 발라두고 잠이 깼을 때 눈썹이 희어졌다고 놀리기도 한다. 이렇게 이날 밤을 자지 않는 것은 조왕신이 사람이 자는 동안에 하늘에 올라가서 옥황상제에게 그 집의 죄상을 고해 바쳐 벌을 주기 때문이며, 조왕신이 하늘로 올라갈 틈을 주지 않도록 하기 위해서라고 한다.

옛날, 궁중에서는 섣달 그믐날 밤에 '나례'라는 의식이 있었다고 한다.

5. 관광자원의 지정과 분류

1) 관광의 의미와 요소

관광이란 일상생활을 떠나서 다시 돌아올 예정으로 이동하여 타지방의 풍물과 관습을 보고 즐기며 배우는 것이다. 관광이 이루어지기 위해서는 관광 3요소인 관광주체(관광객), 관광객체(관광대상 즉 관광자원), 매체(관광업·교통·정보서비스 등)가 필요하다. 흔히 관광의 4가지 기능으로는 보고(to see), 행하고(to do), 먹고(to eat), 쇼핑(to buy)하는 것을 꼽는다.

관광자원의 개발대상은 ① 관광자원 ② 기반시설 ③ 부대시설 ④ 서비스개선 ⑤ 홍보이며, 자원개발목적은 ① 자원의 보호·육성 ② 문화발달과 국민정서순환 ③ 여가선용기회 제공 ④ 지역경제기여 등이다.

2) 자원의 지정

국립공원은 환경부장관이 지정하고 관광지와 도립공원은 시·도지사가, 그리고 문화재는 문화재청장이 한다.

국립공원 지정기준은 ① 자연경관 ② 토지이용상태 ③ 산업시설과 풍경보존문제 ④ 이용상의 편리성이고, 국립공원의 기능은 ① 휴식과 레크리에이션 ② 학술조사 및 연구활동 ③ 정서순환 및 교양향상 ④ 생활환경개선 등이다.

온천을 지정할 때는 3요소 즉 성분, 수량, 온도를 보는데 우리나라 최고의 수온은 부곡온천이 75℃를 기록하고 있다. 해수욕장의 입지조건은 ① 지형 ② 방위 ③ 환경 ④ 수질이다.

한편 문화재 국보의 지정기준은 ① 보물 중 연대가 오래되고 그 시대의 대표적인 것 ② 보물 중 제작의장과 기술이 우수하여 그 유례가 적은 것 ③ 보물 중 형태, 품질, 용도 등이 현저히 특이한 것 ④ 보물 중 저명인사와 관련이 깊은 것이다.

문화재 보물의 지정은 역사적·학술적·예술적·기술적 가치가 큰 것을 문화재심의위원회 심의를 거쳐 정부가 지정한 문화재로 분류상 국보 다음 격이다.

3) 관광자원의 분류

(1) 관광자원의 종류

① 자연적 자원 : 지형, 지질, 천문, 기상, 기후, 동식물
② 산업적 자원 : 농·수·임업, 제조업, 전통산업, 3차 산업, 견본시, 박람회, 백화점, 공항, 도로
③ 사회적 자원 : 풍속, 관습, 의식주와 생활양식, 촌락, 사회제도·시설, 스포츠행사, 향토음식
④ 문화적 자원 : 유형문화재, 무형문화재, 기념물, 민속자료
⑤ 위락적 자원 : 테마파크, 관광수용시설, 유흥·오락·스포츠시설

(2) 문화재

문화재란 역사상, 학술상, 예술상 그리고 관상적으로 가치가 큰 것인데 유형문화재, 무형문화재, 기념물, 민속자료로 분류된다.

① 유형문화재

옛 건물과 성곽, 고문서와 서적, 회화, 조각, 공예품 등에서 우리나라 역사상 또는 예술상 가치가 크다고 인정되어 문화재위원회가 지정한 것으로 가치의 중요 정도에 따라 국보, 보물, 시·도 문화재(시·도 지정)로 분류된다.

② 무형문화재

음악, 연극, 무용, 공예기술, 기타의 무형(無形)적인 것으로 우리나라 역사상 또는 예술상 가치가 크다고 인정되어 문화재위원회가 지정한 것으로 가치의 중요 정도에 따라 **중요무형문화재, 무형문화재**(시·도 지정)로 분류된다. 강강술래, 고싸움놀이, 탈춤, 검무, 나전칠기기술, 죽공예기술, 종묘제례악 등이다.

③ 기념물

패총, 고분, 성터, 궁터, 도요지, 유물포함층, 기타 사적지와 경승지, 그리고 동식물, 광물로서 우리나라의 역사·예술·학술상 가치가 큰 것이다.

사적은 역사적 기념물이며, 명승은 천연기념물이다. 그리고 사적 및 명승은 사적과 천연기념물·명승이 복합된 것으로 분류된다. 천연기념물은 식물, 동물, 광물로서 보존할 가치가 큰 것으로 미선나무, 크낙새, 황새, 백송, 홍도 등이다.

④ 민속자료

의식주, 생업, 신앙, 연중행사 등에 관한 풍속 및 습관과 이에 관련된 의복과 가구, 가옥 그리고 기타의 물건으로 국민생활의 변화를 이해하는 데 꼭 필요한 자료이다. 중요도에 따라 **중요민속자료, 민속자료**로 구분된다.

서울 02

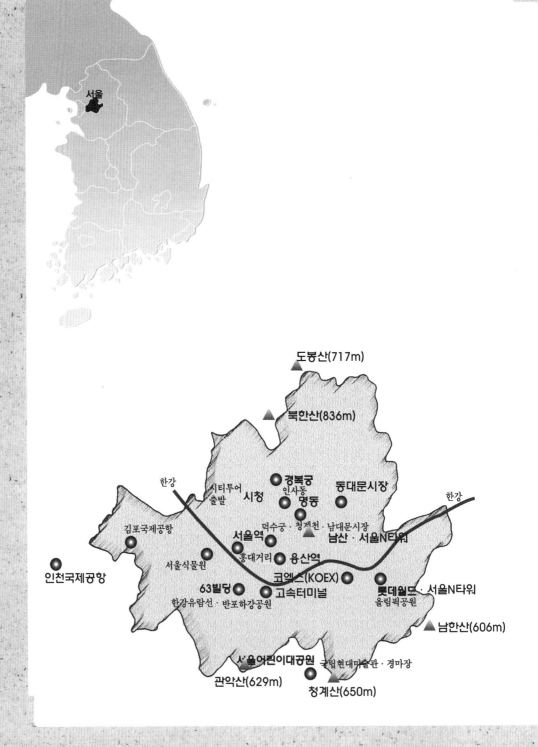

서울

도봉산(717m)

북한산(836m)

한강

시티투어
출발

시청

경복궁

인사동

동대문시장

한강

명동

덕수궁 · 청계천 · 남대문시장

김포국제공항

서울역

남산 · 서울N타워

인천국제공항

서울식물원

홍대거리

용산역

코엑스(KOEX)

롯데월드

서울N타워

63빌딩

고속터미널

올림픽공원

한강유람선 · 반포하강공원

남한산(606m)

서울어린이대공원

국립현대미술관 · 경마장

관악산(629m)

청계산(650m)

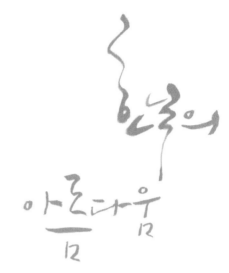

한국의

아름다움

축제 · 행사

서울에는 각 지역별로 연간 30여개의 축제와 관광객을 위한 행사가 있다.

• 수문장교대식

경복궁과 덕수궁에서 매일 3차례씩 조선왕조시대의 수문장 교대의식을 거행한다.

• 종묘제례

조선시대 역대왕과 왕비의 신위를 봉안한 종묘에서 지내는 제사이며 종묘제례악(宗廟祭禮樂)에 맞추어 진행된다. 종묘제례와 제례악은 중요무형문화재 56호와 1호로 지정·보존되고 있으며, 2015년 5월 8일에는 '세계문화유산 걸작'에 지정되었다. 매년 5월 첫째 일요일에 봉행된다.

• 명동축제

매년 봄·가을·연말에 거리퍼레이드, 전통문화예술공연, 상품세일행사 및 축제 등이 열린다.

이외에 인사동전통문화축제(5월), 신촌문화제(5월), 운현궁고종·명성후가례재현(4월, 9월), 동대문패션페스티벌(9~10월), 백제고분제(9월), 선농제향(4월), 서울세계불꽃축제(9~10월), 홍대거리미술전(10월), K-POP 체험행사 등이 열리고 있다.

▲ 경복궁수문장교대식(서울시청 제공)

▲ 서울아리랑페스티벌(서울시청 제공)

1. 지역 개관

서울의 대표적인 관광명소는 서울 5대 고궁(경복궁·덕수궁·창덕궁·창경궁·경희궁), 명동거리, 동대문광장시장, 남대문시장, 남산서울N타워, 동대문플라자(DDP), 인사동 등이다.

• 지리적 환경

서울은 한강을 중심으로 강북과 강남으로 분리되며, 강북은 도봉산과 북한산에서 남쪽으로 뻗은 산줄기와 그 사이의 계곡에 도시가 발달하였다. 북고남저(北高南低)의 지형으로 청계천과 중랑천, 한강이 만나는 지역에 충적평야가 발달하였다.

강남은 청계산과 관악산 북쪽 기슭에 도시가 형성 되었으며, 남고북저의 지형으로 탄천·양재천·도림천·안양천과 한강이 만나는 지역에 충적평야가 발달하였다.

서울의 서쪽 경기도 양수리(兩水里)에서 남한강과 북한강이 합류하여 한강이 된다. 한강의 공격사면부는 워커힐·옥수·노량진 등에 절벽을 이루나, 퇴적사면부는 미사(渼沙)·토평(土坪)·신사(新沙)·반포(盤浦)·행주(幸州) 등에 넓은 범람원을 이루고, 뚝섬·잠실·여의도·난지도 등에서는 강(江)물 중간에 작은 섬인 하중도(河中島)를 형성하였다.

이들 지역은 1980년대에 한강종합개발사업으로 강 양안이 깨끗이 정비되고 고수부지는 시민공원으로 이용하게 되고, 천호대교에서 서쪽의 행주대교 너머까지 한강의 남·북안을 달리는 강변로는 한강의 새로운 풍물들로 단장되었으며, 한강에 관광유람선이 떠다니고 여의도에 63층의 빌딩을 더욱 돋보이게 하였다.

서울은 산과 하천의 조화가 풍수지리적으로 길지(吉地)에 해당하며 우리나라 전체로 볼 때 중앙에 위치하고 있다. 서울의 산수조화를 보면 진산(鎭山)[1]인 북한산에서 주산(主山)인 청와대 뒷산 북악산에 연결되며, 응봉과 낙산이 좌청룡(左靑龍)을 이루고, 인왕산이 우백호(右白虎)가 되며, 남산인 목멱산은 안산(案山)[2]에 해당된다. 그리고 그 중앙에 내수(內水)인 청계천이 흘러

---

1) 각 고을의 뒤에 있는 대표적인 큰 산이다.
2) 마을 앞산을 의미한다.

중랑천과 합류되어 외수(外水)인 한강에 유입된다. 이렇게 하천이 분지를 빠져 나가는 수구(水口)가 산에 둘러싸여 밖에서 볼 수 없는 형국을 풍수에서 이상적인 산수의 배치로 보고 있다. 이러한 명당자리에 조선왕조의 궁궐·종묘·사직단·관아·문묘 등 국가를 상징하는 주요 건물들이 건설되었던 것이다.

• 역사적 배경

서울이 삼국시대에는 고구려 백제 신라의 접경지역이었다. 1394년 태조 이성계는 한양으로 천도하여 한양은 500년간 조선왕조의 도읍지가 되었다. 서울은 백제의 도읍지이자 또한 조선왕조 이후 600년의 수도로서 한국의 문화유산이 집중되어 여러 고궁과 성곽을 비롯해 많은 사적과 유적들을 만나게 된다. 그래서 서울은 고대와 현대가 서로 어울려 공존하면서 전통을 계승, 발전해 가고 있다.

• 관광자원

서울은 한국을 찾아오는 전체 외국관광객의 80%를 차지한다. 매력은 전통과 현대, 한류의 융합이다.

역사적인 유적으로 5대 고궁을 비롯해서 역대 임금과 왕비들의 신주를 모신 종묘, 성균관, 보신각종, 강감찬의 유적지인 낙성대, 서울성곽 등이 있다. 5대 고궁 가운데 창덕궁의 정문인 돈화문은 서울시내에서 가장 오래된 목조건물이다. 국보1호 남대문(숭례문), 2호 원각사지 10층석탑, 3호 북한산 순수비, 보물1호 동대문(흥인지문), 보물2호 보신각종, 3호 원각사비, 무형문화재1호 종묘제례악 등이 모두 서울에 있으며, 강동구와 송파구 일대에는 백제시대 문화유적과 암사동의 신석기시대 유적이 있다. 불교조계종의 총무원 조계사가 인사동 가까이 도심 한복판에 있다.

서울 남산공원에서는 서울N타워가 있어 사방으로 서울을 조망할 수 있으며, 어린이들에게 푸른 꿈을 심어 주는 서울어린이대공원·드림랜드도 서울 근교에 있다. 올림픽공원은 세계적인 공원으로 잘 알려져 있으며, 백제 초기의 몽촌토성(夢村土城)에서 고대와 현대가 잘 어우러져 있다.

주요문화와 위락시설은 예술의 전당, 국립극장, 세종문화회관, 석촌호수의 서울놀이마당과 롯데월드·롯데타워몰, K-POP과 난타공연장 등이 있다. 잠실과 상암동에는 올림픽과 월드컵 경기장이 현대적인 한국의 건축미를 보여주고 있다.

서울은 국제수준의 관광호텔을 비롯해 각종 숙박시설, 컨벤션시설, 쇼핑과 나이트라이프시설이 잘 갖추어져 있다.

'서울'의 유래 : 성터 모양의 눈이 쌓여 울을 이루다.

태조 이성계가 한양의 둘레에 성을 쌓을 때 성 쌓을 위치를 정하지 못해 고심하고 있었다. 그러던 어느날 밤 한양에 눈이 내렸는데(혹은 서리가 내렸다고도 함), 다음날 아침에 일어나 보니 도읍지의 변두리 주위에 성터 모양의 눈이 쌓여 있었으므로 하늘이 성 쌓을 자리를 정해준 것이라고 크게 기뻐하며 눈 온 자리에다 성을 쌓게 되었다. 여기서 눈(雪)이 울(圍)을 이룬 곳에 성을 쌓았다고 하여 '설(雪)울' 또는 '서리울'이 '서울'로 변한 것이라는 이야기가 전해오게 되었다고 한다. 백제 때의 위례성이란 이름도 처음 온조왕이 이 곳에 목책(木柵)을 설치하여 '울'을 만든 데서 비롯된 것으로 목책에서 '우리성－울성'이라는 말이 생기고 이를 음역한 것이 '위례성'으로 되었다는 것이다.

「삼국유사」에 의하면 '신라의 국호를 서라벌 또는 서벌(徐伐)이라 하였는데, 자금의 경(京)자를 서벌이라 함은 이 때문이다'라고 하여 서울이라는 이름이 신라의 국호인 '서벌'에서 비롯되었음을 밝혔다. 그리고 통일신라 이전의 고을 명칭 뒤에 붙어 있는 부리(夫里)와 불(火)은 벌판, 즉 '벌(原)'과 같은 뜻으로 사용된 것이다.

(한국의 지명유래, 땅이름으로 본 한국향토사, 김기빈)

서울의 여덟 성문

서울 성곽은 태조 이성계가 약 20만명을 동원하여 100일간 공사를 하였으며 그 길이는 약 17km였다. 성문은 사대문(四大門)과 사소문(四小門)으로 되어 있다. 사대문은 북문(숙정문), 동대문(흥인문), 남대문(숭례문), 서대문(돈의문)이라 하였다. 사소문은 동북의 홍화문, 동남의 광화문, 서남의 조덕문, 서북의 창의문이다.

2. 특산물 · 별미음식

서울지방은 자체에서 나는 특산물은 별로 없다. 그러나 서울에는 전국 각지에서 생산된 여러 가지 재료가 모이기 때문에 이것들을 다양하게 활용하여 다양한 음식을 만들었다. 우리나라에서는 서울, 개성, 전주의 음식이 가장 전통있고 화려하다고 전해온다. 서울은 조선시대 초기부터 5백년 이상 도읍지였으므로 아직도 서울음식에는 조선시대의 음식 풍이 많이 남아 있다.

서울음식의 간은 짜지도 맵지도 않은 적당한 맛을 지니고 있다. 왕족과 양반이 많이 살던 고장이라 격식이 까다롭고 맵시를 중히 여기며, 의례적인 것을 중요시하였다.

양념은 곱게 다져서 쓰고, 음식의 양은 적으나 가짓수를 많이 만든다. 북쪽지방의 음식이 푸짐하고 소박한 데 비하여 서울 음식은 모양을 예쁘고 작게 만들어 멋을 많이 낸다. 궁중음식이 양반 집에 많이 전하여져서 음식의 가짓수가 매우 다양하다.

1) 전통음식

주식류는 설렁탕, 잣죽, 떡국, 장국밥, 비빔국수, 편수, 메밀만두, 국수장국, 꿩만두, 흑임자죽 등이 유명하며, 부식류는 육개장, 신선로, 장김치, 갑회, 육포, 어포, 족편, 전복초, 홍합초, 너비아니, 떡찜, 갈비찜, 전류, 편육, 어채, 구절판, 추어탕, 숙깍두기, 각색 전골, 선지국, 도미찜 등이 있다.

병과류는 각색 편, 각색 단자, 약식, 느티떡, 상추떡, 매작과, 약과, 각색 다식, 각색 엿강정, 각색 전과 등이 유명하고, 음료류로는 다양한 화채류와 뜨겁게 마시는 한방재료의 차류로 나눌 수 있다.

오늘날은 인사동 떡집, 청진동 해장국, 성북동 한정식, 신촌 설렁탕음식점이 약간 남아 있다.

2) 현대 맛집거리

동대문 광장시장 전골목은 100년이 넘은 재래시장 안에 있다. 육회, 김밥, 빈대떡, 고기전이 별미이다. 신당동 떡볶이골목은 고추장소스비법으로 맵고 달콤한 맛이 매력이다. 오장동 함흥냉면거리, 장충동 족발, 남대문시장의 칼국수와 갈치골목, 신림동 순대타운, 마포 돼지갈비거리, 응암동 감자국거리 등도 서울의 유명한 맛집거리이다. 그리고 이태원동, 신사동, 압구정동에서는 각국의 외국 음식맛을 즐길 수 있다.

3. 주요 관광지

1) 시티투어(City Tour)

광화문에서 출발하며 순환코스, 야간코스가 있다.

대도시에서 핵심적인 주요 관광지를 제약된 시간에 경제적으로 즐기는 가장 효과적인 방법은 시내관광(City Tour)에 참여하는 것이다.

▲ 서울시티투어

서울 시내관광 안내는 주로 외국인을 대상으로 개발되어 있으나, 내국인도 참여할 수 있다. 코스는 도심·고궁코스, 야간코스, 파노라마코스 등이며 도심·고궁코스는 광화문 사거리 동화면세점 앞 시티투어 전용정류소에서 탑승할 수 있는데, 주요 관광지에서 하차하여 자유관람 후 30분 간격으로 다음 버스에 탑승하여 하루종일투어가 가능하다.

시내의 주요 대상지는 명동 남산 및 서울타워, 국립민속박물관, 중앙박물관, 창덕궁, 경복궁, 전쟁기념관, 올림픽공원, 한강유람선, 강남, 신촌 등이다. 주간과 야간코스를 별도로 운행하고 2층 버스도 1시간 간격으로 운행한다(서울 시티투어 참조).

電 02)777-6090

(1) 광화문(光化門) 광장

광화문 광장은 경복궁 앞이며 이곳에는 한국인들이 가장 존경하는 세종대왕과 이순신 동상이 있다. 옛 서울의 명칭 한양의 상징거리였다. 조선 첫 왕인 태조는 1394년에 도읍을 한양으로 옮기고 정궁인 경복궁을 지었다. 그리고 궁의 정문인 광화문 앞길의 좌우에 의정부를 포함해 이조, 호조, 예조, 병조, 형조, 공조의 육조 관아 거리를 건설했다. 지금의 광화문 앞에서 광화문사거리에 이르는 거리다. 대궐로 이어지는 한양 최고의 길이었다. 광화문에서 청계광장에 이르는 폭 34m, 길이 740m의 광장 좌우로 지나는 왕복 10차선의 차도 역시 예비광장의 역할을 한다. 이 곳 광장은 세종대왕 동상이 자리해 광장의 구심점 역할을 한다.

세종대왕은 500여년 전에 오늘날 한국인이 사용하는 언어인 '한글'을 만들었다. 한국의 1만원권 화폐에 세종대왕의 초상화가 있다. 한글과 더불어 세종대왕의 업적인 해시계, 측우기, 혼천의 등의 과학기기도 이 광장에 자리한다. 또한 지하공간에는 '세종대왕이야기'라는 전시공간이 마련돼 세종대왕의 생애와 업적을 알아볼 수 있다. 세종대왕동상 앞쪽에는 한국인의 대표적 무인이자 성웅으로 추앙받는 이순신 장군 동상이 있어 이 곳은 한국인들이 가장 큰 자부심을 갖고 사랑하는 공간이다. 이순신 장군은 1592년 일본이 한국과 중국을 침략하기 위해 전쟁을 일으켰을 때 한국 남해바다에서 일본 해군에게 완승을 거두어 한국의 영웅으로 존경받아 왔다.

2) 경복궁(景福宮, Kyongbokkung Palace)

한국에서 가장 크고 대표적인 조선왕조의 궁궐이다.

경복궁은 1392년 조선 왕조를 건국한 태조 이성계가 1394년 한양으로 도읍을 옮겨 그 이듬해에 창건한 조선의 정궁(正宮 : 임금이 거처하며 국정을 돌보던 궁)으로 사적 제117호로 지정되어 있다.

경복궁내에는 경회루, 향원정 등의 뛰어난 정자와 조선 최고

〈그림 3〉 경복궁 위치도

의 권부를 상징하는 근정전, 경천사
지10층석탑 등 세련된 목석조 건축
물 등을 비롯해서 국립민속박물관,
고궁박물관이 있다.

▲ 경복궁(문화재청 제공)

경복궁의 터는 고려 때부터 풍수
지리설에 따라 명당지로 지목된 곳
으로, 원래 고려 숙종 때부터 개성
왕궁의 별장인 이궁(離宮)터였다.

태조 이성계는 새로운 궁궐을 완성한 뒤 신하들과 더불어 큰 잔치를 베풀
고 정도전으로 하여금 새 궁궐의 이름을 짓도록 하였는데, 그 이름이 바로
경복궁(景福宮)이다. 1395년 경복궁이 완성된 후 크고 작은 화재가 있었으나,
여러 임금을 거쳐오면서 수축과 증축이 되어 그 규모가 점점 커져 갔다. 그
러다가 1592년 4월 임진왜란 때 왜병과 난민의 방화로 불탄 후 폐허가 되어
그대로 방치되었다가 1865년 고종 때에 와서 재건되기 시작했다.

현재의 경복궁은 고종 때 재건된 궁궐의 모습이다. 임진왜란 때 소실된
경복궁은 터만 남아 여우와 이리가 출몰하고 풀만 무성한 채로 270여년이라
는 긴 세월을 보냈다. 이후 역대 왕들은 광해군 때 다시 지어진 창덕궁에서
기거할 수밖에 없었던 것이다.

조선조 말에 이르러 권력을 장악한 대원군은 왕가의 권위를 회복하고 왕
족의 번영을 실현시킨다는 명분아래 경복궁 대공사에 착수했다.

대원군은 경복궁 대공사의 비용을 마련하기 위해 왕실의 종친과 부자들에
게 기부금 형식의 원납전을 납부케 했으며, 원납전을 바칠 수 없는 각 지방
의 백성들에게는 자진 부역의 형식을 취하여 전국적인 규모의 노동력 동원
도 강행하였다. 이렇게 공사를 강행하던 중 뜻하지 않은 화재로 인하여 막
대한 재목과 기타 물자가 불타서 없어지자, 대원군은 날로 바닥이 드러나는
재정난을 타개하기 위해 서울 4대문을 통과하는 사람과 우마차의 모든 물품
에 통과세를 부과하여 징수하는가 하면, 혼인하는 자에게는 인두세를 납입토
록 강요하였다.

또 고종 3년 1월에 대원군은 궁핍한 국비를 충당하기 위해 당백전을 만들

어 강제로 유통시켰다. 이런 우여곡절 끝에 겨우 경복궁을 준공한 때는 고종 5년이었는데, 공사가 시작된 이래 대략 40개월이 걸린 것이다.

근정전(勤政殿)은 경복궁의 중심 건물이며 1867년 11월에 완성되었다. 임금의 즉위식이 거행되고 문무백관들이 정1품부터 종9품까지 품계에 따라 도열하여 조례(朝禮)와 공식적인 큰 행사에 참여하였다.

근정전 내부에는 임금이 앉았던 어좌(御座)가 있고 그 뒤에는 五山日月(5개의 산과 태양, 달)을 그린 병풍을 세웠다. 근정전 천장에는 한 쌍의 황금용이 날고 있어 왕의 권위를 나타내고 있다.

경회루(慶會樓)는 당초에는 중국 사신에게 연회를 베풀기 위하여 건축한 것이었다. 당초의 건물은 임진왜란 때 불타고, 지금의 건물은 1867년에 다시 지어졌는데, 48개의 돌기둥 위에 2층으로 세운 누각으로 왕실과 신하 그리고 외국 사절들의 연회장으로 사용되어 왔다.

향원정(香遠亭)은 왕과 그 가족들이 여가를 즐겼던 공간이다. 경복궁 북쪽에 있는 아담한 연못과 정자가 어우러져 봄철의 개나리꽃을 배경으로 한국적인 정취가 빼어난 곳이다.

이 밖에 경복궁에는 임금이 평소 거처하며 정사를 돌보던 사정전(思政殿)이 있다.

궁의 공간은 왕이 정치를 하는 치조공간(治朝空間), 왕과 왕비 등이 생활하는 연조공간(燕朝空間), 휴식하고 연회하는 원유공간(苑有空間)으로 나누어진다.

경복궁의 평면은 남북이 긴 장방형(북쪽이 약간 넓음)으로 배치되었는데, 남쪽의 정문은 광화문(光化門), 동문은 건춘문(建春門), 서문은 영추문(迎秋門), 북문은 신무문(神武門)이다. 이들 문의 이름을 보면 사신을 상징하고 있다. 광화문은 주작, 건춘문은 청룡, 영추문은 백호, 신무문은 현무를 의미하는 것이다.

電 02)3700-3900   所 종로구 사직로 161

(1) 국립민속박물관(國立民俗博物館, National Folk Museum)

경복궁 내에 있는 민속박물관은 한국인의 전통적인 의식주 생활과 관습관련 자료들을 전시해 놓은 생활박물관이다. 국립민속박물관은 3개의 종합전시관에 15개의 전시실과 1개의 기획전시실을 마련하고 있다. 소장된 유물은

2만여 점에 이르며 이들 중 4300여 점이 상설 전시되고 있다.

종합전시장의 **제1전시관**은 **한민족 생활사실**로, 한국 민족의 생활문화사를 상징하는 유물들이 선사시대, 삼국시대의 고구려·백제·신라, 그리고 고려시대, 조선시대 순으로 전시되어 있다.

전시품들은 선사시대의 각종 생활도구와 청동기시대의 생활상, 고구려의 생활문화, 백제의 제사 유적, 신라의 왕경도, 가야의 야철공방, 고려의 인쇄와 청자문화, 조선의 한글창제와 과학기술 등 정신세계와 관련된 자료들이 복원된 것이다.

제2전시관은 한국인의 일상을 보여주는 생산 민속, 생활 문물 등 **생업자료실**이다. 농경문화·수렵·어로·수공예 등 생업과 관련된 유물과 전통사회의 의·식·주에 관한 문화자료 및 모형을 배치하고 있는데, 생업은 고대의 농기구를 비롯해 근대 농촌에서 쓰였던 각종 농기구와 정월 대보름 놀이 등 농경의 세시의례를 복원·전시하고 있다.

의생활은 고대 복식부터 근대에 이르는 각종 옷과 장신구류를, 주생활은 각종 가옥형태를 모형으로 복원했다. 또 양반 사대부의 생활과 내면세계를 엿볼 수 있는 안방과 사랑방이 실물 모형으로 꾸며져 있어 옛모습 그대로를 음미할 수 있다.

식생활은 부엌 세간을 비롯해 세시음식과 일상음식 등의 음식문화를 통해 우리의 전통적인 식생활의 단면을 보여준다. 수공예는 칠기 및 화각공예품과 옹기가마를 복원·전시하고 있다.

제3전시관은 출생에서부터 죽음에 이르기까지 한국인의 일생을 일목요연하게 보여주는 통과의례실로, 의례·교육·놀이·예능 및 오락·시장·관행·민간 신앙 등 생활 전반에 대한 민속자료들이 총망라되어 있는데, 기자암에 아들을 비는 선바위를 비롯해 서당·향교·관례 및 혼례·회갑연·상청·제례상·사당 등의 모습이 전시되어 있다.

또 각 인생 의례 사이사이에 놀이 모습과 악기·문방구류·화폐·민화 그리고 주막·굿청·교통 및 운반과 관련된 봉수대·조운선 등도 모형으로 전시하고 있다.

박물관 중앙홀에는 한국의 건축문화 5천년의 정수를 살펴볼 수 있는 아름다운 건축모형이 전시되어 있다. 이 곳에서는 신라의 안압지, 황룡사 9층탑,

백제의 궁궐, 미륵사, 고려의 다방, 조선의 근정전, 동십자각, 사랑방 등을 정교한 모형을 통해 실감나게 감상할 수 있다.

기획전시실은 국립민속박물관에서 마련하는 특별기획 전시회를 위한 공간으로, 세계의 민예품 특별전, 한국의 시장사 등의 특별 전시회가 매년 1~2회 펼쳐지고 있다.

電 02)3704-3114   所 삼청로 37(경복궁내)

(2) 청와대 사랑채

청와대는 대한민국 대통령 집무공간으로 경복궁과 인접해 있다. 외국인 관광객들에게 인기 있는 곳이며 방문을 원하면 사전에 청와대 홈페이지에서 인터넷으로 예약해야 하며 출발은 경복궁 동문에서 단체로 한다.

청와대 앞 청와대 사랑채는 별도의 예약없이 일과시간에 방문하여 청와대 집무실 모형과 각종 기념품을 볼 수 있다.

電 02)723-0300   所 종로구 효자로13길 45
交 지하철 3호선(경복궁역)

3) 종묘와 종묘제례악
(宗廟祭禮樂, Chongmyo Shrine, 세계문화유산)

창덕궁, 창경궁, 종묘는 동일 경내에 있으며, 종묘는 역대 조선임금의 신주를 모시는 사당이다. 매년 5월 첫째 일요일에 이 곳에서 거행되는 종묘제례악은 무형문화재 제1호로서 조선왕가의 조상들에게 제를 올리는 의식이며 현재 세계문화유산으로 등록되어 있다.

▲ 종묘제례(문화재청 제공)

정전에는 큰 공이 있는 임금의 위패를, 영년전에는 그 외의 임금 위패를 모시고 있다.

• **종묘의 연혁**

종묘는 조선시대 역대왕과 왕비 및 추존된 왕비의 신위를 모시고 제향을 올리는 사당으로서 태조 3년(1394) 조선왕조가 한양으로 천도한 그 해 12월에 착공되어 이듬해 9월에 완공되었다. 그 후 봉안되는 신위가 늘어남에 따라 수대의 왕조에 걸쳐 증축을 거듭해 왔다. 오늘날에는 정

〈그림 4〉 종묘 · 창덕궁 · 창경궁 위치도

전과 영녕전을 모두 합쳐 종묘라 통칭하고 있으나, 원래는 지금의 정전을 종묘라 하고 세종 때 복속된 별묘를 영녕전이라 하여 구별하여 왔다. 현재 정전에는 19실에 49위, 영녕전에는 16실에 33위가 모셔져 있고, 공신당에는 조선시대 공신 83위가 모셔져 있다. 종묘는 충효를 근본이념으로 했던 조선왕조의 윤리 · 도덕관을 오늘날에 전승하고 있는 귀중한 문화유산이다.

• **종묘의 건물**

현재 종묘 경내에는 정전(국보 제227호), 연녕전(보물 제821호) 이외에 종묘제사때 제기를 보관하는 전사청, 악사들이 제향할 때 대기하거나 연습했던 악공청, 조선 개국 이래 충신을 모신 공신당, 제사예물을 준비하던 향대청, 제사를 관리하는 하급관리들의 처소인 수복방 등의 건물이 남아 있다. 이 중 종묘정전은 건축양식은 소박하지만, 우리나라 단일 건물로서는 가장 긴 건물이고 전면에 높은 월대(月臺)를 놓아 사묘 건축으로서의 품위와 장중함을 자랑하며 종묘건축을 대표한다.

• **종묘의 터**

종묘는 중국 주나라 이래 내려온 "왼쪽에 종묘, 오른쪽에 사직, 앞에는 조정, 뒤에는 시장을 둔다"는 원칙에 따라 그 터가 정해졌다. 즉 경복궁의 서쪽에는 사직단을 두고 동쪽에 종묘를 세웠다. 종묘는 신위를 모시는 신궁이

므로 제왕이 거처하는 일반 궁궐과는 풍수설에 따라 다른 지형을 가지고 있다. 양택인 궁궐은 넓고 앞이 트여야 하고, 음택인 신궁은 현장이 꽉 짜여져 좁아야 명당이라는 것이다. 이런 관점에서 내백호(內白虎)와 내룡(內龍)의 산세가 정전과 영녕전을 아늑히 감싸고 있다.

• 종묘제례(중요문형문화재 제56호)

조선시대의 나라 제사는 대사(大祀), 중사(中祀), 소사(小祀)로 나뉘는데, 종묘제례는 사직과 더불어 대사에 속하고 임금이 친히 받드는 존엄한 길례(吉禮)였다. 종묘의 제사는 봄·여름·가을·겨울의 대제와 섣달제사를 더하여 모두 5향이었고, 영녕전에는 제향일을 따로 정해 봄·가을 2회로 제례를 지냈다. 그러나 광복 이후 한때 폐지되었다가 1971년 이후에는 전주 이씨 대동종약원에서 매년 5월 첫째 일요일에 종묘제례를 올리고 있다.

• 종묘제례악(중요무형문화제 제1호)

종묘제례악은 종묘에서 제사지낼 때 연주하는 음악이다. 여기 쓰이는 보태평(保太平)과 정대업(定大業)은 원래 세종이 연향(宴享)에 쓰도록 친히 지은 것을 세조 때 축약하여 세조 10년(1464년) 처음으로 종묘제례악으로 채택된 것이다. 보태평은 역대 제왕의 문덕을, 정대업은 역대 제왕의 무공을 기리는 내용의 음악으로, 이에 조상의 공덕을 찬양하는 노래인 악장과 64인이 서서 추는 팔일무가 함께 하여 웅대함과 장엄함을 더하고 있다. 종묘제례악은 역사적·예술적 가치도 매우 크려니와 한국 전통음악의 맥을 이어오는 유일한 고전으로 귀중한 문화유산이다.

電 02)765-0195   所 종로구 종로 157
交 지하철 1·5호선(종로3가역)

⚘세계문화유산(2018년 현재)

세계문화유산(⚘)이란 세계유산협약에 따라 세계유산위원회 협약 문화유산 중에서 인류 전체를 위해 보호되어야 할 보편적 가치가 현저하게 있다고 인정하여 유네스코 세계유산일람표에 등록한 문화재를 말한다. 원래 세계문화유산위원회가 등록하는 세계유산에는 자연적 소산물을 대상으로 하는 자연유산과, 인간작업의 소산물을 대상으로 하는 문화유산, 인간과 자연의 소산물을 대상으로 하는 복합유산 등 3가지가 있다.

이 중 문화유산에는 역사적·과학적·예술적 관점에서 세계적 가치를 지니는 건축물·고고유적과 심미적·민족학적·인류학적 관점에서 세계적 가치를 지니는 문화지역 등이 포함된다.

UN에 등재된 한국의 세계유산은

① 문화유산 : 종묘(1995년), 불국사, 석굴암, 팔만대장경판전, 수원화성(1997년), 창덕궁, 경주역사유적지구(2000년), 고창·화순·강화 고인돌, 조선왕릉 40기(2009년), 하회마을과 양동마을(2010년), 남한산성(2014), 백제역사 유적지구(2015년), 한국산지승원(2018, 통도사·부석사·봉정사·마곡사·법주사·선암사·대흥사)

② 자연유산 : 제주화산섬 및 용암동굴(2007년)

③ 기록유산 : 훈민정음(1997년), 조선왕조실록, 직지심체요절(2001년), 승정원일기, 팔만대장경판 및 제경판, 조선왕조의궤, 동의보감(2002년), 일성록(2011년), 5·18기록물, 난중일기, 새마을운동기록물(2013년), KBS특별방송 '이산가족을 찾습니다'(2015), 조선왕실어보와 어책(2017), 조선통신사 기록물(2017) 한국의 유교판책(2015), 국채보상운동 기록물(2017)

④ 무형문화자산 : 종묘제례 및 제례악(2001년), 판소리(2003년), 강릉단오제(2005년), 강강술래(2009년), 남사당놀이, 영산재, 제주칠머리당 영등굿, 처용무, 가곡(歌曲, 2010년), 대목장(大木匠), 매사냥, 택견(2011년), 줄타기, 한산모시짜기, 아리랑(2012년), 김장문화(2013년), 농악(2014년), 줄다리기(2015), 제주해녀문화(2016), 씨름(2018)

(1) ◈창덕궁·비원

(昌德宮·秘苑, Ch'angdokkung·Piwon, 세계문화유산)

1997년에 수원의 화성(수원화성)과 동시에 세계문화유산으로 등록되었다.

후원인 비원으로 더 유명한 창덕궁(昌德宮)은 조선 3대 왕인 태종 때 지어진 이후 여러 차례의 재앙을 입으면서도 비교적 원형을 잘 보존하고 있는 조선시대 궁궐이다.

특히 창덕궁의 후원인 비원은 각양각색의 정자와 수만 그루의 수목과 화초가 심어져 있는 대단히 아름다운 정원으로, 내·외국인에게 인기 높은 관광명소로 각광받고 있으며, 가장 한국적인 자연의 모습을 간직한 정원이라는

▲ 창덕궁(한국관광공사 제공)

평가를 받고 있다.

창덕궁은 현재 사적 제122호로 지정되어 있으며 약 14만평의 규모를 갖추고 있는 창덕궁은 조선 제3대 왕인 태종 때 경복궁 이외의 새로운 궁이 필요하다는 의견에 따라 지어진 것이다.

선조 25년(1592)에는 임진왜란으로 왜군이 한양으로 침입하자 경복궁, 창덕궁, 창경궁 세 궁이 거의 일시에 불에 타버렸다. 단지 종묘만이 화재를 면했으나 한양의 궁궐은 모두 불타버린 것이다. 오늘날 창덕궁에 남아 있는 주요 전각 및 건조물로는 인정전, 돈화문(敦化門), 선정전, 대조전, 낙선재(樂善齋) 등이다.

인정전(仁政殿)은 경복궁의 근정전과 같이 임금의 즉위식, 문무백관의 공식적인 도열이 있었는데, 현재의 건물은 1831년에 재건된 것이다.

대조전(大造殿)은 역대 임금과 왕비가 거처한 안방으로 근대 유럽의 값진 생활용품이 구비되어 있으며 임금의 침실이라 지붕에 용마루가 없는 건물이다.

낙선재(樂善齋)는 임금을 잃은 왕비들의 거소로 조선왕조 말기의 전형적인 저택이다.

창덕궁의 후원인 비원(秘苑)은 조선시대 임금과 왕실이 풍류를 즐기던 휴식처로 수많은 연못과 정자, 그리고 천년 가까이 묵은 아름드리 느티나무, 향나무 등 울창한 나무숲과 한국의 고전 건축미를 자랑하는 부용정, 영화당, 어수문, 주합루 등이 조화를 이룬 한국 자연미의 대표적인 정원이다. 비원은 신라의 안압지처럼 바라보는 기능의 정원이 아니라 자연 속에 인간이 깊숙이 동화되도록 만들어진 정원이다.

비원은 복잡한 기교의 중국의 정원이나, 인공미로 감싸여진 일본식 정원에 비하여 천연의 지형이나 풍치의 아름다움을 개방적으로 살린 자연미의 극치로 평가받고 있다.

電 02)762-8261   所 종로구 율곡로 99
交 지하철 1·5호선(종로3가역)

(2) 운현궁 · 왕비결혼식(雲峴宮 · 王妃結婚式, Unhyun Palace)

고종의 아버지 흥선대원군의 사저로 이 곳에서 고종과 민비 명성황후가 결혼식을 올려 유명하다. 고종과 명성황후가 혼례를 치른 노락당과 안채인 이로당, 사랑채인 노안당 등을 중심으로 회랑과 경비소 등의 부속건물로 이뤄져 있다. 고종이 즉위하면서 궁으로 격상되었으나, 대원군의 몰락과 일제의 점령으로 헌병대, 극장 등이 들어서는 등 쇠락의 길을 걸었다.

이를 최근에 서울시가 대원군의 5대 손으로부터 매입해 복원하여 고종과 그의 비 명성황후의 결혼식을 봄 · 가을에 걸쳐 재연하고 있다.

조선왕조의 국혼례 의식과 화려한 복식을 직접 볼 수 있다.

① 납채(納采) : 대궐에서 간택된 왕비가 머물고 있는 별궁에 사자를 보내 청혼을 하는 의식

② 납징(納徵) : 혼인이 이루어지게 된 징표로 대궐에서 사자를 시켜 별궁에 예물을 보내는 의식

③ 고기(告期) : 대궐에서 길일을 택해 가례일로 정한 날을 별궁에 알려 주는 의식

④ 책비(册妃) : 대궐에서 왕비를 책봉하는 의식과 왕비의 집에 사신을 보내 왕비를 책봉받는 의식

⑤ 친영(親迎) : 국왕이 별궁에 가서 왕비를 맞아들여 대궐로 돌아오는 의식

⑥ 동뢰(同牢) : 국왕이 왕비와 서로 절을 나눈 뒤에 술과 찬을 나누고 첫날밤을 치르는 의식

정기공연은 매월 1~2회 궁중 · 사대부 관련 의례가 있다.

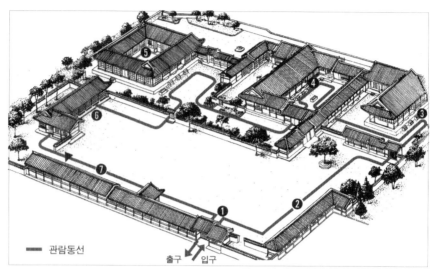

❶ 출입문(出入門)   ❷ 수직사(守直舍)   ❸ 노안당(老安堂)   ❹ 노락당(老樂堂)
❺ 이로당(二老堂)   ❻ 유물전시관(遺物展示館)   ❼ 회랑(回廊)

〈그림 5〉 운현궁 배치도

운현궁 100배 즐기기

운현궁은 3가지 특별한 행운을 가져다 준다.

첫째, 운현궁에서 고종이 12세까지 성장하여 임금에 즉위한 것은 운현궁의 지세와 관련이 있고 고종이 이 곳에 있던 노송 아래에서 잠들어 용꿈을 꾼 것과 관련이 있다고 한다. 이 때문에 많은 사람들이 운현궁을 찾는다.

둘째, 천하를 호령하던 흥선대원군의 개혁정치를 구상한 곳이 이 곳이고 당대를 주름 잡던 힘이 대원군의 난초 그림에서 엿볼 수 있다.

셋째, 운현궁이 흥선대원군의 부인이었던 여흥 민씨 부대부인의 친족이던 명성황후 민씨가 고종의 왕비로 점지된 곳이었기 때문에 세상 여성들의 선망이 이루어진다고 하여 많은 여인들이 이 곳을 찾아와 무엇인가 깊이 기원하고 간다고 한다.

電 02)766-9090 ; www.unhyungung.com   所 종로구 삼일대로 464
交 지하철 3호선(안국역)

4) 인사동(仁寺洞, Insa-dong)

외국인에게 널리 알려진 골동품과 고미술품이 풍부한 옛 문화의 거리다. 거래되는 고미술품은 옛 그림이나 도자기, 목기, 금속품이 대부분이며 통일신라시대의 토기에서부터 조선시대 백자에 이르기까지 골고루 갖추고 있다.

고미술상은 또 각각 고가구, 미술품, 소품류를 전문으로 하는 곳으로 나뉘는데, 특별하게 어느 가게의 물건이 좋고 고가품이라는 기준은 없다. 가격은 1만원짜리 소품부터 수억원대를 호가하는 귀중품까지 다양하다.

인사동 일대가 도자기 등 고가품의 고미술품을 주로 파는 데 비해 장안평에서는 고가구와 생활용품을 주로 팔고 있다. 골동품 값은 천차만별이나 생각보다 그리 비싸지는 않다.

옛 등잔이나 항아리, 문짝 등이 집안 장식용으로 많이 활용되고 있고, 반닫이와 돈궤도 가정용으로 인기가 높다.

▲인사동문화축제(종로구청 제공)

▲인사동(종로구청 제공)

電 02)736-0088   所 종로구 관훈동
交 지하철 3호선(안국역)

(1) 대학로(大學路, Taehakno-Culture & Art Street)

문화와 예술의 활력이 넘치는 젊은이의 광장이다. 대학로는 혜화동로타리에서 종로거리까지 약 1km의 구간에 독특한 문화공간을 이루고 있다.

겨울철 평일에도 오후만 되면 젊은이들이 몰려들어 중심지역인 마로니에 공원 주변은 빈자리를 구하기 어렵다. 스케치중인 미술대 학생들, 비둘기에게 먹이를 주는 여고생들, 데이트중인 남녀의 정겨운 모습들은 이 거리 특유의 풍경이다.

대학로는 그 이름처럼 꿈과 희망이 넘치는 젊은이들의 거리로서 옛 서울대의 정취와 흔적이 곳곳에 남아 있어 전통과 변화의 절묘한 앙상블을 눈과 가슴으로 확인할 수 있다. 특히 대로변뿐만 아니라 뒷골목에까지 각종 전시회, 연주회가 끊이지 않아 한 잔의 커피를 마시면서 관조와 참여의 두 맛을 동시에 즐길 수 있다. 이곳은 본인이 원하면 누구나 자신의 능력을 과시할 수 있는 노천무대가 된다.

문예회관의 대극장을 비롯해서 수많은 공연무대가 있어 과연 한국의 연극역사가 이곳에서 이뤄지고 있다는 확신을 갖게 해준다.

(2) 동대문쇼핑타운과 DDP

서울 최고의 쇼핑거리 중 한 곳이다. 도매와 소매를 동시에 하는 대형상가들이 밀집되어 있다. 동대문운동장(현 DDP) 옆에 위치한 신평화패션타운, 동대문종합시장, 디자이너클럽, 뉴존, 청평화시장에서는 도매를 하고 DDP 건너편의 롯데피트인, 두산타워, 굿모닝시티 등에서는 소매를 한다.

동대문의 명소는 광장시장, 30년 전통의 신평화패션타운, 혼수도매시장인 동대문종합시장, 헌책방거리, 창신동완구도매시장, 동대문과 롯데피트인 미디어파사드이다.

동대문디자인플라자(DDP)는 옛 동대문야구장에 세워진 특별한 디자인을 가진 보합문화공간이다. 물 흐르듯 자연스럽게 이어지는 '디자인 창조산업의 발상지'를 상징하는 외계의 우주선 모형이다. 세계적인 건축가 자하 하디드가 설계하였으며, DDP 외부의 45,133장의 알루미늄 패널이 한장도 같은 것이 없다.

2014년 3월 21일에 개관된 DDP는 컨벤션, 전시, 공연, 패션쇼 등이 상시 이루어지는 세계최대규모의 3차원 비정형 랜드마크 건축물이다.

5) 명동(明洞, Myung-dong)

서울의 전통적인 번화가이자 패션을 만들어내는 중심 상업지역이다. 명동상가에는 여성의류를 주종으로 하여 남녀 구두, 의류 등 모든 유행성 상품가게가 있으며, 중국대사관, 신세계, 롯데 등 대형 백화점과 조선호텔, 롯데호텔 등 특급호텔도 근

▲ 명동(서울중구청 제공)

거리에 있어 명실상부한 서울의 중심지역이다.

명동의 또 하나의 명소는 번화한 명동거리의 높은 언덕 위에 솟아 있는 명동성당이다. 천주교 서울대교구주교 성당이며, 한국 천주교의 본산이다. 박해와 탄압 속에서 수많은 순교자를 냈던 한국 천주교는 1882년 한미수교를 계기로 신교의 자유가 이루어졌으며, 1892년 문 아우구스티노 대주교에 의해 명동성당의 공사가 착수되어 1898년 5월에 축성됐다.

우리나라에서 가장 규모가 크고 장엄한 명동성당은 프랑스인 코스트신부가 설계·감독하였으며 우리나라 최초의 네오·고딕식 건축이다.

사적 제258호로 지정된 주교관은 조르지 가스터 설계, 면적 약 454평, 종탑의 높이 45m인데, 지난 1982년 말 시작된 보수공사를 거쳐 90년 동안의 풍화현상으로 낡은 부분들을 복구, 지붕갈이와 음향문제를 해결했다.

명동난타극장은 명동의 명소 중 한 곳이다. 주방에서 전개되는 상황들을 코믹하게 구성하여 몸짓과 표정 중심으로 공연이 진행되기 때문에 언어권에 구애없이 각국 관광객들이 즐겨 찾고 있다.

電 명동난타극장 02)739-8288 　　　所 중구 명동
交 지하철 2호선(을지로입구역), 4호선(명동역)

(1) 청계천

원래 청계천은 맑은 물이 한강으로 흘러들어 갔다고 해서 불려진 이름이다. 그러나 서울이 근대화과정을 거치면서 청계천을 맑은물 대신 도시의 오수를 배출하는 하수천으로 변했다. 그리고 도심지역을 관통하는 지리적 위

치로 말미암아 1970년대에는 하천이 복개되고 그 위에 고가도로가 건설되었고 자연히 옛날의 맑은 청계천은 사라지게 되었다.

그런데 2000년대에 들어서 고가도로와 복개도로가 동시에 완전히 철거되고 옛 청계천처럼 맑은 물을 흘러보냄으로써 세계적으로 도시재생사업의 성공 모델이 되었다. 물론 과거처럼 자연수가 흘러가는 것이 아니라 한강물을 펌핑하여 흘러보내는 방식이다.

이 사업을 실행한 당시 이명박 서울시장이 후일 대통령으로 당선될 만큼 매우 상징적인 프로젝트였다.

무교동입구의 청계광장으로부터 6km 구간에는 산책로, 돌다리, 조형물, 습지 등이 조성되었고 주변에는 한국관광공사, 서울안내센터, 인사동, 종로, 대학로, 동대문시장 등 서울명소와 청계천 도보관광코스가 있다. 도보관광(무료)을 하려면 3일전까지 인터넷으로 신청하여야 한다.(02-735-8688 광화문 관광안내소)

가장 볼만한 곳은 2단폭포가 있는 청계광장과 그 일대의 야경이다.

所 중구　　　　　　　　　　交 지하철 1호선(시청, 종각)

(2) 덕수궁 수문장교대의식
(守門將交代儀式, Palace Royal Guards Changing Ceremony)

시청 앞 덕수궁에서는 연중 상설로 하루 3회씩 왕궁의 수문장교대의식을 거행한다. 단 월요일, 혹서기, 혹한기, 눈·비오는 날은 볼 수 없다.

국왕이 거처하는 궁성 내에서 일반인의 출입이 금지된다는 의미에서 '금내(禁內)' 또는 '금궁(禁宮)'이라 하였으며, 이러한 금궁에서 금내의 경비를 관장하고 대전을 호위하는 군대를 '금군(禁軍)'이라 하였다.

중앙의 궁성에는 수문장청이 설치되어 종6품에 해당하는 수문장을 비롯하여 대전을 호위하던 군대가

▲ 덕수궁(서울중구청 제공)

▲ 궁중유물전시관의 임금가마(紅輦)와 임금의자(御座)

궐내의 수위를 담당하였다. 조선시대에는 궁정문을 열고 닫는 궁성문 개폐의식, 궁정문을 수위하는 궁성시위의식, 군사를 데리고 궐내를 순찰하는 행순 등이 있었는데, 오늘날 수문장 교대의식은 이 세 가지 의식을 하나로 연결하여 재연하는 의식이다.

그리고 덕수궁 석조전에 있는 **궁중유물전시관**은 궁중의 생활문화와 조선왕조 6백년간의 각종 역사를 알려주는 유물 8백여 점을 전시하고 있어 필수 관광코스이다.

電 02)771-9952   所 중구 세종로 99
交 지하철 1·2호선(시청)

(3) 정동극장(貞洞劇場, Jungdong Theater)

한국 최초의 근대식 극장인 '원각사'를 복원하여 1995년에 개관한 문화체육관광부 소속 복합공연장이다.

서울시청 앞 정동극장은 외국인을 위하여 우리 전통문화를 공연하는 곳으로 특히 문화마케팅기법을 도입하여 공연 관람인구를 급성장시킨 곳으로 유명하다.

고객과의 눈높이를 맞춘 열린 매표소는 유리 없이 훤하게 열린 곳에서 표를 사도록 고쳤으며, 매표원도 고객과 마찬가지로 서 있다. 고객의 편의를 위해 표를 사는 동안 가방을 놓을 무릎높이의 받침대도 마련하였다.

또한 '엄마랑 아기랑', '아빠랑 아기랑'이란 이색 화장실을 갖추었다. 부모가 아기를 앉혀놓고 얼굴을 마주보며 편하게 일을 볼 수 있도록 특수 안전벨트를 마련하였다. 뿐만 아니라 아가방 탁아소까지 운영하여 어린 유아의 부모를 관객으로 이끌었다. 이것은 여성들이 미혼일 때에는 연극 등을 자주 보러 다니다가 결혼 후 아이를 낳으면 8살 이전까지 거의 10년간 문화로부터 소외되는 공백현상을 새로운 수요로 창출한 것이다.

또 여성 직장인을 위한 낮잠 상품을 개발했다. 인근 직장여성을 위해서 모포까지 나누어주며 음악을 감상하게 한 낮잠 상품은 큰 인기를 끌었다.

그리고 점심시간을 이용한 '정오 예술무대'를 열어 직장인을 위한 티타임 공연을 하여 틈새시간을 이용토록 했다. 공연 전 기다리는 고객을 위해서 미니음악회·미니갤러리 등을 개발해 고객의 지루함을 없애는 데 성공했다.

정동극장은 문화체육관광부 산하의 단체지만, 마케팅팀을 구성·운영하여 공항, 호텔, 여행사를 찾아다니며 단체고객을 확보하고 국제학술대회 등에는 현장에 가서 공연해 주는 외주공연까지 하고 있다.

정동극장은 이러한 고객중심의 상품, 시설개발 그리고 마케팅전략으로 3년 사이에 매출이 무려 10배 이상 오르는 문화의 빅쇼를 연출한 것으로 유명하다.

電 02)751-1500   所 중구 정동길 43

(4) 남대문(南大門, Namdaemun)

우리나라 국보 제1호이다. 1395년, 서울 도성의 축성과 함께 착공되어 3년 만에 완공된 남대문은 세종대왕과 성종대왕 때 비교적 큰 보수공사를 시행하였다.

남대문은 석축인 아래층 한가운데가 아치모형으로 되어 있어 장중하고 견실한 모습을 나타내고 있다.

조선조 광해군 때 이수광이 지은 '지봉유설(芝峰類說)'에 의하면 남대문의 옛 이름인 숭례문(崇禮門)의 글자를 쓴 사람은 태종의 큰 아들인 양녕대군이었다고 한다. 숭례의 예(禮)자는 오행(五行)에서 불(火)이 되며 네 방향에 있어서는 남쪽을 상징하는 것이라 한다.

▲1894년의 남대문 풍경

다른 문과는 달리 편액이 세로로 쓰여 있고, 이것은 위의 두 글자로서 불이 타오름을 상징하며, 경복궁에 마주하고 있는 화산(火山)인 관악산에 대립시킨 것이라는 풍수설이 전해지고 있다.

임진왜란 때의 재난을 모면하여 오늘날 남아 있는 조선 초기의 가장 우수한 건축

▲남대문(문화재청 제공)

물로 꼽히고 있다. 그러나 불행하게도 2008년 초에 방화로 인하여 남대문의 건물은 불타버리고 지금 건물은 원형으로 재건축되었다.

交 지하철 4호선(회현역)　　　　　　所 중구 세종대로 40

(5) 남대문시장(南大門市場, Namdeamun Market)

국내에서 가장 오랜 역사와 최대 규모를 갖춘 재래시장으로 서울의 쇼핑명소이다. 발판을 두드리는 희한한 장단(속칭 다다구리)이 남대문시장을 들러간 외국인들의 입을 통해 퍼져나가면서 남대문시장은 한국관광의 명소가 되었다.

조선시대 태종조에 지금의 남창동에 대동미, 포전의 출납을 맡던 선혜청이 들어서면서 시장의 형태가 생기게 되었는데, 이를 '남문안장', '신창안장'이라 불렀다.

그러다가 일제 때에는 중앙물산시장으로, 해방 후엔 군용물자 중심의 자유시장으로 이어오다가 6·25전쟁 후 '남대문시장 주식회사'가 정식으로 설립되면서 남대문시장은 본격적인 종합시장으로서의 면모를 갖추게 되었다.

남대문시장이 지금과 같은 모습을 갖추게 된 것은 1968년 남대문시장의 대화재를 맞게 되면서부터이다. 이를 계기로 남대문시장은 현재와 같은 A, B, C, D, E동의 현대식 상가를 갖추게 됐는데, 약 3만여 평의 대지에 1만여 점포가 빽빽이 들어서 있다.

아동의류로부터 남·여 의류를 비롯한 섬유제품, 가전제품, 주방용품, 민예품, 토산품 및 일용잡화에 이르기까지 취급하는 품목도 다양하다.

남대문시장은 일반 시장과는 달리 낮보다 오히려 밤의 거래가 더 활발하다. 자정이 되면 가게 주인들은 물건을 받아 손님 맞을 준비를 하고, 새벽 2시가 가까워지면 퇴계로 길가에는 지방과 서울의 소매상인들로 발 디딜 틈 없이 번잡해진다.

일반 소비자들은 아침 7시에서 정오까지가 쇼핑하기에 적합한 시간이다.

電 02)753-2805, 상가번영회   所 명동에서 남대문 사이
交 지하철 4호선(회현역)

(6) 서울역 공중정원 '서울로 7017'

서울로 7017로 불리우는 공중정원은 과거에 서울역 때문에 건설된 고가차도를 식물이 가득한 도심정원으로 바꾼 곳이다. 서울로 7017은 서울역 고가도로가 세워진 1970년과 공중정원으로 바뀐 2017년을 의미한다. 약 1km

의 거리이지만 꽃과 나무를 구경하고 차도 마시면 반나절은 필요하다.

230여종 2만 4,000여 식물이 국립수목원, 천리포수목원과 전국 각지에서 옮겨 왔다.

유리바닥의 스카이워크, 방방놀이터와 분수대, 전통주전부리를 맛보

▲ 공중정원(한국관광공사 제공)

는 '도토리풀빵' '수국식빵' '전통차'와 더불어 유명한 조리사들이 제공하는 '7017서울화반' 비빔밥을 맛볼 수 있다.

서울역 광장 맞은편 서울스퀘어 외벽에 영국 팝아티스트 줄리언오피의 '걷는 사람들'이 야간에 상영된다.

공중정원에서 내려다보는 서울역광장의 강우규의사 동상과 설치작품 '슈즈트리' 외에 야경미디어 파사드 쇼, 손기정 기념관, 우리나라 최초의 서양식성당 건물인 약현성당도 같이 관람할 수 있다.

6) 남산공원 · 서울N타워 · 국립중앙박물관
(南山公園, Namsan Park · 國立中央博物館National Museum)

남산공원은 서울시내의 한복판에 자리잡고 있어 순환도로와 산책로로 연결되어 있으며, 김구 · 안중근 · 정약용 등 우리나라 여러 위인들의 동상이 세워져 있다. 산의 정상 가까운 곳까지 케이블카로 오를 수 있다.

남산 정상에 있는 높은 탑은 방송송신 안테

〈그림 6〉 남산공원 위치도

나와 전망대가 있는 곳으로 '서울N타워'라고 부른다. 서울N타워 5층의 회전전망대는 고속 엘리베이터로 오르게 되는데, 석양 무렵에 올라 서울 야경을 보면 장관이다. 서울N타워는 해발 480m이다.

원래 이 탑은 1975년 8월 동양, 동아, 문화 등 3개 민영방송국이 공동으로 종합전파시설 및 관광전망대 시설로 허가받아 1969년 12월에 착공하여 6년만에 완공한 것이나, 준공 3개월 후 당시의 체신부가 19억 4500만원에

이 탑을 인수하여 1980년 9월까지 전파관리목적으로만 사용했었다. 현재는 민간회사가 전체시설을 운영하고 있는데, 5층의 회전전망대에서는 동쪽의 명산이 눈앞에 와 닿고, 서쪽의 김포벌이 멀리서 펼쳐진다. 남쪽의 관악산과 북쪽의 북악산은 한 폭의 병풍과도 같으며, 발아래 한강은 실개울처럼 20~30층짜리 빌딩들은 성냥갑처럼 보이며, 날씨가 좋은 날에는 인천 앞바다는 물론 사방 150리를 굽어 볼 수 있다.

電 전망대 02)3455-9277, 케이블카 02)753-2403
交 지하철 4호선(명동)

(1) 이태원(梨泰院, It'aewon)

이 곳에 가면 쇼핑하러 나온 외국인을 많이 만날 수 있을 뿐만 아니라, 간판도 외국말로 된 간판이 대부분이라 얼핏 외국에 와 있다는 느낌을 받게 된다. 서울속의 미국적인 쇼핑거리이다.

이태원(It' aewon)상가는 용산구 이태원동과 한남동에 걸쳐 있다. 즉 홀리데이 이태원호텔에서 시작하여 이태원 사거리까지 이어지는 1.5km가 넘는 도로변과 골목에 형성되어 있다.

원래 이 곳은 미8군을 상대로 장사를 시작했는데, 점차 외국 관광객들에게 알려지면서 현재의 규모로 발전하였다.

상가는 약 2,000여 개인데 대개는 의류와 가죽제품, 골동품을 주로 취급하고 뒷골목엔 세계 각국 음식점과 유명 브랜드의 시계에서부터 골프채 등에 이르기까지 각종 상품이 진열되어 있다.

이태원은 국제관광지답게 세계 각국의 음식 맛을 볼 수 있다. 정통 인도 음식으로 유명한 해밀턴 호텔 내의 '아쇼카', 파키스탄 음식점 '모굴', 태국음식 전문점 '유엔 빌리지' 등이 있다.

所 용산구 이태원동　　　　　交 지하철 6호선(이태원역)

(2) 국립중앙박물관(國立中央博物館, National Museum)

1909년에 국립중앙박물관은 창경궁에 건립되었다. 현재의 용산박물관은 2005년 10월에 신축하여 경복궁터에서 이전해 왔다. 용산국립중앙박물관은 약 30만m² 대지에 연면적 14만m²(지하1, 지상6층)의 현대식 건물이다. '동양의 루브르 박물관'에 비유될 위용을 자랑한다. 1945년에는 5만점을 소장하였으나 2005년에는 지방국립박물관을 포함하여 약 20여만점을 보유하고 그 중 약 1만1천점이 용산국립박물관에서 전시되고 있다. 따라서 약 10시간 정도의 관람시간이 필요하다.

특별히 놓칠 수 없는 곳은 '명품'전시관이다. 반가사유상, 경천사지 10층석탑 등 국보급이 모여 있다. 1층 고고관부터 2~3층 미술관까지 1백점을 선정하여 교과서에서 실린 각종 문화재들을 한 동선으로 볼 수 있다.

박물관의 전시는 상설·특별·야외전시로 구성되며 상설전시시설은 고고관, 역사관, 미술관 I · II, 기증관, 아시아관으로 구분된다. 어린이를 위한 어린이 박물관과 관람코스가 마련되어 있다.

電 02-2077-9000   所 용산구 서빙고로 137
交 지하철 경의 · 중앙선, 4호선(이촌역 2번 출구)

(3) 전쟁기념관(戰爭記念館, War Memorial)

전쟁기념관은 전쟁과 역사의 교훈을 되새긴다는 취지로 옛 육군본부 자리에 마련되었다. 전시 공간은 실내전시실과 옥외전시장으로 구성되어 있고 전시자료는 약 13,600여 점에 이른다.

호국추모실, 전쟁역사실, 한국전쟁실 등 6개의 실내전시실에는 삼국시대부터 최근까지의 전쟁과 군사에 관한 자료들을 실

▲ 전쟁기념관

증적이고 역동적으로 전시하고 있다.

옥외전시장에는 형제의 상, 광개토대왕비 모형과 T-6 연습기, 북한군의 T-34 전차, 미군의 B-52 전략폭격기 등 110여 점의 대형 무기가 전시되어 있으며 기타 시설로는 전우회관, 수장고 등이 있다.

매일 오전중에 국군 의장대 사열이 있다.

電 02)709-3139 　　　　　　　　　　所 용산구 이태원로 29
交 지하철 4, 6호선(삼각지역)

---

(4) 절두산성지(切頭山聖地, Choltusan Martyr's Shrine)

절두산은 천주교 탄압과 순교의 역사현장이다. 양화진에서 재판도 없이 약 1만여 명에 이르는 신자들의 머리를 베어 '절두산'이라 부르게 되었다.

교회사적과 유물 등을 전시한 절두산 순교기념박물관과 성인 28위의 유해가 안치된 성해실이 있다. 이벽, 이가환, 정약용 등의 유물과 순교자들의 유품 및 혹형을 받을 때 쓰였던 형구, 그리고 선교사료가 소장되어 있다.

交 지하철 2, 6호선(합정역) 　　　　　　　　所 마포구 토정로 6

---

7) 반포한강공원

반포대교와 동작대교 사이 강변 남단에 위치한 6.4킬로미터에 달하는 이곳은 '한강 르네상스 프로젝트'에 의해 조성되었다.

반포대교 달빛무지개분수를 비롯해 보행자 중심 다리 잠수교, 달을 테마로 한 달빛광장 등 재미있는 아이템이 가득하다. 달빛무지개분수는 세계에서 가장 긴 교량 분수로 기네스에 이름을 올렸는데 밤낮으로 모양과 색을 바꾸며 환상적인 아름다움을 자랑한다. 특히 밤에는 음악과 함께 화려한 음악분수쇼를 볼 수 있다.

다양한 공연과 이벤트가 벌어지는 달빛광장은 달의 모습을 형상화해 만들었다. 공연장 외에도 인라인 스케이트장, 물방울 놀이터, 리버워크 산책로, 생태공원 등이 새롭게 조성되어 있다. 인공섬 주변에서는 수상스키, 모터보트 등 다양한 수상스포츠를 즐길 수 있다. 반포지구의 자전거도로는 잠원, 잠실, 여의도 지구와 이어져 있어 장거리 하이킹 코스로도 좋다.

(1) 한강유람선(漢江遊覽船, Han River Cruise)

서울의 동서를 흐르는 한강은 1986년 서울 아시안게임을 계기로 종합적으로 개발하여 유람선 운행이 시작되었다. 남북을 잇는 아름다운 다리와 물길따라 펼쳐지는 강변의 경치는 서울의 현대화된 참모습과 함께 주위의 경관을 감상하기에 최적이다.

電 02)3271-6900　　　　　　　所 영등포구 여의동로 290
交 지하철 5호선(여의나루)

(2) 63빌딩(63Building)

1985년도에 약 250m의 높이로 완성된 고층건물이다. 한강변에 위치하고 외장재료를 황금빛 반사유리로 처리하여 '골든타워'라 하고 건물이 전체적으로 3단으로 나뉘어 휘어지며 좁아지는 독특한 조형미와 이중 열반사유리색조로 서울의 명소이다. 관광용시설은 전망대, 수족관, I MAX(20×20m), 면세점(2016년 이후)이 있다.

8) 서울식물원(botanicpark,seoul.go.kr)

강서구 마곡지구(마곡나루역) 서울식물원은 식물원+공원으로 50만m²에 '주제원', '열린 숲', '호수원', '습지원'으로 조성되어 있다.

주제원은 식물문화센터와 주제정원으로 구성되어 있고 온실속에는 하노이, 자카르타, 상파울로, 보고타, 바르셀로나, 샌프란시스코, 로마, 아테네, 이스탄불, 타슈켄트, 호주 퍼스, 남아공 케이프타운 등 12개 도시의 식물이 배치되었다.

온실속에는 12개국 나라별 테마존과 정원사의 공간에는 실제 서울식물원에 근무 중인 식물전문가들이 사용하는 노트와 책, 가위, 씨앗 선반 등을 모은 '정원사 비밀의 방'이 공개된다. 약 7,000여권에 달하는 전문서적 도서관은 2층에 있으며 '정원상담실'에서는 식물관련 궁금증도 상담해주고, 씨앗을 대출해주는 씨앗도서관도 있다. 월요일은 휴무한다.

(1) 겸재 정선 미술관

서울식물원에 인접해 있다. 조선후기 겸재 정선은 진경산수화의 대가다. 정선은 1740년부터 1745년까지 지금 강서구 일대인 양천 현령을 지내며 '양천팔경첩', '경교명승첩' 작품을 남겼다. 관광객들이 산수화를 그려보는 체험도 할 수 있다. 미술관 옆에는 1940년대에 만들어진 궁산땅굴 전시관도 있다.

電 02)2659-2206　　　　　　　　　所 서울 강서구 양천로 47길 36
交 지하철 9호선 양천향교역 1번 출구

(2) 허준 박물관

'동의보감'의 저자 허준의 일생과 동의보감의 역사적 의미가 있는 곳이다. 이곳 가양동은 허준이 태어나 동의보감을 집필하고 생을 마친 곳이다. 한의학의 역사와 약초원도 둘러볼 수 있다.

電 02)3661-8686　　　　　　　　　所 서울 강서구 허준로 87
交 지하철 9호선 가양역 1번 출구

9) 홍대거리

홍익대학교 주변거리로 젊음과 낭만, 예술과 언더그라운드와 개성이 넘치는 서울서부 최대의 화려한 지역이다. 소규모 화랑과 소품점, 패션숍, 이색카페, 라이브카페와 클럽, 예술시장, 다양한 맛집이 어우러져 있다.

다양한 행사와 거리공연이 많아 즐거운 곳이다. 주요관광지는 홍대앞 걷고 싶은거리, 벽화거리, 예술시장, 프리마켓과 희망시장이다.

'걷고 싶은 거리'는 2호선 홍대역입구 9번 출구에서 시작하여 'KT&G상상마당'까지이며 이곳에서 파생된 골목도 많다. 특히 금·토요일은 불금과 불토를 즐기기 위하여 오후시간이면 혼잡할 정도로 사람들이 모여들며, 일본라

멘 등 음식전문점도 많다. 홍대거리는 인디음악의 라이브 공연 성지이다. 인디음악이란 제작자의 자본에 의존하지 않고 자신의 돈으로 직접앨범을 제작·홍보하는 독립적활동 음악을 의미한다.

'홍대벽화거리'는 홍대후문에 위치하며 와우산로 22길에 펼쳐진다. 디자인 예술부터 낙서같은 그림까지 많아 피카소거리라고도 한다.

'예술시장 프리마켓 희망시장'은 홍대 정문앞 홍익어린이 공원에서 일반작가들 참여와 손으로 만든 수공예품과 작품들이 전시 판매된다.

10) 과천서울대공원 · 경마공원

과천 청계산 기슭에 위치한 우리나라 최대의 동물원이다. 세계의 동물 400여 종, 4,000여 마리로 개장한 서울대공원은 동물의 생활상을 관찰할 수 있도록 혼거방사하고 있는 점이 특징인 동물원과 6만평 규모에 900여 종 8,000여 그루의 식물을 갖춘 식물원이 있다.

▲ 과천서울대공원

희귀동물로는 로랜든 고릴라, 흰 코뿔소, 사부상(사슴일종), 랜서팬더 등 1백여 종이 있다. 또한 현대미술관과 환상모험구역 · 바자구역 · 민속문화구역 등을 갖춘 놀이공원인 서울랜드, 경마장(렛츠런파크 서울)까지 바로 인접하여 있다.

▲ 서울랜드

돌고래쇼장과 곰, 앵무새 등의 동물쇼장은 관람객의 인기를 독차지하고 있다. 서울대공원은 넓고 동물사가 여러 곳에 흩어져 있어 하루에 다 보기에는 어렵다. 인근에 놀이공원 '서울 랜드'가 있다.

電 02)500-7335   所 경기 과천시 대공원광장로 102
交 지하철 4호선(대공원역)
주변관광지 : 서울랜드(509-6000), 서울경마장, 렛츠런파크 서울(02-1566-3333)
            국립현대미술관(02-2188-6000)

(1) 국립현충원(國立墓地, National Cemetery)

삶의 깊이와 의미를 되새겨 보는 명상의 장소로 시간을 초월하여 한국의 역사를 음미할 수 있다.

서울 동작동 일대의 42만여평의 광활한 임야에 자리한 국립묘지(國立墓地)는 16만여 영령들이 잠들어 있는 곳으로 이승만 초대 대통령

〈그림 7〉 국립현충원 위치도

을 비롯한 전직 대통령, 장군, 애국지사, 전사자, 국가유공자 및 외국인 등으로 묘역이 각기 나누어져 있다.

또 이 곳에는 각 시·도별로 상징적 공원이 마련되어 제각기 고장의 아름다운 모습을 보여주고 있으며, 현충탑을 비롯하여 현충문, 전쟁기념관, 경찰충혼탑 등이 영령들의 명복을 빌고 있다.

연중 무휴 개방되고 있는 이곳에는 영령들의 넋을 위로하는 참배객들의 발길이 끊이질 않는다.

電 02)813-9625   所 동작구 현충로 210
交 지하철 4호선(동작역)

11) 코엑스(韓國綜合展示場, Korea Exhibition Center)

한국종합전시장(KOEX)은 2010년 세계경제대국(G20)회의가 개최된 한국경제의 상징인 상설 종합전시장이다. 최첨단의 각종 전시회가 거의 1년 내내 열리고 있는 곳으로 관심있는 전시회를 찾아볼 수 있다. 무역협회, 호텔, 백화점, 공항터미널을 갖추고 있어 이용에 편리하고 볼거리도 많다.

전시장은 본관의 경우 5만여 평의 부지에 지상 4층, 지하 2층짜리 별관으로 어우러져 있으며, 본관에는 국제규격 축구장 넓이의 3천여 평짜리 대형 전문전시장이 태평양관, 대서양관, 대륙관 등이 있다.

한국종합전시관에서 열리는 전문전시회는 국내 생산업체들이 해외바이어들로부터 주문을 받아 수출에 앞서 다른 바이어와 국내에 널리 알리기 위해 개최를 하고 있지만, 소비자 입장에서 보면 생활에 꼭 필요한 신제품을 한 자리에서 일반 상가보다 먼저 구입할 수 있어 전시회에서의 직접구매도 늘어나고 있다.

지하에는 쇼핑몰, 식당, 오락실, 영화관, 수족관 등이 있다.

電 02)6000-0114   所 강남구 영동대로 513
交 지하철 2호선(삼성역)   주변관광지 : 잠실올림픽경기장, 야구장

(1) 압구정 로데오거리(Abgujung Rodeo Street)

강남의 삼성로에서 도산대로를 따라 갤러리아백화점, 현대백화점 쪽으로 가다보면 규모가 크고 잘 꾸며진 웨딩드레스 가게들이 있다.

이 곳에는 전문 디자이너의 웨딩드레스뿐만 아니라 수입된 웨딩드레스도 많이 나와 있다. 과감하고 앞서가는 디자인이 많다는 것도 특징이다.

우리나라 최첨단 패션거리로서 마치 외국의 번화한 거리에 온 느낌으로 최신 디자인과 젊은 감각을 맛볼 수 있다. 하루가 다르게 변화하는 새로운 패션의 물결, 그 물결을 가장 빠르게 느껴볼 수 있는 곳이 일명 로데오거리라고 불린다. 이 곳에는 고급 의류매장, 유명 수입브랜드의 액세서리 등을 취급하는 패션상점, 그리고 카페들이 들어서 있다.

최신 유행패션을 선도하는 이 곳 입구정동에는 디자인 전공자들이라면 새

로운 디자인을 배우는 기회로 삼는 것도 좋을 것이다.

所 강남구 신사동   交 지하철 3호선(압구정로데오역)

서울 압구정동(狎鷗亭洞) : 한명회의 정자가 있던 곳

서울 강남구의 압구정동은 조선시대에 이 곳에 '압구정'이라는 정자가 있었으므로 불리게 된 이름이다. 이 부근은 지금은 고층 아파트의 숲을 이루는 서울의 고급 주택가이지만 본래는 한강변을 조망하는 경치 좋은 곳이었다.

조선시대에 세조의 왕위 찬탈을 도와 정난공신 등 네 번이나 공신의 지위에 올랐고, 또 자기의 딸을 예종비와 성종비로 바쳤던 한명회(韓明澮)는 자기의 호를 구정(鷗亭) 또는 압구정(狎鷗亭)이라 하였다. 그는 중국 송나라의 승상 한충헌과 자신을 견주고 스스로 권력이나 부귀영화만을 탐내지 않았다는 평을 듣고 싶어하여 한강 건너 경치 좋은 이 곳에 '갈매기와 친하다'는 뜻의 압구정이라는 정자를 지었다. 그리고 명나라 사신이 오면 이 정자에서 호화로운 잔치를 베풀어 접대하였고 때로는 임금행차때만 사용하는 용봉(龍鳳)차일을 친 까닭에 중신들의 규탄을 받아 유배되기도 하였다. 제물과 권세에 탐닉했던 한명회의 이 정자에는 8도의 수령방백들이 보내는 진상행렬이 줄을 이었다고 한다. 그러나 이상하게도 정자 이름과는 달리 갈매기가 부근에 얼씬도 하지 않았으므로 뜻 있는 선비들이 이를 풍자한 시가 전해지고 있고, 또 어떤 선비들은 '친할 압(狎)'자를 '누를 압(押)'자로 바꾸어 압구정(押鷗亭)이라 하였으며, 심지어 그를 '갓쓴 원숭이'에 비유하기도 하였다.

(한국의 지명유래, 땅이름으로 본 한국 향토사, 김기빈)

12) 롯데월드(Lotte World) · 롯데월드타워 · 몰

세계적 규모를 자랑하는 실내 테마파크이다. 대지면적 38,794평 위에 관광, 유통, 레저, 스포츠, 문화 등 제반 생활시설 기능을 갖춘 복합 휴양업체로서 호텔, 백화점, 민속박물관, 스포츠, 레저시설 등을 고루 갖추고 있다. 설계와 건설에 미국(바타글리아사), 일본(구로가와), 스위스(안타민), 롯데건설(한국) 등의 유명 회사들이 참여해 미국, 일본의 디즈니랜드, 캐나다의 애드먼

튼, 미국의 킹아일랜드 등 세계적으로 유명한 공원들과 견줄 만한 최고 수준의 공원으로 만들어졌다.

〈그림 8〉 롯데월드 위치도

어드벤처의 천장은 자연채광이 가능한 돔형 유리로 되어 있어 날씨나 계절에 구애받음 없이 전천후로 이용할 수 있으며, 1층부터 4층의 곳곳에는 탑승시설 13종, 관람시설 8종이 있고 각종 게임시설과 식당, 기념상품점 등의 편의시설이 갖춰져 있다.

9백석의 규모를 갖춘 가든 스테이지는 뮤지컬 쇼와 외국 전통공연단의 초청공연 등이 이뤄지며, 각종 특별 이벤트가 펼쳐

▲ 롯데타워(한국관광공사 제공)

지고, 하루 2차례 전단지에서 펼쳐지는 웅장한 '환타지 퍼레이드'는 2백여 명의 공연자들이 나와 계절별로 독특한 거리의 퍼레이드를 선보인다. 이 외에 각종 밴드공연, 거리의 묘기공연, 캐릭터 공연 등이 거리 곳곳에서 수시로 벌어져 흥겨움을 더해 준다.

롯데월드의 또 하나의 명물로 매직아일랜드가 있다. 롯데월드의 수질정화사업으로 항상 맑음을 유지하는 석촌호수의 매직아일랜드는 국내 최초의 호수공원이다. 어드벤처와는 달리 자연환경과 어우러진 매직아일랜드는 조그만 동화속 마을을 이루고 있으며, '환타지 드림' 등의 놀이시설과 5백 석의 호반무대, 게임시설, 기념상품점, 식당 등이 있다. 음악에 맞추어 춤을 추는

음악분수는 석촌호수의 명물이다.

매직아일랜드는 모노레일과 구름다리로 롯데월드 어드벤처와 연결되어 있어 별도의 티켓 없이 어드벤처 입장권만으로 이용할 수 있다.

2016년말 완공된 롯데월드타워&롯데월드몰은 제2롯데월드로서 현재의 롯데월드와 인접해 있다. 2만 6천명에 연면적 24만 4천평, 123층(555m)빌딩인데 6성급 호텔과 백화점, 면세점, 쇼핑몰, 영화관, 수족관, 공연장 등이 롯데월드와 지하통로로 연결되어 있다.

電 1661-2000   所 송파구 올림픽로 240
交 지하철 2호선(잠실역)

(1) 올림픽공원(Olympic Park)

공원내의 올림픽파크호텔은 유스호스텔 회원증을 가지고 투숙하면 외국에서 한국을 찾는 외국인과 같은 방에서 여행에 관한 이야기를 나누며 저렴하게 숙박을 할 수 있는 곳이다.

호텔 3층에는 올림픽자료 전시관이 있어 아이들에게는 국제적 감각과 스포츠에 대한 꿈을 키워줄 수 있다. 단체수학여행 숙박지로도 좋다.

서울 올림픽의 메카로 통하는 올림픽공원(Olympic Park)은 서울시 송파구 방이동의 46만 6500평의 대지에 펼쳐진 다목적 공원으로 한국의 역사와 자연, 그리고 스포츠와 문화예술이 한데 어우러져 도심 속의 가족공원으로 자리잡은 서울의 명소이다.

올림픽공원은 88서울올림픽을 치루어 낸 국제규모의 6개의 경기장과 기념조형물들이 어우러져 있으며, 음악분수, 88놀이마당, 산책로 등 훌륭한 휴식공간이 조성되어 있다.

▲ 올림픽공원

공원 중앙부분에는 4세기경 백제가 당시의 하남에 머무르면서 축조한 몽촌토성(사적 제297호)과 해자(성밖으로 둘러판 못)가 복원되어 있다.

그 남쪽에는 서울올림픽의 주무대였던 경기장과 체육관들이 부채꼴 모양으로 펼쳐져 있으며, 서울올림픽을 영원히 기념하기 위한 '세계 평화의 문', '서울의 만남'(올림픽운동 조형물), '영광의 벽'(서울올림픽 대회기록 조형물)을 비롯하여 올림픽 파크텔의 서울올림픽 기념과 초기 백제시대의 유물들을 전시하고 있는 몽촌역사관 등이 있어 후세를 위한 역사교육의 장소로서도 중요한 역할을 하고 있다.

電 02)410-1114　　　　　　　　所 송파구 올림픽로 424
交 지하철 8호선(몽촌토성역)

(2) 암사동 선사주거지

(岩寺洞 先史住居地, Amsadong Prehistoric Settlement Site)

기원전 3000~4000년경에 해당되는 시기인 우리나라 신석기시대에 살았던 사람들의 집터가 남아 있는 곳으로 신석기시대 최대의 집단 취락터이다.

이른바 말각방형의 형태를 갖춘 움집이 있었음이 밝혀졌으며, 당시에 사용했던 빗살무늬토기, 맷돌의 형태인 갈돌 등 생활도구가 많이 출토된 곳이기도 하다. 신석기 시대 생활상과 문화를 체험할 수 있고 선사생활 파노라마 영상을 볼 수 있다.

電 02)3425-6520　　　　　　　　交 지하철 8호선(암사역 4번출구)
所 강동구 올림픽로 875

4. 한류 · 의료관광

서울은 K-Pop, K-Drama, K-TV show, K-Star, K-Culture 등 각 테마의 특성에 맞게 한류관광코스가 개발되어 있다.

K-Pop한국의 대중가요를 뜻하는데 드라마 OST(Original Sound Track)로 삽입된 노래들이 큰 반향을 일으키면서 시작되었다. 2012년 싸이 가수의 '강남스타일' 2014년 EXO의 뛰어난 스타성으로 세상의 이목이 집중되었다.

K-Drama는 1990년대 한국드라마의 중국 수출에서 시작되었다. 스토리의 소재와 몰입도가 뛰어나 드라마에 등장하는 패션스타일, 공간인테리어, 뷰티 상품까지 드라마 등장 장소와 함께 유명해졌다. '별에서 온 그대', '시크릿 가든', '옥탑방 왕세자' 등의 드라마 등이다.

Pop과 Drama의 한류 영향은 한류스타와 TV의 예능프로그램으로 서로 영향력이 연계되어 해외관광객들이 국내에 여행을 오면 꼭 찾는 한류스타와 TV방송국, 영화촬영소가 매우 매력적인 관광대상이 되었다. 이러한 한류는 한국의 대중문화를 포함한 한국과 관련된 것들이 한국 이외의 나라에서 인기를 얻는 현상으로 2000년 2월 중국언론이 붙인 용어이다. 이제는 예능뿐만 아니라 가전제품, 식품 등 제품까지 확대되었다. 서울은 명동, 시청, 강남, 잠실, 동대문 주변, 고궁일대, 대학가, 북촌 등이 한류명소이다. 그리고 삼성동 코엑스 SMTOWN에서 K-Pop을 무료 체험할 수 있다. 맛집, 쇼핑, 한류스타 스케줄까지 서울시 홈페이지(www.visitseoul.net)에서 안내하고 있다.

서울의료관광은 의료수준이 선진국 의료수준이며, 암과 장기이식은 세계 최고 수준이지만 진료비는 미국 진료비의 30% 수준으로 저렴하고 최첨단 의료장비를 보유하고 있어 외국관광객이 많이 찾고 있다.

경기도

경기도 · 인천 03

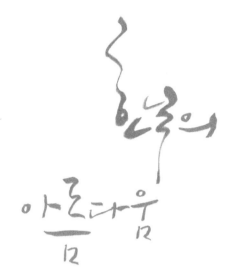

한국의
아름다움

핵심 매력지역

축제 · 행사

• 경기도 축제

수원화성문화제(10월) 등 매년 약 70여개의 축제 · 행사가 열린다. 고양세계꽃박람회(5월), 광주왕실도자기축제(5월), 남한산성문화제(9월), 정약용다산문화제(10월), 성남세계민속예술축제(12월), 이천쌀문화축제(10월), 김홍도단원미술제(10월), 세종문화큰잔치(10월), 연천전곡리구석기축제(5월), 헤이리페스티벌(10월), 화성정조효문화제(9월), 가평재즈페스티벌(10월) 등이다.

• 인천 축제

인천해양축제(5월), 중국의 날(10월), 소래포구축제(10월), 화도진축제(5월), 강화고려인삼축제, 강화개천대축제 등이다.

▲ 수원화성문화제(경기관광공사 제공)

▲ 인천송도불빛축제(인천시청 제공)

1. 지역 개관

대표적인 관광지는 수원화성·용인민속촌·용인에버랜드·가평쁘띠프랑스·가평아침고요수목원·양평두물머리·파주헤이리예술마을·포천허브아일랜드·인천소래포구·강화도 등이다.

• 지리적 환경

경기도·인천지역은 한반도의 경동지형과 관련해 동쪽이 높고 서쪽이 낮다. 도의 남동쪽 주변에서는 마식령·광주·차령의 3개 산맥이 북동에서 남서 방향으로 지나고 있다. 마식령산맥은 황해도와 경기도의 경계를 이룬다. 광주산맥은 북동에서 남동쪽으로 비슷하게 도의 중앙부를 가로지르고 있으며, 가평의 국망봉(1,168m)·운악산(935m), 남양주의 천마산(812m)의 산을 이어 광주지방으로 뻗어 남한산(606m)에서 용인지방으로 이르고 있다. 차령산맥은 충청북도와 경계를 이루며 여주 남쪽의 오갑산(609m), 안성의 칠현산(516m)·서운산(543m) 등 500개의 높은 산을 이루고 있다. 그 외에 인천의 계양산(395m), 김포의 문수산(376m), 안양의 수리산(475m) 등의 잔구(殘丘)가 서해안의 낮은 구릉지와 평야지역 곳곳에 솟아 있다.

평야는 한강·임진강·안성천 등의 주요 하천과 그 지류를 따라 발달해 있다. 임진강 하류의 문산평야, 한강 하류의 김포평야와 고양평야, 안성천의 평택평야가 있다. 이들 평야는 주로 하천 유역의 범람원과 충적지로 이뤄졌으며, 관개시설이 잘된 수리안전답으로 이용되고 있다. 충적지 주변의 구릉지는 밭·과수원·목장으로 이용되며, 나머지는 임야이다.

한강은 양평군의 양수리에서 북한강과 남한강이 합류해 경기도의 중앙부를 횡류해 서북 끝에서 임진강과 합쳐져 황해의 경기만으로 흘러든다.

북한강은 가평천과 홍천강이 합류해 청평호에 이르고, 남한강과 경안천을 합류해 팔당에서 팔당호를 이뤄 수도권의 상수원이 되고 있다.

한강은 유량이 풍부해 조선시대에는 서해안으로 흘러드는 하천 유역 평야지역의 농산물과 수산물을 수도 서울로 운송하는 수상교통로로 중요한 역할을 하였다. 한강하류에서 합류되는 임진강은 전곡 부근에서 한탄강과 합류하고, 경기만에 이르기 전에 한강과 만나서 서해로 흘러든다. 한강수계에는 충주댐, 의암댐, 화천댐, 소양강댐, 팔당댐, 청평댐 등이 건설되었다.

경기도의 해안선은 침수해안이므로 그 출입이 심해 만과 섬이 많다. 섬은 150여 개가 있으나 강화도는 연륙교로, **대부도·월미도**는 방조제로 육지와 연결되었다. 그리고 영종도는 인천국제공항이 입지해 있으며, 이 외에도 덕적도·영흥도 등이 있다.

원래 경기만에는 간석지가 넓게 발달해 농경지나 천일염전으로 개발되었으나 시화방조제 건설 등 대규모 간척사업으로 공장용지·주거용지로 전용되었고 그로인하여 해안선은 크게 단순해졌다.

• 역사적 배경

경기도와 인천은 수도 서울을 외침으로부터 방어하는 역할과 전답을 제공하여 식량공급의 기지였다. 경기도(京畿道)의 지명이 뜻하는 것처럼 조선왕조 수도의 주변지역이므로, 이와 관련된 능묘와 사적이 많이 있다. 수도의 방어시설로 북한산성, **남한산성**, 고양의 **행주산성**, 김포의 문수산성 등이 있다. 특히 **수원화성**은 조선 후기의 대표적인 축성문화의 표본으로 성문·누각·적대·포대·봉수 등의 성곽시설은 조선역대왕릉과 함께 대표적인 사적지이고 세계문화유산으로 지정되었다 경기도의 문화·유적으로는 국보와 보물, 사적, 천연기념물 등 국가지정문화재와 지방지정문화재가 총 780점이 도내에 산재해 있다.

주요 **왕릉**으로는 구리의 동구릉, 포천의 광릉, 남양주의 홍유릉과 사릉, 고양의 서오릉, 수원의 융건릉, 여주의 영릉 등이 있다. 사찰로는 이들 왕릉을 모시는 원찰인 신륵사·봉성사 등은 물론 용주사·용문사 등이 있고 과천의 향교, 파주의 자운서원, 화석정 등이 대표적인 향교와 정자이다. 선사유적지로는 연천의 지석묘, 광주의 미사리 선사유적지가 있다.

전통민속으로는 광주의 장승과 솟대, 양주의 **별산대놀이**, 안성의 남사당풍물놀이가 있다. 정기시장으로는 성남의 모란장이 있다. 전통공예산업으로는 이천과 여주의 도예촌과 안성의 '맞춤'유기가 있다. 그리고 용인에는 전통가옥과 민속을 수집해 재현한 **한국민속촌**이 있다.

• 관광자원

경기도는 수도 서울에 인접해 접근성이 뛰어나므로 당일 내국인 관광객 인원수가 전국에서 가장 많고, 따라서 관광 · 레크리에이션 시설이 전국에서 제일 다양하고 많이 모여 있다. 유원지 시설로는 서울대공원의 동 · 식물원, 서울랜드의 놀이시설, 용인에버랜드의 동 · 식물원과 놀이시설 등이 있다. 야외스포츠 시설로는 100여개의 골프장, 베어스스키장을 비롯한 스키장 5개소와, 미사리의 조정경기장, 과천의 경마장이 있다.

자연적 관광자원으로는 북한산국립공원, 남한산성도립공원을 비롯해, 의정부의 도봉산, 동두천의 소요산, 포천의 백운 · 명성 · 청계산, 양평의 용문산, 가평의 운악 · 명지산 등지와 함께 광릉수목원, 중미산휴양림 등이 있다. 이 지역들은 삼림계곡과 기암절벽 등 자연경관이 수려하다. 내수면 관광자원인 하천과 호소로는 연천과 한탄강유원지, 북한강의 청평호 · 대성리유원지 · 팔당호반, 산정호수 · 평택호와 온천관광지로는 이천 · 팔탄 · 명덕 · 신북 등이 있다. 강화도의 단군 제단 첨성단에서는 전국체전의 성화가 채화된다.

문화적 관광자원과 시설로서 박물관은 용인시 경기도립박물관, 조선시대의 민속을 재현한 민속촌을 비롯해, 과천시의 마사박물관, 의왕의 철도박물관, 여주의 불교미술박물관인 목아박물관, 광릉의 산림박물관 등이 특정 주제를 갖고 있다. 그리고 한국현대 미술의 흐름을 볼 수 있는 과천의 국립현대미술관, 국보급 문화재를 비롯해 현대회화 작품과 조각품 등을 다양하게 소장하고 있는 용인의 호암미술관, 조각품을 전문으로 전시하는 남양주의 모란미술관, 남양주 국립영화촬영소도 빼놓을 수 없다. 특히 경기도에는 세종대왕의 영릉, 세조의 광릉 등 유네스코문화유산으로 지정된 역대 조선왕릉이 수처에 있다. 대표적인 민속, 축제와 박람회는 양주의 별산대놀이, 고양의 행주대첩제, 수원시 화홍문화제 · 난파음악제, 이천과 여주의 전통도자기축제와, 고양의 꽃박람회 등이다.

2. 특산물

1) 경기도

• 안성 유기

경기도의 특산물 중 가장 대표적인 것은 역시 안성 유기, 즉 안성에서 만든 놋그릇이다.

조선시대에 안성 유기는 두 가지로 제작하였는데, 하나는 일반인들이 사용하는 보통 그릇을 만드는 것으로 이것은 '장기내'라 하였고, 다른 하나는 명문사대부 집안에서 특별히 주문하여 제작하는 것으로 이를 '맞춤'이라 하였다. 이 '맞춤'유기는 작고 아담할 뿐 아니라 견고하고 재질이 좋아 최상의 품질이라는 인정을 받았기 때문에 '안성맞춤'이란 말까지 생겨났다고 한다. 그러나 새로운 식기가 다양하게 등장함에 따라 안성 유기는 일상 생활용품으로서의 자리에서 물러나고 말았다.

• 이천 · 여주 · 광주의 도자기

이천 · 여주일원이 한국의 전통도예의 중심지가 된 것은 조선 500년 도자기 역사가 이웃 광주를 중심으로 시작된 점과 도자기의 원료와 연료를 쉽게 구할 수 있는 입지조건 때문이었다.

이천에는 신둔면 수광리를 중심으로 들어선 고려도요, 해강고려청자연구소, 동국요, 해평요, 운암요 등 150여 개의 요장이 있는데, 이 곳에서 제작되는 백자의 맑은 비색과 청순미는 보는 사람을 감탄케 한다.

• 구리의 먹골배

과거 양주군 구리면 묵동리 일대에는 품종이 우수한 청실배가 많이 재배되고 있었으며, 감미가 높고 맛이 뛰어나 조선시대 말기까지 왕실에 진상되었다고 한다. 오늘날에 와서는 구리시와 남양주시 일대에서 재배되고 있는데, 특히 이 지역은 토질이 배나무 재배에 알맞고, 밤과 낮의 기온차가 커서 배의 맛을 좋게 한다고 한다. 이 지역 먹골의 지명을 따서 '먹골배'라고 불리고 있다.

• 가평 잣

예나 지금이나 가평에서 나는 임산물 중에서는 잣이 으뜸이다. 가평군에서 중부지역이라고 할 수 있는 상면의 행현리와 상동리, 가평읍의 숭안리를 중심으로 가평 전체에서 잣나무를 재배하는데, 해마다 따내는 잣의 양은 경기도 전체 잣 생산량의 61%, 전국 생산량의 33%를 차지한다.

• 이천·여주의 쌀

지금도 '쌀'하면 경기미, 그 중에서도 여주·이천 쌀을 특급품으로 꼽는다. 여주·이천 쌀이 좋은 이유는 농업용수가 풍부하고 비옥한 토양과 등숙기간 중 일교차가 적정(평균 6℃)한 기후조건 때문이라고 할 수 있다. 예전에는 여주와 이천지방에서 나는 자채쌀이라고 하는 독특한 품종의 쌀이 생산되었는데 임금님의 수라상에 오르던 쌀이라고 한다.

• 안성포도와 배

안성에서 포도를 키운 것은 1901년부터이다. 프랑스 신부였던 안토니오 아곰벨이 우리나라 사람으로 귀화하면서 그 기념으로 제 나라에서 가져와 심은 포도나무 세 그루가 안성 포도의 조상이 되었다. 안성 포도의 대표적인 것은 거봉으로 신 맛이 덜하고 껍질이 얇은데다 씨도 적어 전국적으로 최상품으로 알려졌다.

안성 배는 조선조 말기 일제시대때 일본에서 전래되었다고 하는데, 지금은 1970년대부터 보급된 신고배가 주종을 이루고 있으며, 연간 생산량은 12,000톤에 달한다고 한다.

• 여주 땅콩

경기도 내 땅콩 생산량의 30%가 여주지역에서 생산되고 있을 정도로 여주의 대표적인 특산품이다. 특히 여주 땅콩은 남한강을 끼고 있는 사질토에서 재배되어 다른 지방산에 비해 맛이 고소한 것이 특징이다.

2) 인 천

• 강화 화문석

고려 중엽부터 만들기 시작했다는 강화의 특산
품 꽃무늬 돗자리는 다른 지방에서는 거의 생산되
지 않는 순백색 왕골(완초)을 재료로 해서 만들어
진다.

▲ 화문석(인천시청 제공)

• 강화 인삼

고려인삼의 원산지로서 고려 고종(1232년경) 때 재배가 시작되었으며 1953
년부터 본격적으로 재배가 이루어졌다. 인삼은 기후·토양 등 환경조건이
무척 까다롭고 세계적으로 우리나라가 적지인데, 그 중에서도 강화군이 6년
근 인삼의 최적지이다. 고려인삼은 현대과학이 그 효능을 증명한 바와 같이
단순한 건강식품의 차원을 넘어 질병의 예방 및 치료의 차원에서 만병통치
약에 비유될 만큼 특유의 성분이 함유된 신비의 명약으로 각광을 받고 있으
며, 강화토산품 판매장 및 강화인삼센터에서 판매하고 있다.

• 강화 순무

삼국시대부터 재배설이 있고 순무김치를 임금께 진상하였다고 한다. 강화
순무는 생김새가 팽이모양의 둥근형으로 회백색 또는 자적색으로 감미롭고
고소하며 겨자향이 독특한 인삼맛을 간직한 무로 강화특산품이다. 또한 명
의 허준의 동의보감에는 오장에 이로우며 이뇨와 소화에 좋고 종기를 치료
하며 만취 후 갈증해소에 특효이고, 씨는 눈과 귀를 밝게 하여 황달을 치료
한다고 기록되어 있는 건강채소이기도 하다.

3. 별미음식

경기 음식은 전반적으로 소박하며 양이 많은 편이다. 간은 세지도 약하지
도 않은 서울과 비슷한 정도이고 양념도 많이 쓰는 편이 아니다. 경기도 지

방은 서해안에는 해산물이 풍부하고, 동쪽의 산간지대는 산채가 많으며 전반적으로 밭농사와 벼농사가 활발하여 여러 가지 식품이 고루 생산되는 지역이다.

강원도, 충청도, 황해도와 접해 있어 공통점이 많고 음식이름도 같은 것이 많다. 농촌에서는 범벅이나 풀떼기, 수제비 등을 호박, 강냉이, 밀가루, 팥 등을 섞어서 구수하게 잘 만든다.

주식은 오곡밥과 찰밥을 즐기고 국수는 맑은 장국보다는 여러 가지를 넣어 끓인 칼국수나 메밀 칼싹두기와 같이 국물이 걸쭉하고 구수한 음식이 많다. 충청도와 황해도 지방에서도 많이 하는 냉콩국은 이 지방에서도 잘 만드는 음식이다.

1) 전통음식

• 주식류

개성편수, 조랭이떡국, 제물탈국수, 팥밥, 오곡밥, 수제비, 냉콩국수, 팥죽, 칼싹두기

• 부식류

삼계탕, 갈비탕, 곰탕, 아욱토장국, 민어탕, 감동젓찌개, 종갈비찜, 홍해삼, 개성무찜, 용인외지, 무비늘 김치, 순무김치, 장떡, 배추꼬지볶음, 호박선, 꽁치된장구이, 뱅어죽, 죽탕, 메밀묵무침, 꿩김치, 고구마줄기김치, 냉이토장국

• 병과류

우메기떡, 수수도가니, 수수부꾸미, 개떡, 여주산병, 개성약과

2) 현대음식

• 포천 이동막걸리와 갈비

맛이 뛰어나고 도수가 높은 막걸리는 아직도 제맛을 지니고 있어 포천군에서 잘 알려진 특산물이라고 할 수 있다. 특히 이동면에서 만든 막걸리가 유명하며 이동에는 갈비집이 즐비한데 값싸고 맛이 특별한 이동갈비를 맛보

려는 사람들로 항상 만원을 이룬다고 한다.

• 여주 쏘가리 매운탕, 천서리 막국수

여주의 여강에서 쏘가리, 붕어, 잉어, 누치 따위의 민물고기가 많이 잡힌다. 남한강의 바닥은 전부 모래이고 또 물이 맑아서 이 곳에서 잡히는 물고기는 흙냄새가 없고 달짝지근하다.

메밀을 주원료로 쓰고 있는 천서리 막국수는 매운 양념을 가미하여 다른 지역보다 독특한 맛을 지니며, 때문에 많은 미식가들이 즐겨 찾고 있다.

• 양평 산채백반과 용문산 더덕구이

양평군에 있는 용문산에 나는 것으로 예부터 이름이 알려진 것은 산나물이다. 용문산 산나물은 여느 산나물과는 달리 삶은 뒤에 다시 찬물에 담가 우려먹지 않고 곧바로 먹어도 될 만큼 맛이 쓰지 않은 것이 특징이다. 용문산 더덕은 밭에서 재배한 것이 아닌 산에서 캐온 것으로 그 향기가 은은하면서 강한 맛이 있어 용문산의 더덕구이는 별미 중의 별미이다.

• 수원갈비

수원은 서울, 인천, 평택, 여주, 이천 등으로 이어지던 요충지로 예로부터 상업이 번성했다.

특히 우시장은 수원을 대표하는 음식으로 손꼽히는 수원갈비의 모태가 되었다. 수원 갈비는 비육우가 아닌 농우만을 사용하는데, 육질이 단단하고 기름기가 적다.

• 임진강 장어구이

임진강 하류의 파주에는 여름철 장어의 맛을 음미할 수 있는 이름난 장어구이집이 많다.

장어뼈를 흠씬 곤 국물로 만든 양념장이 장어의 감칠 맛을 내게 한다.

• 양평 옥천냉면

양평은 원래 물이 깨끗하고 맛이 좋기 때문에 냉면의 고장으로 유명하다. 옥천(玉泉)냉면은 물맛 때문에 냉면, 육수, 동치미 맛이 여느 지방의 냉면과는 다르다.

• 용인 백암순대

원래 백암에서 1 · 6일장이 번창했을 때, 꽤 유명하던 향토음식이라 한다. 지금의 백암순대는 풍송식당 할머니가 시작한 것으로, 아바이 순대와 비슷하다.

• 동두천 떡갈비

갈비 자체가 시루떡처럼 생겼다고 해서 붙여진 이름이 떡갈비이며, 50여 년 전부터 이 곳에서 떡갈비를 말들어온 식당의 별미음식으로 유명해졌다.

4. 주요 관광지

1) 한국민속촌(韓國民俗村, Korean Folk Village)

세계적인 야외민속박물관으로 유명하다. 1975년 처음 문을 열었다. 한국을 찾아오는 외국관광객이 매우 좋아하는 관광명소 중에 한 곳이다. 한국민속촌(韓國民俗村)은 바로 500년 전의 서울인 한양의 옛 모습이다.

▲ 민속촌(한국관광공사 제공)

한국 전통의 치마와 저고리를 입은 처녀, 갓을 쓰고 긴 장죽을 입에 문 근엄한 표정의 노인, 사모관대(紗帽冠帶)를 하고 조랑말을 탄 신랑과 연지곤지 찍고 수줍은 표정으로 가마를 탄 신부 등을 그대로 재현해 놓은 전통 혼례행렬, 큰 창을 들고 높은 문의 관가를 지키고 서 있는 수문장, 여기저기서 울려 퍼지는 농악대의 피리소리와 징소리, 꽹과리소리에 어깨춤으로 덩실거리는 거리의 사람들 …….

한국민속촌에는 270여 동의 각 지방의 농가(農家)와 그 생활양식, 당시의 관가(官家), 99칸짜리 저택의 양반가(兩班家) 등을 비롯해서 한약방과 글방(書

▲ 민속촌 전통대장간

堂), 대장간, 유기공방, 도자기 가마, 떡전 등이 조선중기를 재현하고 있다.

초가(草家)집 마당에 펼쳐진 평상에 모여 앉아 한국 고유의 술인 막걸리와 동동주를 주고받는 사람들로 가득 찬 전통 주막이 방문객을 반갑게 맞이한다. 못이기는 체 집안으로 발걸음을 들이밀면 어느새 넉살좋은 주모가 빈대떡이며 파전이며 도토리묵이며 전통 먹거리로 가득한 술상을 올린다.

한국민속촌에서 연일 전통의 모습으로 펼쳐지는 용인민속장(龍仁民俗場)에서는 조선시대 여인들의 장신구와 남정네들의 장식품 등 전통 민속공예품을 기념품으로 구입할 수 있으며, 먹음직스러운 한국 고유의 음식을 한 곳에서 맛볼 수 있다는 점이 찾는 이들을 즐겁게 한다.

용인민속장에서는 장가가는 신랑이 타고 가는 조랑말을 얻어 탈 수 있는 기회도 주어지며, 신부가 타는 꽃가마를 타고 한국식 전통혼례식도 치러 볼 수 있는 프로그램도 마련되어 있다.

한국민속촌 인근에는 한국 최대의 가족 오락단지인 용인 에버랜드가 위치해 있다.

電 031)288-0000　　　　所 용인시 기흥구 민속촌로 90
주변관광지 : 아모레퍼시픽미술관(031-280-5535)

한국의 전통건축양식

1) 지붕양식

우리나라 지붕의 재료는 짚, 나무껍질, 기와 등을 사용하였고, 특히 상징적인 여러 무늬를 기와에 사용하였다. 또한 지붕위에는 취두, 용두, 잡상 등을 두었고 귀면 등을 장식하여 큰 건물의 지붕을 더욱 장중하게 하는 맞배지붕, 우진각지붕, 팔작지붕 등을 사용하였다.

① 맞배지붕

가장 간단한 형식으로 주심포 양식에 많이 쓰이며 처마 양끝이 조금씩 올라가고 측면은 대부분 노출되는 구조미를 이루어 수덕사 대웅전, 무위사 극락전, 부석사 조사당, 개심사 대웅전, 선운사 대웅전 등이 있다.

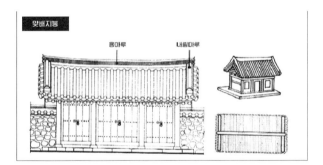

② 우진각지붕

지붕면이 전후좌우로 물매를 갖게 된 지붕양식으로 지붕면 높이가 팔작지붕보다 높게 되어 있는 해인사 장경판고 등이 있다.

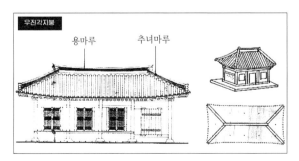

③ 팔작지붕

가장 아름다운 구성미를 지닌 지붕으로 곡면이 특이하여 부석사 무량수전, 통도사 불이문 등이 있다.

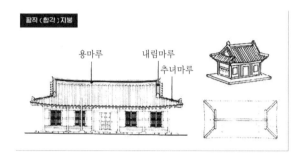

④ 사모지붕

현존하는 사찰 건축에서는 보기 어려운 구조로 불국사 관음전, 창덕궁 연경당의 농수전 등이 있다.

▲ 사모지붕   ▲ 육모지붕   ▲ 팔모지붕

⑤ 육모지붕

평면이 육각으로 된 지붕으로 경복궁 향원정이 있다.

⑥ 팔모지붕

평면이 팔각으로 된 지붕

⑦ J자형 지붕

통도사 대웅전

⑧ 십자형 지붕

전주 송광사 범종루, 비원부용정

▲ J자형지붕   ▲ 십자형지붕

2) 공포(栱包)양식

지붕 하중을 기둥으로 전달하는 부재료로서 기둥으로부터 처마까지의 시선의 흐름을 원활히 해주며 시대구분에 매우 중요한 요소로 주심포 양식, 다포 양식, 익공 양식과 일부 남아 있는 하앙 양식도 포함한다.

(1) 주심포(柱心包) 양식

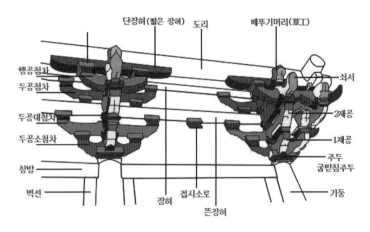

▲ 주심포양식구조

매우 큰 양간(樑間)을 가지고 건물 내부에 기둥이 없는 넓은 공간을 만드는 데 적합한 가구(架構) 수법을 사용한 공포형식의 건축으로 쉽게 말해 기둥 위에 주두를 놓고 주두 위에만 두공(枓栱)을 쌓아 올린 형태이다.

이 주심포 양식은 고려초기에 신라와 송의 건축양식을 바탕으로 주두 위에만 짜는 양식이다.

• 특 징

기둥 위에 바로 주두를 놓았고 치목이 아름답게 되어 있으며 천장은 연등천장을 하였다. 전통 목조건축의 가구형식 중 가장 오래된 형식으로 소박한 느낌을 준다. 배흘림 기둥에 간단한 맞배지붕을 하고 있다.

• 건축물

① 고려 중기 : 봉정사 극락전, 부석사 무량수전
② 고려 후기 : 수덕사 대웅전(1308), 부석사 조사당
③ 조선 초기 : 은혜사 거조암 영상전, 무의사 극락전(1746), 도갑사 해탈문
　　　　　　　 (1473), 정수사 법당, 송광사국사전 및 하사당, 고산사 대웅전
④ 조선 중기 : 봉정사 화엄강당 및 고금당

(2) 다포식(多包式) 양식

기둥 위와 기둥 사이에도 포가 놓인 공포형식으로 두공이 많아서 기둥 머리 위, 기둥과 기둥 사이에 공간포(空間包)라는 두공을 배치한 것이 다포양식이다. 다포식 양식은 고려후기에 기둥위에만 짜여지지 않고 기둥사이 공간에도 창방 위에 두꺼운 평방을 더 올려놓은 양식이다.

• 특 징

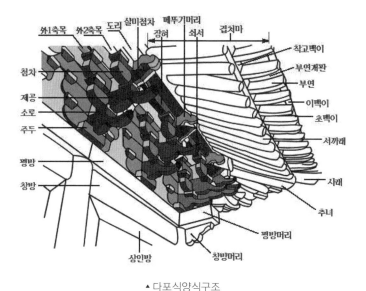

▲ 다포식양식구조

교두형 첨자를 사용하며 배흘림이 심하지 않고 건물을 장중하게 보이게 하기 위해 포작도 여러 층 겹쳐 짜고 팔작지붕으로 하고 있다.

• 건축물

① 고려 후기 : 심원사 보광전(1374), 석왕사 응도전(1386)
② 조선 초기 : 서울 남대문(1448), 봉정사 대웅전, 율곡사 대웅전
③ 조선 중기 : 전등사 대웅전(1621), 법주사 팔상전(1624), 내소사 대웅전
④ 조선 후기 : 불국사 극락전(1751) 대웅전(1765), 해인사 대적광전(1796)

(3) 익공(翼拱)양식

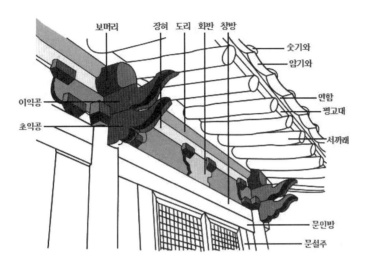

▲ 이공양식구조

　　주두(柱頭)와 소루(小累)의 굽은 사면으로 만들어지며 평방(平枋)과 주간포작(柱間包作)이 없으므로 간단한 주심포집에 가까운 외형을 갖추었으나, 출목(出目)이 없는 것이 보통이고 대규모의 건축에는 외부에 1출목을 두는 경우도 있다.

　　조선초기에 주심포 양식을 간략화한 것으로 기둥 위에 새 날개처럼 첨차식 장식을 장식효과와 주심도리를 높이는 양식이다.

• 특 징

　　장식 부재가 하나인 초익공 또는 익공과 부재를 두 개 장식한 이익공이 있어 관아, 항묘, 서원, 지방의 상류 주택에 많이 사용되었다.

• 건축물

① 조선 초기 : 옥산서원 독락동(1532, 초익공), 강릉 오죽헌(이익공)
② 조선 중기 : 서울 동묘(초익공), 서울 문묘 명륜당(1606, 이익공)
③ 조선 후기 : 경복궁 향원정, 수원 화서문(1796)

(4) 하앙(廈昻)양식

하앙 양식은 처마를 들어 올리고 처마를 깊게 돌출시키기 위해서 발단된 양식이다.

•특 징

지렛대의 원리를 이용하여 지붕서까래와 도리 밑에서 건물 안으로부터 밖을 길게 뻗어 나와 처마를 받쳐주는데 사용되었다.

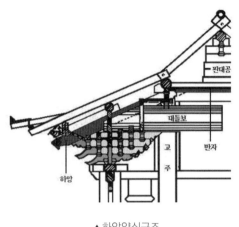

▲ 하앙양식구조

• 건축물

완주 화암사 극락전, 금산사 미륵전

3) 기둥양식

기둥을 단면형태로 구분하여 보면 원기둥과 각기둥이 있고 위치에 따라 구분하면 건물의 외곽에는 외진주가, 내부에는 내진주가 있다.

(1) 단면형태(기둥깎는 기법)에 따른 분류

• 원(圓)기둥

① 원통기둥 : 기둥 위부터 아래까지 일정한 굵기
　　•건축물 : 송광사 국사전, 내소사 대웅보전
② 민흘림기둥 : 안정감과 착각교정을 하기 위해 기둥 위보다 아래가 굵은 기둥.
　　•건축물 : 개암사 대웅전, 쌍봉사 대웅전, 화엄사 각황전, 서울 남대문
③ 배흘림기둥 : 육중한 지붕을 안전하게 지탱하

〈원통기둥　민흘림기둥　배흘림기둥〉

고 있는 것처럼 보이게 기둥 높이의 1/3정도에서 가장 굵어졌다가 다시 차츰 가늘어 시각적 안정감을 주는 기둥

- 건축물 : 부석사 무량수전과 조사당, 무위사 극락전, 봉정사 극락전과 대웅전, 해인사 대장경 판고, 은해사 거조암 영산전

- **배치도**

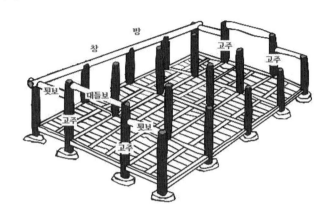

- **각(角)기둥**

① **민4각주(四角柱)** : 일반주택이나 장식이 덜한 건축물에 사용.
   - 건축물 : 정림사지탑, 익산 미륵사지탑, 경회루 향원정
② **6각주(六角柱)** : 건축물 평면이 6각인 정자 건축물에 사용.
   - 건축물 : 경복궁 향원정
③ **8각주(八角柱)** : 장식이 많은 건축물에 사용.
   - 건축물 : 쌍용총 8각석주, 석굴암 8각석주

(2) 위치에 따른 분류

- **외진주(外陳柱)(바깥기둥 : 평주(평기둥)와 우주(귀기둥))** : 소규모의 구조물에 사용
- **내진주(內陳柱)(안기둥 : 고주, 단주, 실심주)** : 고주는 대부분의 구조물에 사용되며 중층 건축물에 사용되는 단주와 다층건축물과 목조탑파형식에 사용되는 실심주가 있음.
- **동자주(童子柱)(활주)** : 추녀부분의 처짐을 방지

(1) 한택식물원

1970년대에 조성하기 시작했다. 약 30여 개의 주제공원에 9,700여종 1,000여만본이 20만평 대지 위에 수놓아져 있다.

주제공원은 자연, 생태원, 억세원, 비비추원, 구근원, 관목원, 덩굴식물원, 원추리원이며 희귀 멸종식물도 다수 있다.

우리나라에서 가장 큰 식물주제공원이라 하루에 다 둘러보기는 벅차다. 주제공원 중에서 식충식물원과 호주온실은 가장 인기가 많은 곳이다. 그리고 어린이 정원에는 미로, 흔들다리와 퀴즈판이 있으며 몇 종류의 체험프로그램도 있다.

電 031)333-3558　　　　　　　　所 용인시 처인구 백암면 한택로 2
주변관광지 : 용이대장금파크(031-337-3241)

(2) 용인대장금파크

MBC가 운영하는 사극촬영세트장이자 **한류테마파크**이다. 역사적 고증을 통해서 각 시대별 건축양식과 생활방식, 소재 등을 재현하여 색다른 경험과 볼거리를 제공한다. 무량수전, 규장각, 인정전, 동궁전, 혜민서 등 역사적 건물들이 조성되어 있다. 드라마가 종영되면서 방문객도 크게 줄었다.

電 031)337-3241　　　　　　　　所 용인시 처인구 백암면 용천드라마길 25

2) 용인 에버랜드(Yongin Ever Land)

한국의 대표적인 위락공원이다. 1976년 4월 17일 자연농원으로 개장하였으며, 연간 6~8백만명 이상의 입장객을 유치함으로써 세계적인 규모를 자랑하고 있다. 총면적은 약 300만평이다.

초창기 황폐한 산지를 경제성 높은 풍요로운 땅으로 바꾸어 놓은 자연농원은 정제수, 유실수 등이 심어진 경제조림지를 비롯해 동물원, 식물원, 놀이동산, 미술관, 모터파크, 연수원 등 다양한 시설이 조성되어 있다.

각종 문화시설과 오락시설을 통해 모험심과 용기를 키워 주는 놀이동산에는 40여 종의 놀이시설이 운영중이며 '스카이 댄싱', '오즈의 성' 등 다양하고 이색적인 놀이시설들을 갖추고 있다.

▲ 에버랜드(관광공사 제공)

특히 짜릿한 스릴을 만끽할 수 있는 국내 최초의 행잉코스터(Hanging Coaster)인 '독수리 요새'와 아마존 밀림 속의 가족형 급류타기 놀이인 '아마존 익스프레스', 시원하게 물살을 가르는 '후룸라이드', 간담을 서늘케 하는 '바이킹', '환상특급' 등은 가장 인기있는 놀이기구이다.

또한 에버랜드 하면 **빼놓을** 수 없는 이벤트 행사가 있다. 바로 계절에 따른 꽃축제, 튤립축제를 시작으로 연이어 진행되는 장미축제, 백합축제, 국화 큰잔치 등이다.

매년 4월 초부터 5월 중순까지 펼쳐지는 **튤립축제**는 120여 종, 150만 그루, 2백만 송이의 튤립 꽃이 튤립원과 자연농원 곳곳에 심어져 이국적인 홀랜드 분위기를 연출하고 여기에 다채로운 행사가 곁들여져 분위기를 더욱 들뜨게 한다. 이어 펼쳐지는 장미축제는 11년의 막강한 전통을 자랑하는 행사로 빨강·노랑·흰 장미를 비롯한 형형색색의 장미꽃으로 1만여 평의 장미원을 아름답게 수놓아 함께 찾은 연인들의 사랑을 독차지한다. **백합축제**와 **국화대잔치** 역시 백합 고유의 아름다움을 통해 젊음의 열정과 순수를 맛보도록 하는 것으로, 깊은 국화향기를 통해 한국 고유의 정취와 풍요로운 가을 향연을 맛볼 수 있다.

호랑이, 낙타, 코끼리 등 180여 종, 4천여 마리의 동물을 자연 그대로 사육하고 있는 동물원의 '와일드 사파리'는 자연상태의 사자와 호랑이 등을 생생하게 체험할 수 있는 곳으로, 이곳은 사자와 호랑이가 함께 있는 세계에서도 유일한 곳이다.

이 밖에 팬더월드에는 멀리 중국으로부터 초대된 세계적인 희귀동물 팬더 '밍밍'과 '리리'가 귀여운 재롱을 보여주고 있는데, 전설로만 듣던 '백호'를 볼 수도 있다.

용인 에버랜드는 전단지를 테마별로 구분, 각종 놀이시설과 바자지구 그리고 다양한 축제가 펼쳐지는 단지를 '페스티벌 월드'로, 세계 최고 수준의 물놀이시설인 워터파크를 '캐리비안 베이'로, 국내 최대 규모의 자동차 경주시설인 모터파크를 '에버랜드 스피드웨이'로 탈바꿈하여 세계 8위의 테마파크로 부상하였다.

電 031)320-5000   所 용인시 처인구 포곡면 에버랜드로 199
休 무휴

(1) 캐리비안 베이

에버랜드 내에 있는 워터테마파크이다. 중남미 카리브해의 17세기 경관과 문화를 소재로 하여 2m 높이의 인공파도 550m의 유수풀, 슬라이드, 어린이풀, 모래사장, 사우나와 스파 등 신나는 놀이시설을 갖추고 있다.

캐리비안 베이는 젊은층과 가족단위로 많이 찾고 있는데 좋은 시설뿐만 아니라 초기에는 시설홍보를 위해서 용모가 좋은 젊은이들을 골라 무료티켓까지 배부하여 캐리비안 베이의 명성을 높이는 마케팅전략도 있었다.

(2) 호암미술관(湖巖美術館, Ho-Am Art Museum)

삼성그룹의 창립자인 고 이병철 회장이 평생을 통해 수집한 문화재를 소장하고 있다.

이 미술관에는 **국보급 문화재 100여 점**과 함께 토기, 민화, 도자기, 고서화, 금속공예 그리고 200여명 작가의 엄선된 현대화 등 2만 5천 여점을 소장하고 있다. 특히 금동보살입상(국보 제129호), 금관(국보 제138호) 등은 빼놓을 수 없는 볼거리이다. 뿐만 아니라 로댕, 마요르, 브루데루 등 국내외 유명한 조각가의 작품이 옥외 조각공원에 설치되어 있다.

電 031)320-1801
所 용인시 처인구 포곡면 에버랜드로 562번길 38

3) 수원화성(세계문화유산)

수원화성은 동서양을 망라하여 고도로 발달된 과학적 특징을 고루 갖춘 근대초기 군사건축물의 뛰어난 모범이라 하여 1997년에 세계문화유산으로 등록되었다.

수원화성은 조선 정조 18년~20년(1794~1796)에 축성한 것으로 정조대왕이 아버지 사도세자의 넋을

▲ 수원화성(한국관광공사 제공)

위로하고 양주 땅에 있던 부친의 유해를 옮겨오기 위하여 만든 성이다.

이 성은 둘레가 5.4km이며 48개의 시설물과 23개의 누각으로 이루어져 있다. 다산 정약용의 면밀한 설계를 기초로 벽돌과 석재를 적절히 혼합하여 사용하였으며, 지형적 여건을 살 고려한 가장 근대적인 규모와 기능을 갖춘 화려한 모습을 보여준다.

성곽에는 동서남북으로 관문이 있는데, 북쪽에는 장안문, 남쪽에는 팔달문, 서쪽에는 화서문, 동쪽에는 창룡문이 있다. 이들 각 문 사이에는 적의 동정을 살피는 공심돈이 만들어져 있고, 서장대, 화양루, 화홍문, 동장대 등은 군사를 훈련시키는 시설물이다.

보물 제402호인 팔달문은 수원화성의 남문으로, 수원화성 축성과 함께 건립되었으며 4대문 중 북문인 장안문과 더불어 대표되는 성문이다. 문의 형태는 석축으로 된 아치형의 홍예 위에 2층의 문루가 있고 문루 주위에는 여장을 둘러 쌓았으며 석축 앞면에는 반원형의 외성과 같은 옹성을 구비하고 좌우에 적대를 둔 구조로 되어 있다.

화서문은 수원화성의 서문으로서 보물 제403호로 지정되어 있으며 수원화성 축성시에 건조되었다. 제반시설과 규모는 동문인 창용문과 거의 같은 형식으로 되어 있다.

공심돈은 2층으로 된 망루로, 초소 구실을 담당한다. 이와 같은 망루는 수원화성에서만 볼 수 있는 것으로, 계단을 따라 위로 오를 수 있고 각 층마다 바깥을 향해 총구, 대포 구멍이 뚫려 있다.

이 밖에도 수원화성 내에는 서포루, 서북각루, 방화수류정, 창용문, 연무대, 화홍문 등이 모습을 갖추고 있다.

화성의 우수성과 특징은 다음과 같다.

축성 동기가 군사적 목적보다는 정치 · 경제적 측면과 부모에 대한 효심에 의해 이루어진 것이다. 그리고 도시의 기반시설인 문, 도로, 다리, 상가 등을 설치하고 생산기반시설인 저수지와 둔전을 경영함으로써 계획된 신도시를 건설하였다.

중국, 일본 등과는 달리 평지와 산지에 걸쳐 축조된 독특한 형태의 포곡식 산성으로 군사적 방어기능과 정치 · 상업적 기능을 보유하고 있다.

화성은 18세기 동양의 성곽을 대표하는 한국적 건축의 완성품으로 축성의 계획 · 제도 · 법식뿐만 아니라 인력의 인적 사항, 재료의 출처 및 용도, 공사일지 등이 '화성성역의궤'에 완벽한 기록으로 남아 있어 건축사적 가치를 지니고 있다.

화성만의 독특한 시설인 공심돈과 현안 등이 설치됨은 물론, 성곽시설의 기능이 가장 과학적이고 합리적이며 실용적인 구조로 되어 있는 동양성곽의 백미라 할 수 있으며, 18세기 실학사상의 결정체라고 할 수 있다.

48개의 시설물이 저마다의 고유한 아름다움을 지니고 있어 성곽 전체를 하나의 예술적 작품으로 보이게 하며, 화홍문은 수문의 기능과 7간의 수문 위에 축조된 문루가 하나의 예술품으로 조화를 이루어 방화수류정과 함께 한 폭의 그림을 연상케 한다.

電 031)290-3600, 수원문화재단　　　　所 수원시 시내
주변관광지 : 수원화성박물관(031-228-4242)

(1) 철도박물관(鐵道博物館, Railroad Museum)

경기도 의왕시 부곡전철역과 서울역에 전시실이 마련되어 있다.

한국의 철도역사 100년을 한눈에 볼 수 있는 전문박물관이다.

전시관 1층에는 모형철도 파노라마실과 역사실이 있고, 2층에는 시청각실과 각종 기자재 전시실이 꽤 넓은 규모로 자리하고 있으며, 옥외 차량전시장에는 각종 열차가 진열되어 있고 300m 가량의 협궤선 열차도 운행되고 있다.

1층 전시실에는 철도창설 이후 KTX에 이르기까지의 발자취를 더듬어 볼 수 있는 여러 가지 유물들이 진열되어 있는데, 철도개통 연대표, 열차운행 속도 변천과정, 철도창설에 공헌한 인물들의 초상화 등이 있다.

세계적인 기관차의 역사를 보는 역사실에서는 경인선 개통 당시의 모갈탱크 기관차와 목재객차, 세계 최초 운행의 페니타렌호 증기기관차 그리고 경부선 운행의 턴힐형 증기기관차 모형도 볼 수 있다.

전시된 미카 3-219호 기관차는 6·25전쟁 때 적의 치하에 들어간 대전지구에서 미처 철수를 못했던 미 제24사단장 윌리암 F. 딘 소장을 구출하기 위해 미특공결사대 33명을 태우고 적지인 대전까지 김재현 기관사가 몰고 들어갔던 기관차이다. 이후 김재현 기관사는 6·25전쟁 참전 철도인으로 국립묘지에 안장되었다.

1층 전시실에서의 특이한 유물이라면 서울역 그린 별실에서 쓰던 원탁인데, 이 표면은 상평통보 3천 개를 넣어 만든 것으로 3천만 민족을 상징한다.

2층 전시실은 과학기술관으로 전기, 통신, 신호기, 승차권을 인쇄하던 인쇄기, 절단기, 채송함, 기념승차권, 관광기념 스탬프, 기념우표, 열차운행표, 일부기 등과 승무원들의 휴대품이 전시되어 있다.

특히 1966년 11월 1일 한국을 방문한 미국 제36대 존슨 대통령에게 증정했던 영구 무임승차증이 전시되어 있으며, 최근에 쓰이고 있는 승차권 전산발매기까지도 진열되어 있다.

또한 현재 세계 최고속 열차로 일컬어지고 있는 프랑스 TGV열차의 대형 사진을 비롯해 미국, 프랑스, 독일, 스위스, 일본 등의 초고속 열차의 모형을 진열해 놓아 세계 각국의 열차와 한국의 열차에 대한 차이점 등을 비교해 볼 수 있도록 되어 있다.

옥외 전시장에는 서부영화에서나 볼 수 있는 대형 기차가 버티고 있으며 증기기관차에서부터 현재 운행되고 있는 통일호, 비둘기호가 레일 위에 올려져 있다. '움직이는 청와대'라고 불리는 박정희 대통령 전용의 귀빈객차와 붉은 색을 띠고 있는 이승만 대통령의 전용차도 볼 수 있다.

電 031)461-3610　　　　　　　所 의왕시 철도박물관로142
交 지하철 1호선(부곡역)
※ 서울역내(1층)의 철도박물관은 기차표를 소지할 경우 무료관람할 수 있음
주변관광지 : 의왕조류생태과학관(031-8086-7490)

(2) 성남 모란장(牡丹場, Sungnam Moran Market Place)

• 4 · 9일장

성남시에 있으며 현대판 '보부상(褓負商)'의 집결지라 불릴 만큼 규모나 내용 면에서 최고를 자랑한다.

서울에 인접한 관계로 서울에서 가족단위로 나들이 삼아 이 곳을 찾는 이들이 많은데, 어른들에게는 고향의 정취를 느끼게 하지만, 이같은 이색풍물을 접해 보지 못한 자라나는 자녀들에게는 커다란 산 교육의 장으로 활용되고 있다.

매 4일과 9일(4, 9, 14, 19, 24, 29일)이면 장이 서는 모란장에는 전국에서 생산되는 온갖 물건이 다 모여드는 초대형 만물상이다.

잡곡과 의류, 과일, 야채를 비롯해 생선, 약초, 잡화류, 화훼, 음식, 애견, 고추, 마늘류, 닭, 오리를 포함한 가축류에 이르기까지 온갖 품목들이 선보이고 있다.

모란장에서 절대로 빼놓을 수 없는 풍경 중의 하나는 가축전인데, 소전이나 닭, 오리도 볼 만하지만, 한쪽 귀퉁이를 차지하고 있는 이색풍경이 있다. 개들이 꽃단장을 하고 새 주인을 기다리고 있는 모양새인데, 어떤 놈은 꼬리를 치며 아양을 떨고, 어떤 놈은 촉촉한 눈망울로 동정표를 사기도 한다.

所 성남시 모란 사거리   交 지하철 분당선(모란역)

4) 여주 신륵사(驪州 神勒寺, Yoju Shiuk Temple)

경기도 여주군 북내면 천송리, 여주읍에서 동북쪽으로 2.5km 지점 남한강 북안에 자리잡고 있는 절이다.

신라 진평왕 때 원효대사가 창건했다고 하나 확실하지 않다. 그러나 조선조 세종 22년(1440년)에 중수하고, 성종 4년(1473년)에 영능원찰(英陵願刹)로 삼아 보은사(報恩寺)라고 부르기도 하였는데, 신륵사라 부르게 된 것은 뇌옹선사가 신기한 굴레로 용마(龍馬)를 다스렸다는 전설에 의한 것이라 한다. 임진왜란 때 소실된 것을 1671년에 계헌(戒軒), 1702년에 위학(僞學) · 천심

(天心)이 중수하였다고 전해지고 있다.

신륵사 경내 동대(東臺)에는 유명한 5층 벽탑이 있으며, 보물 제226호인 신륵사 다층전탑, 제225호 다층석탑, 제180호 조사당 그리고 석등(제231호)이 있으며, 석종비(제229호), 대장각기비(제230호) 등도 보존되고 있다.

강가 절벽 위에는 정자(강월헌)가 있고 신륵사 앞의 강변은 넓은 백사장이 있어 물놀이 장소로도 인기가 높다.

電 031)885-2505　　　　　　　所 여주시 천송동 282

(1) 목아 불교박물관(木牙 佛敎博物館, Mok-A Buddhist Museum)

여주읍에서 3km 거리에 있는데, 이 박물관은 불교미술 및 전통 목공예의 제작과정과 기법을 전승시키는 데 목적을 두고 설립되었다.

지하 1층, 지하 3층으로 구성된 전시관에는 불화·불상 등의 유물과 동자상을 비롯한 불교관계 목공예작품들이 6,000여 점 전시되어 있고, 야외 조각공원에는 미륵삼존불·비로자나불·3층석탑·백의관음상 등이 조화롭게 자리잡고 있다.

電 031)885-9952　　　　　　所 여주군 강천면 이문안길21
주변관광지 : 신륵사, 영릉, 명성황후 생가, 고달사터

(2) 영릉(英陵, Yungnung)

조선조 역대 임금의 능이 모두 세계문화유산이다. 조선 제4대 세종임금 부부와 제17대 효종임금 부부의 능이다. 세종대왕의 영릉 안에는 기념관이 있어 조선시대의 여러 가지 과학기구나 문서를 볼 수 있고 조선왕릉 묘제의 대표적인 형식을 갖추고 있다. 영릉은 천하의 명당으로 조선왕조의 국운이 100년은 더 연장되었다는 소문난 곳이다. 그리고 효종의 영릉은 세종의 영릉과 나란히 있지만, 입구는 서로 언덕 하나를 사이에 두고 따로 있다.

電 031)885-3128　　　　　　所 여주군 능서면 왕대리산 83-1

(3) 양주 별산대놀이

▲ 양주 별산대놀이

중요무형문화재 제2호 양주 별산대놀이는 춤과 판토마임, 덕담과 익살이 어우러진 민중의 놀이이다. 그 내용은 몰락한 양반, 파계승, 무당, 사당, 하인 등이 나와 모순된 현실을 풍자하며 폭로하고 있는데 독특한 춤과 제스처, 익살스러우면서도 호색적인 대사 등이 무척 재미있다. 이 놀이는 원래 음력 4월 8일, 5월 단오, 6월 유두, 7월 백중 등의 대소 명절에 열렸는데, 주로 밤중부터 새벽까지 계속되었다. 산대놀이는 내용이 복잡하고 재담이나 발림, 춤이 즉흥적인 것이 아닌 만큼 상당한 숙련을 쌓아야 할 수 있다. 그래서 산대놀이는 숙달된 연예인의 연희가 되었는데, 이 특수한 연예인 집단은 경기도 곳곳을 돌아다니며 연희를 하였다. 양주의 놀이패들은 일찍이 서울 근교의 산대놀이를 본받아 독자적인 산대놀이를 꾸몄다. 이것을 양주 별산대라 이르고 서울 근교의 산대놀이를 본산대라고 불렀다.

5) 광주 남한산성

▲ 남한산성(한국관광공사 제공)

경기도 광주시 남한산성면에 있다. 남한산성은 백제가 하남 위례성에 도읍을 정하고 진산으로 여겼다. 그래서 백제 시조인 온조대왕을 모신 사당 숭렬전이 있다. 조선왕조 16대 인조는 남한산성을 축성하고 이곳에서 몽고군에게 항전하고 끝내는 항복한 역사적 장소이다.

산성둘레는 1624년(인조 2년) 축조한 수어장대, 동문, 인조가 세자와 함께 청나라 진영에 들어간 서문, 남문, 북문으로 둘러싸여 있다. 성내에는 인조가 머물렀던 자리에 행궁, 청량당, 지수당이 들어서 있으며 남한산성은 2007년 사적 480호로 지정되었고 2014년 세계문화유산에 등재되었다.

(1) 화담숲

경기도 광주시 도척면 곤지암에 약 41만평으로 이루어진 숲 공원이다. 15개의 테마공원과 4,000여 종의 식물을 가지고 있다.

관람객이 산책을 하면서 식물을 감상 · 체험할 수 있도록 다양한 테마로 구성하였다. 계곡에는 국내 최대의 이끼원이 있고 추억의 정원에는 노래, 문학, 속담과 관련된 어린 수목을 만날 수 있다. 수국, 벚나무, 수련, 진달래(만병초)를 세계적으로 많이 가진 식물원이기도 하다.

電 031)8029-6666   所 경기도 광주시 도척면 곤지암

6) 광명동굴

경기도 광명시에 위치한 폐광을 뛰어난 동굴테마파크로 바꾼 곳이다. 1912년에 시추하여 1972년 폐광 후 새우젓 창고로 사용하던 곳을 2011년 광명시가 매입하여 관광명소화 하였다.

동굴길이는 약 78km로 현재는 2km가 개방되고 갱도 깊이는 총 275m이고 지하 층수가 총 8레벨에 이른다.

이 광산은 처음 황금광산으로 개발되었고 1950년 기준 동굴내 광물 총매장량은 약 1만 9천톤이었다. 1912년부터 1954년까지 수백 kg의 황금이 채굴되었으나 홍수에 의해 환경오염과 보상문제 때문에 폐광되었다. 전문가들은 지금도 상당량의 황금이 매장되었다고 본다.

주요매력은 라스코전시관, 동굴전망대(스카이뷰), 황금노두, 아이샤 숲, 디지털 VR광산체험관 등이 있다.

광명동굴의 국제판타지 페스티벌은 2014년부터 '반지의 제왕' 제작사인 뉴

질랜드 워타워크숍과 공동으로 진행해 오고 있다.

'반지의 제왕' 제작사 '워타워크숍'이 제작한 실물크기의 골룸과 간달프지팡이, 국내 최대의 용(길이 41m, 무게 800kg)인 '동굴의 제왕'이 전시되어 있다.

電 02)2610-2010	所 광명시 가학로 85번길 142

7) 소요산(逍遙山, Soyo Mauntain)

동두천시에서 약 4km 지점에 위치해 있는 소요산은 서울시민을 비롯한 여러 사람들의 중요한 등산코스의 하나로 널리 알려져 있는데, 산 높이는 526m에 불과하나 예로부터 경기의 소금강이라 불려 왔을 만큼 경관이 수려하며 곳곳에 원효대사의 전설이 서려 있다. 소요산 자재암 입구에는 요석공주가 원효를 찾아와 기거했다는 집터가 있다.

웅장한 멋은 없지만 기묘한 산세와 초입부터 맑은 물이 쏟아지는 아기자기한 계곡미를 자랑한다. 또한 오랜 세월 풍화를 겪은 기암괴석과 울창한 숲이 어우러지고 곳곳에 폭포와 암자가 자리하고 있어서 산이름 그대로 아이들과 함께 나들이 다녀오기에 알맞다.

電 031)860-2065	所 동두천시
交 1호선(소요산역)	주변관광지 : 한탄강 관광지

(1) 산정호수(山井湖水, Sanjung Lake)

천일대에 농업용수를 대기 위해 1925년 만들어진 인공호수로, 산정호수 유원지에는 보트장을 비롯해 각종 오락시설이 잘 되어 있고 연인들의 데이트장소로도 명성이 높다. 명성산을 배경으로 하고 호수 양쪽에는 망봉이 있고 산정호수 근처에는 등용폭포, 울음폭포 등이 있다.

所 포천군 영북면	交 국도 43·47번

(2) 포천아트밸리

폐채석장을 이용해서 조성한 주제공원이다. 주요시설은 천문과학관, 천주호 호수와 주변 바위절벽, 하늘공원 소원지, 조각공원으로 구성되어 있다. 아름다운 절경을 갖춘 천주호와 함께하는 예술공연, 작품도 감상할 수 있다.

電 031)538-3485 　　　　　　　　 所 경기도 포천시 신북면 282

8) 광릉수목원 · 산림박물관

국립수목원이다. 조선초(1468년) 세조의 능 부속림으로 지정돼 조선 말기까지 왕실에서 관리해 왔다. 자연학습과 함께 삼림욕을 만끽할 수 있는 곳으로서 세조의 능이 이곳에 있다. 희귀한 나무들이 빽빽이 들어 차 있는 경기도 광릉수목원 안에 있는 이 박물관은 잣나무와 낙엽송을 사용한 목재 건물로 꾸며져 나무의 결과 향기를 맡으며 내부시설을 구경할 수 있다.

'전나무숲'과 '숲생태관찰로', '산림박물관'은 필수 코스다.

한국의 산림과 임업에 대한 학술자료를 분석한 6백개 항목을 관람객이 원하는 대로 찾아볼 수 있도록 컴퓨터로 영상화해 놓았으며, 소나무·잣나무 등의 침엽수와 활엽수의 국산 목재 66종, 수입 목재 32종을 생산지·수령·용도 등으로 구분·설명해 놓아 보기에 편하다. 그리고 임업용 도구들도 예부터 오늘날에 이르기까지 시대별로 진열해 놓았다.

그리고 산림과 인간에 대해서 알아볼 수 있는 전시관, 세계의 임업 현황, 한국의 임업현황, 한국의 천연기념물, 산림부산물, 지역별 조림 수종 등이 진열돼 있다.

또한 철 따라 변화하는 한국의 명산들이 소개되어 있다.

電 031)540-1114 　　　　　　　　 所 포천군 소흘면
주변관광지 : 허브아일랜드(031-535-6494), 아프리카예술박물관(031-543-3600)

(1) 남양주 종합촬영소

국내에서 인기가 높았던 '공동경비구역 JSA', '취화선', '서편제', '쉬리', '왕

의 남자' 등이 촬영되었던 아시아 최대규모의 영화세트장이다. 40만평의 부지에 3만평 규모의 세트와 실내촬영시설, 녹음실을 갖추고 2000년부터 일반인에게 관광시설로 공개되었다.

약 2시간 관람시간에 야외세트장, 체험전시관, 영상지원관을 둘러 볼 수 있고 영상관 시네극장에서는 오후 1시경에 무료영화를 1편 볼 수 있다. 영상체험관에서는 영화제작기법과 첨단기술을 이용한 영화제작기술도 체험할 수 있고, 3D 입체오감극장에서는 미래 영화에서 가능한 향기와 진동까지 체험할 수 있다. 2018년도에는 관람객이 크게 줄어 폐쇄되었다.

電 031-579-0605
所 경기도 남양주시 조안면 북한강로 855번길 138

(2) 가평 쁘띠프랑스

프랑스 문화와 생활을 느껴볼 수 있는 테마파크다. 프랑스의 3대 벼룩시장인 생투앙 벼룩시장을 많이 참고하여 만들어진 골동품 전시관이 있고 300여점에 달하는 유럽의 전통적인 옛인형 및 소품들로 꾸며진 인형의 집도 흥미롭다. 200년 이상 된 프랑스의 가옥을 그대로 들여온 프랑스 전통주택 전시관이 있으며, 숙박과 식사도 가능하다.

電 031-584-8200   所 경기도 가평군 청평면 고성리 616

(3) 아침고요수목원

10만여 평에 달하는 부지에 침엽수정원과 능수정원, 분재정원, 허브정원, 단풍정원, 매화정원, 한국정원 등 19개의 주제정원이 만들어져 있다. 수목원 안의 길은 좌우로 굽어있거나 오르락내리락 언덕길이어서 때로는 정원이 내려다보이기도 하고, 때로는 올려다 보이기도 한다. 곧게 뻗은 길이 없다. 야간 조명 정원이 아름답기로 유명하다.

電 1544-6703   所 경기도 가평군 상면 수목원로 432

(4) 양평 두물머리

금강산에서 발원한 북한강이 태백산에서 시작된 남한강과 만나는 곳이다. 400년 된 거대한 느티나무가 두 물줄기가 만나는 곳에 곧게 서 있어 안개라도 드리우면 마치 한폭의 그림이다. 두물머리 옆에 자리한 세미원은 커다란 연못과 산책로, 창덕궁 장독대를 모방한 분수대, 유상곡수(流觴曲水) 등 풍성한 볼거리가 들어앉은 정원으로 기분 좋은 산책도 즐길 수 있는 곳이다.

電 031-773-5101　　　　　　　所 경기도 양평군 양서면 양수1리

9) 오두산 통일전망대

(鰲頭山 統一展望臺, Odoo mountain Reunification Observation)

개성이 손에 잡힐 듯이 보인다. 경기도 파주군에 있는 오두산 통일전망대는 남쪽에서 흘러드는 한강과 북녘에서 내려오는 임진강이 만나 빼어난 경관을 자랑하는 전망이 좋은 곳에 위치해 있다. 해발 140m의 높이에 위치한 원형전망실에서는 20배율의 망원경으로 개성 송악산, 북

〈그림 9〉 오두산 통일전망대 위치도

한 주민과 군의 활동사항, 농민들의 농사짓는 모습, 선전용 주거생활, 김일성 사적관, 공회당, 인민학교, 곡물창고, 상점, 개성 송학산이 보이며 남으로는 여의도 63빌딩을 바라볼 수 있다.

1, 2층 전시관에는 북한실과 통일실을 마련, 북한의 실상과 남북관계의 어제와 오늘, 통일 한반도의 미래상을 보여주는 사진, 영상실, 대형 지도 등의 시설과 개성공단 홍보관 등이 갖추어져 있다.

독립운동가 조만식 선생의 동상도 이 곳에 세워져 있다.

지역의 특수성 때문에 하절기에는 17시 30분까지, 동절기에는 17시까지만 개관한다.

電 031)956-9600　　　　　　　　所 파주시 탄현면 필승로
交 서울역－금촌역(경의선)
주변관광지 : 헤이리 문화예술마을(031-946-8551, www.heyri.net)

(1) 임진각 평화누리공원

통일로를 달려 문산읍 옆길을 따라가면 판문점 가는 길에 민간의 출입이 자유롭게 허용되는 최북단인 곳에 임진각이 있다. 휴전선에서는 남쪽 7km 지점이다. 임진각은 6천평의 대지 위에 지하 1층, 지상 3층의 건물로 1972년 북한 실향민을 위하여 세워졌는데 지금은 관광명소로 널리 알려진 곳이다. 2005년 세계평화축전 이후 임진각 주변일대가 평화누리공원으로 조성되어 통일기원 돌무지, 생명촛불 파빌리온, 캔들숍이 있고 드넓은 잔디광장, 대형공연장, 3,000여개의 색색 바람개비가 돌아가는 바람의 언덕, 수상카페 등이 유명하다. 그리고 임진각 뒷편 자유의 다리 앞쪽에 세워진 망배단은 실향민들의 한과 통일의지를 깃들여 망향과 추모의 정을 기원하는 제단으로, 고향을 북에 둔 실향민들이 명절이면 이 곳에서 제사를 지내기도 한다. 아래쪽 광장에는 안보홍보관이 설치되어 있으며 임진강지구 전적비, 미군참전비, 트루만 동상, 아웅산 순국외교관추념비 그리고 6·25전쟁 때 사용되었던 갑차, 전차, 비행기 등이 전시되어 있다.

電 031)953-4744　　　　　　　　所 파주시 문산읍 마정리 6

(2) 판문점(板門店, Panmunjom)

예전에는 독개다리라고 불렀던 자유의 다리를 건너서 남쪽 사람이 갈 수 있는 최북단인 곳이 판문점이다. 1971년 성탄절을 맞아 개통된 통일로를 따라 북으로 50km 지점에 위치한 판문점은 1953년 7월 27일 휴전협정이 이루어진 곳으로 민족분단의 참담한 아픔을 적나라하게 안고 있는 세계적으로 그

이름이 널리 알려진 곳이기도 하다. 판문점 북방에는 돌아오지 않는 다리와 온갖 잡초가 무성하게 엉킨 장단역이 6·25전쟁의 참담한 혈전을 그대로 반영이라도 하듯 기관차 전신이 포화로 벌집이 된 채로 버려져 있었으나, 최근에는 남과 북을 잇는 유일한 길목 역할을 하고 있다.

출입허가가 필요하며 2개월 전에 주소지 국가정보원대공상담소(국번·1113)에 신청하고, 외국인은 국제문화서비스클럽(02-755-0073) 여행사에서 신청을 받는다.

주변관광지 : 통일촌, 대성동, 도라전망대, 제3땅굴, 임진각
所 파주시 군내면 조산리 481

(3) 파주 헤이리예술마을

예술가들이 작업장 겸 전시공간 그리고 아트샵으로 사용하는 공간 건축물들이 모여 있다. 그래서 각각의 건물들이 형이상학적이고 독특한 디자인이라서 눈을 끈다. 북카페, 영화박물관, 악기박물관, 커피박물관들이 곳곳에 산재하며 거리와 건물들의 경관이 파격적이고 변신과 창조성이 돋보여 종합디자인 명소이다.

(4) 파주프리미엄아울렛

파주프리미엄과 롯데프리미엄아울렛 두 개의 매장이 있다. 파주프리미엄아울렛은 세계 각국의 유명브랜드가 직접 입점하여 세일폭이 클 때는 80% 이상이 되기도 한다. 롯데점에서는 옥상공원에서 한강의 아름다운 풍경과 그림같은 석양도 마주할 수 있다. 매장이 넓어서 지도를 보고 다녀야 한다.

(5) 중남미박물관(Latin American Cultural Museum)

중남미의 옛 문화를 한 자리에서 볼 수 있다. 이 박물관은 중남미 지역에서 약 30여년간 외교관을 지낸 이복형씨 부부가 약 2,000여 점의 자료를 모아 1994년도에 개관하였다.

이 곳에 가면 멕시코의 다양한 가면과 잉카·마야문명의 여러 가지 유적과 토기를 볼 수 있고, 현대적인 민속공예품이 전시되고 있어 중남미 문화에

관심이 많은 사람들의 발길이 이어지고 있다.

電 031)962-9291　　　　　　　　　所 고양시 덕양구 대양로 285

10) 화성제부도

화성시 서신면 앞바다 제부도는 하루에 두 번씩 양쪽으로 바닷물이 갈라져 섬을 드나들 수 있다.

물에 비친 낙조는 서해안에서 가장 아름다운 곳 중 한 곳으로 1박2일 가족나들이 적당한 곳이다.

제부도의 워터워크(water walk)는 구제부도 매표소자리에 있는 다목적 조망시설이다. 바다길이 열림과 닫히는 모습 석양의 갯벌 위에서 펼쳐지는 아름다움을 조망할 수 있다.

제비꼬리길은 빨간등대에서 해안데크와 탑재산 정상을 연결하여 탑재산 정상에서 서해바다의 파노라마와 마주한다.

제부도 해수욕장도 좋으며, 2017년 세계3대 디자인 상 중 하나인 '레드닷 디자인 어워드'를 수상한 제부도 아트파크가 눈길을 끈다.

電 031)369-1673　　　　　　　　所 경기도 화성시 서신면 제부리

11) 인천 · 강화도

(1) 인천 소래포구

1960년대 실향민들이 어선 10여 척으로 근해에 나가 새우잡이를 하면서 만들어진 어촌지역이었다. 지금은 노천횟집 100여 곳이 성업중인 어시장으로 인천지역주민과 관광객들이 상시 즐겨 찾아온다. 새우와 젓갈, 꽃게로 유명하며 지금은 사라진 수인선 협궤열차의 철길도 옛모습을 간직하고 있다.

電 032)442-6887　　　　　　　所 인천광역시 남동구 논현동

(2) 부천 아인스월드

세계 유명관광지를 축소한 미니어처테마파크이다.

유네스코문화유산 33점과 현대 불가사의 7개소 중 6개 등 세계 25개국의 유명한 토목 · 건축물을 1/25로 축소하여 전시하고 있다. 미국 원더웍스사에서 설계제작하여 매우 정교하고 아름다운 조명시설을 갖추어 밤에는 야경이 뛰어나게 좋다. 영국의 타워브리지 앞에서부터 전문가이드를 따라 구경하면서 설명을 들으면 약 1시간 30분 정도 소요된다.

영상관에서는 공룡과 바닷속 탐험을 주제로 입체영화가 상영되어 아이들이 좋아한다.

인근에는 1930년대부터 1970년대까지 서울 중심부의 옛 도시를 재현해 놓은 야외영화세트장이 있다. 판타스틱 스튜디오라고 한다. 이곳에서는 당시의 전차와 인력거를 타볼 수 있다.

☎ 032)320-6000 ; www.aiinsworld.com　　　所 부천시 원미구 도약로 1

(3) 강화도

강화도는 수많은 역사유물과 사적이 곳곳에 남아 있는 '살아 있는 역사의 현장'이다. 강화도는 한국 5대 섬 중 하나로서 항몽 39년간을 비롯하여 여러 차례 국난을 극복해낸 불요불굴의 역사를 지닌 보루로서 뿐만 아니라 찬란한 문화의 꽃을 피웠던 곳으로도 유명하다.

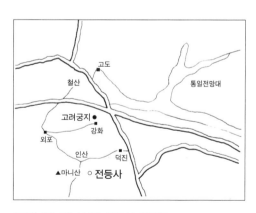

〈그림 10〉 마니산과 전등사 위치도

해인사에 보관중인 팔만대장경, 독일 구텐베르그보다 22여년을 앞선 금속활자, 고려자기의 백미인 삼강청자 등 강화도에서 처음 만들어진 것이 많다.

현재는 국방의 요새로, 완초공예품인 화문석의 명산지로, 인삼생산지로,

▲ 강화 첨성단의 채화의식

그리고 국민안보관광지로 유명하다. 우선 단군왕검이 우리 민족의 무궁한 발전을 기원하던 **첨성단**(瞻星壇)이 마니산(摩尼山) 정상에 자리잡고 있는데, 표고 486m의 이 마니산은 백두산(白頭山)·묘향산(妙香山) 등과 함께 단군왕검이 강림한 장소로 알려져 있다.

또 **전등사**(傳燈寺)는 불교 본산의 하나인 대찰이자 역사가 오래된 고찰로서 경내 일대의 뛰어난 경치는 방문객들을 감탄하게 만든다.

강화도 곳곳에는 전적지가 산재해 있다. 이를테면 강화해협을 지키기 위해 축성된 **덕진진**(德鎭津)을 비롯해서 신미양요 때 가장 격렬한 격전지였던 **광성보**(廣城堡), 신미양요 때 미국 극동함대의 해병대와 격전을 치렀던 **초지진**(草芝鎭), 옛 강화의 관문이며 강화해협을 지키던 중요한 요새인 갑곶돈, 고려 고종이 몽고의 침략에 대항하여 축성한 강화성(江華城) 등이 그것이다.

특히 고려 중엽 때부터 만들어지기 시작했다는 '강화 화문석'은 다른 지방에서는 생산되지 않는 순백색 왕골을 재료로 하여 만들어지는데, 이 지역의 관광 토산품으로 인기가 높다.

강화의 특산물로 '순무'라는 것도 있는데, 이 '순무'는 토양 관계상 강화와 개성지방에서만 나는 특산물이다. 특히 이 순무로 담근 김치나 깍두기는 씹을수록 시원하다.

강화지방에서만 맛볼 수 있는 '시래기밥', 국물 맛이 진미인 '가물락 조개탕', '메밀칼싹두기'라고도 불리는 강화의 토속음식인 '메밀떡국' 등은 이 지역의 유명한 음식으로 손꼽힌다. 그리고 이러한 음식들은 강화읍을 비롯해 강화 곳곳에 있는 음식점에서 맛볼 수 있다.

강화장은 매달 2일과 7일, 12일, 17일, 22일, 27일에 열려 강화의 정취와 풍물을 더욱 실감있게 느낄 수 있다.

(4) 전등사(傳燈寺, Chondungsa Temple)

인천광역시 강화군 길상면 온수리에 있는 전등사는 고구려 소수림왕 11년에 아도화상(阿道和商)이 개산(開山)하여 진종사(眞宗寺)라 하던 것을, 고려 25대 충렬왕의 원비 정화공주가 불전에 옥으로 만든 등을 희사한 뒤부터 전등사라 불리게 되었다고 한다.

전등사에는 대웅전(보물 제178호), 약사전(보물 제179호), 범종(보물 제393호) 등 많은 보물이 있고 건축미 또한 극치를 이루어 미학적으로도 진귀한 가치를 지니고 있다. 특히 팔만대장경은 고려 23대 고종때 처음으로 강화문 밖 대장경고에 두었다가 합천 해인사로 옮겼다고 한다.

보물 제178호로 지정된 대웅전의 현존건물은 조선 광해군 13년(1621)에 지은 정면 3칸, 측면 2칸 형식의 목조건물이다. 곡선이 심한 지붕과 화려한 장식(발가벗은 여인의 모습으로 쪼그려 앉은 인물상, 동물조각, 연봉오리조각 등)은 매우 특이하다.

전등사에 전해지는 보물 제393호 범종은 우리나라 종의 형태와 전혀 다른 중국에서 주조된 중국 종이다.

電 032)937-0125   所 인천시 강화군 길상면 온수리 635

5. 레포츠

1) 스 키

• 천마산스키장(Chonmasan Ski Resort)

서울에서 40분 거리에 위치한 사계절 · 야간스키 리조트이다. 천마산 스키장의 슬로프는 모두 6면으로 초보자와 중 · 상급자용으로 나누어져 자신의 능력에 맞게 스키를 즐길 수 있다.

다양한 변화와 스릴을 만끽할 수 있는 중급자코스인 C, E-Line코스와 아기자기한 재미의 A, B-Line코스, 초보자도 쉽게 스릴을 느낄 수 있는 여러 가지

곡선의 D-Line코스가 있다.

야간스키는 A, B, D, 초보Line이 있으며, 초보자용 초보Line은 350m이고 상급자용인 C와 초·중급자용인 D-Line은 1,300m에 이른다. 눈 없이도 스키를 즐길 수 있는 사계절 스키장인 플라스틱 슬로프가 있다.

電 02)2233-5311 所 남양주시 화도읍 먹갈로 96

- 베어스타운 리조트(포천군 내촌면 금강로2536번길, 031-540-5000)
- 양지리조트 스키장(용인시 처인구 양지면 남평로1, 031-338-2001)

2) 수상스포츠

청평, 남이섬, 팔당, 대성리, 양수리 등지에서는 윈드서핑, 수상스키 등 각종 수상스포츠를 즐길 수 있다. 또 한탄강 상류 순담계곡은 급류타기를 즐기는 사람들이 많이 찾는 코스로 유명하다.

3) 한탄강 오토캠핑장

경기도 연천군 전곡읍 한탄강변에 있다. 오토캠핑장, 캠핑카, 캐빈하우스를 갖추고 자전거와 전동스쿠터를 대여할 정도로 주변에 여가공간, 산책공간이 잘 구비되어 있다.

電 031)833-0030 所 경기도 연천군 전곡읍 한탄강변

강원도 04

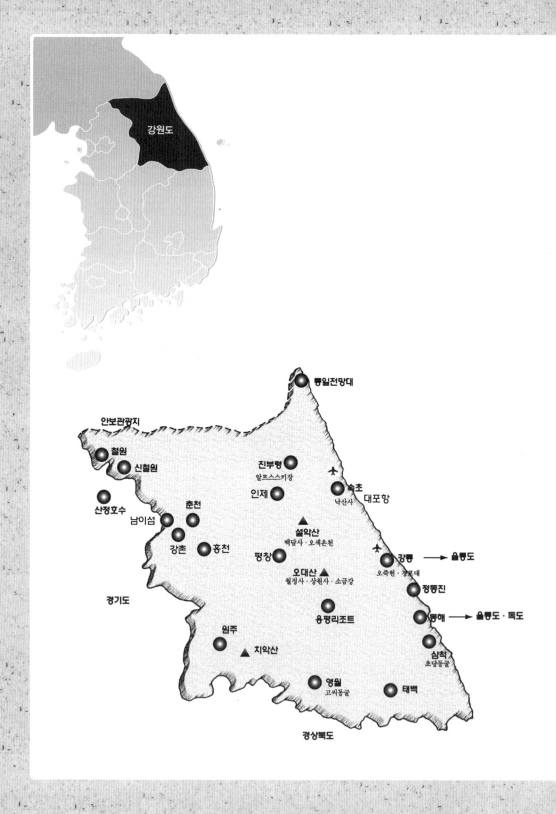

강원도

통일전망대
안보관광지
철원
신철원
진부령
알프스스키장
인제
속초
낙산사 대포항
산정호수
남이섬 춘천
설악산
백담사 · 오색온천
강촌 홍천
평창
오대산
월정사 · 상원사 · 소금강
강릉
오죽헌 · 경포대 → 울릉도
정동진
동해 → 울릉도 · 독도
경기도
용평리조트
원주
지악산
삼척
초당동굴
영월
고씨동굴
태백
경상북도

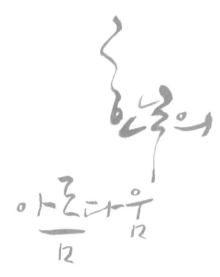

한국의
아름다움
12

축제 · 행사

율곡 이이선생제(10월) 등 70여 축제 · 행사를 가지고 있다. 강릉단오제 (5~7월중), 해맞이축제(1월 1일), 동해시 오징어축제(8월), 춘천국제연극제(8 월), 춘천마임축제(9월), 원주치악제(10월), 태백산눈축제(1월), 태백제(10월), 찰옥수수축제(7 · 8월), 단종문화제(4월), 설악문화제(10월), 영월동강축제 (7 · 8월), 김삿갓문화제(10월), 대관령눈꽃축제(1월), 효석문화제(9월), 정선아 리랑제(10월), 화천산천어축제(1월), 인제황태축제(2월), 양양송이축제(10월) 등이다.

▲ 강릉 단오제(강원도청 제공)

▲ 화천산천어축제(강원도청 제공)

1. 지역 개관

강원도의 대표적인 관광지는 설악산, 강릉의 경포대 · 오죽헌 · 정동진 · 강릉 커피거리, 속초 아바이마을, 양양 낙산사, 인제 원대리 자작나무숲, 원주 뮤지엄 산(SAN), 정선 삼탄아트마인, 춘천 남이섬 · 선재길, 평창대관령이다.

• 지리적 환경

강원도는 대체적으로 동쪽이 높고 서쪽이 낮아 완만한 경사를 이루는 이른바 **경동성지형**(傾動性地形)인 것이 특색이며, 험한 산지가 절반 이상을 차지한다. 평균 높이 약 1,000m의 산맥을 경계로 동쪽지방은 영동(嶺東), 서쪽지방은 영서(嶺西)라고 부른다. 영동지방과 영서지방은 진부령(529m) · 미시령(826m) · 구룡령(1,013m) 및 대관령(832m) 등의 고개를 통해 서로 연결되어 왔고, 내설악과 외설악[1]은 한계령으로 연결된다. 최근에는 고속도로와 고속철도로 수도권과도 교통이 매우 편리해졌다.

태백산맥은 지금부터 약 7천만년 전 신생대 제3기부터 요곡운동과 단층운동을 동반하면서 서서히 융기해 산꼭대기나 중턱에 옛 침식작용의 결과로 많은 평탄면(平坦面)이 발달하였다. 그 평탄면 높이는 1,200m, 800m, 500m 내외의 3면으로 대별되고 그리하여 농경지에서는 논보다 밭의 면적이 월등히 넓다. 태백산맥에는 **금강산**(1,638m)을 비롯해 **설악산**(1,708m) · **오대산**(1,563m) · **가리왕산**(1,561m) · **태백산**(1,567m) 등의 유명산들이 연봉을 이룬다. 금강산은 4계절마다 다른 이름을 갖을 정도로 아름답다. 봄에는 금강산, 여름 봉래산, 가을 풍악산, 겨울 개골산이라고 한다.

북부에는 마식령산맥이 남서로 뻗어 황해도와 경계를 이루고, 중앙에는 광주산맥이 백마봉(1,529m)에서 갈라져 명지산(1,249m)으로 뻗어 있다. 중남부에는 차령산맥이 오대산에서 갈라져 계방산(1,577m) · 남대봉(1,182m) 등 연봉을 이루면서 남서쪽으로 뻗어 있다.

하천은 태백산맥을 분수령으로 하여 동 · 서로 나뉘어 발달하였다. 서사면에는 한탄강(漢灘江)이 검불랑(劍佛浪)에서 안변 남대천과 분수령을 이루고 남류해 임진강으로 흘러든다. 금강산에서 발원한 북한강은 남류하다가 춘천에

---

1) 외설악은 동해바다쪽, 내설악은 반대편인 내륙쪽 설악산이다.

이르러 삼치령(三峙嶺)에서 발원한 소양강(昭陽江)과 합류하는데, 유역에 양구·화천·인제·춘천 등의 분지를 형성하고, 남류하면서 홍천분지를 형성한 홍천강과 합류해 경기도로 흘러든다.

북한강 수계에는 화천댐·춘천댐·의암댐 등 발전용댐과 다목적댐인 소양강댐이 건설되어 이용되고 있다. 영동지방은 태백산맥이 해안까지 임박해 있기 때문에 속초의 소야천, 양양의 남대천, 연곡의 연곡천, 강릉의 남대천, 삼척의 오십천 등이 하천길이가 짧다. 그리고 이들 하천은 대개 동서 방향으로 흐르며, 각 하천들이 해안에 운반·퇴적시킨 화강암질 백사(白砂)가 사주·사취 등을 이루면서 넓은 사빈해안을 발달시키고, 만(灣) 입구가 사주로 가로막힘으로써 형성된 석호(潟湖)가 발달한 것이 특색이다. 삼일포·송지호·화진포·영랑호·청초호·경호 등이 강원도 동해안을 따라 형성되어 있다. 해안선은 비교적 단조로우며 삼척이남의 암석 해안에서는 곳에 따라 해식애를 이고 강릉시의 정동진은 대표적인 해안단구(海岸段丘)지형이다.

기후적으로 영동·영서지방을 경계로 하는 태백산맥은 바람이나 기온, 강수분포 등에 영향을 미쳐 기후의 동서차가 뚜렷이 나타난다. 강원지방은 경인지방보다 고도가 높아 산악지방에서는 때에 따라 좁은 지역에서 폭설·호우 등이 집중적으로 발생할 때도 있다. 영서내륙지방은 대륙성기후로 계절에 따라 온도차이가 많아 혹한과 혹서의 날씨를 기록하는 날이 많은 반면 영동 해안지방은 온화한 해양성기후로 연중 온도의 변화가 크지 않고 비교적 따뜻하다. 고원 산악지대는 연중 온도가 비교적 낮아 여름에는 서늘하고 겨울에는 계속되는 혹한과 많은 강설량으로 스키 등 겨울스포츠에 적당하여 각종 경기가 많이 개최되고 있다. 영서지방에서는 5~8월에 높새바람으로 이상고온 현상이 나타나 농작물에 피해를 주기도 한다.

대관령 부근을 비롯해 진부면·임계면 등지는 남한의 대표적인 고랭지 작물지역으로서 고랭지채소단지가 있어, 배추·무·당근 등의 재배가 활발하다. 홍천군·평창군·횡성군 일대에서는 홉과 인삼 재배도 활발하다. 특히 인삼은 철원군·화천군·영월군·춘천시·원주시·홍천군 등지로 재배지역이 확대되고 있다.

• 문화적 자산

강원도의 문화적 자산은 다양하다.

시·군 향토문화제로는 춘천의 소양제와 의암문화제, 원주의 치악문화제, 한지문화제, **강릉**의 단오제와 율곡제, 태백의 태백제, 속초의 설악제(雪岳祭), 삼척의 죽서문화제, 홍천의 한서문화제, 횡성의 태풍문화제(泰豊文化祭), 영월의 단종제(端宗祭), 평창의 노성제(魯城祭), 정선의 정선아리랑제, 철원의 태봉문화제, 화천의 용화축전(龍華祝典), 인제의 합강문화제(合江文化祭) 등이 있다. 또한 도 단위의 강원종합예술제와 강원도민속예술경연대회 등이 있다. 문화재로는 국가지정문화재로 국보, 보물, 사적 및 명승, 천연기념물, 중요민속자료개, 중요무형문화재 등 130여점이 있고 강원도 문화재자료도 110개 등이 있다.

• 관광자원

강원도의 관광중 특징적인 점은 전국에서 내국인 숙박관광객수가 전국 최고다.

자연경관이 빼어난 곳이 많기 때문이고 인구가 많은 수도권에 인접해 있기 때문이다. 전국을 통틀어 명산으로 유명한 금강산이 있고, 옛날부터 동해안을 따라 분포하는 **관동**

▲ 설악산 울산바위(한국관광공사 제공)

팔경(關東八景)이 있다. 즉, 통천의 총석정, 고성의 삼일포, 간성의 청간정, 양양의 낙산사, 강릉의 경포대, 삼척의 죽서루, 울진의 망양정, 평해의 월송정이 포함되는데, 제1경은 경포대, 제1루는 죽서루라고 한다. 고성과 통천이 북한에 속하게 되어 현재 휴전선 이남의 강원도에 속한 것은 4곳이다.

국립공원 설악산은 한라산 홍도와 함께 3대 천연보호구역이다. 오대산·치악산 **국립공원**과 경포·태백산·낙산 도립공원은 강원도의 주요 산악관광자원이다. 오대산의 명주 소금강은 이율곡이 명명한 명승지 1호이다. 명승지 2

호는 경남거제 해금강, 3호는 전남 완도 구계등 해수욕장이다. 동해시의 무릉계곡은 양사언이 이름 지었다. 강원도의 해수욕장은 강릉경포해수욕장, 묵호 망상해수욕장, 양양 낙산해수욕장 이 유명하다. 남해안은 해운대, 상주, 완도 명사십리해수욕장이, 서해안은 대천과 변산 해수욕장이 대표적이다.

도내의 관광지를 권역별 나누어 살펴보면 춘천권에는 임꺽정과 연관된 고석정 · 평화의댐 · 파로호 · 중도 · 소양호 · 구곡폭포 · 등선폭포 · 남이섬 등이 있다. 설악산권(속초권)에는 통일전망대 · 설악산 · 백담사 · 알프스스키장 · 송지호 · 속초해수욕장 · 청간정 · 낙산사 · 오색약수와 온천 등이 있다. 치악산권(원주)에는 고씨동굴 · 청령포 · 장릉 · 구룡사 · 성우리조트 및 보광피닉스 등이 있다. 강릉 · 태백권에는 이율곡선생이 태어난 오죽헌, 오대산 · 월정사 · 상원사 · 용평스키장 · 소금강 · 죽서루 · 환선굴 · 무릉계곡 · 경포대 · 경포대해수욕장 · 화암국민관광지 · 연곡 · 옥계 · 망상 · 삼척해수욕장 · 강원랜드 등이 있다.

2. 특산물

• 평창 감자

평창군 도암면을 중심으로 진부, 봉평지역에서는 씨감자를 재배하여 농가소득을 올리고 있으며 감자 생산의 원산지로 알려져 있다.

• 춘천 연옥

무병장수와 행운을 가져다 준다고 해서 신석이라 했던 옥을 멋스럽고 정교하게 가공한 옥공예품이 유명하다.

• 속초 오징어

맑고 깊은 동해안에서 잡히는데 울릉도 오징어와 함께 동해안의 특

▲ 강원도 오징어 건조

산물이다.

• 양구 도자기

흙이 좋아 양구에는 자기의 원료가 되는 고령토가 많다. 또한 도자기의 우수성도 널리 인정받고 있다.

• 원주 칠기와 표고버섯

오랜 전통의 원주칠기는 견고성과 은은한 윤기로 유명하다. 원주 표고버섯은 치악산 자연 그대로의 맛을 느낄 수 있으며 성인병 예방에 좋다.

• 황 태

명태를 24시간 민물에 담그어 염분을 완전히 제거한 후, 춥고 바람이 세며 눈이 많이 오는 묵면 용대리 지역의 특성을 이용하여 2개월 이상 자연건조시킨 것이다. 주로 구이, 찜, 국 등으로 이용하고 간장 해독 및 숙취 제거에 커다란 효능이 있다.

• 산더덕

깊은 산에서 4~5년간 자란 것으로 뿌리가 크고 질기며 산더덕 특유의 향기로운 맛을 낸다.

• 영지버섯

서석 영지버섯은 무공해 영지로 피를 깨끗하게 하고 신경, 혈압, 심장기능을 조절하는 데 효험이 있다.

• 고포미역

강원도와 경상북도의 경계선상에 위치한 고포해안에서 채취되는 미역은 특이한 맛과 달콤한 특성을 지녀 전국적으로 널리 알려져 있으며, 조선시대부터 왕실에 진상하였다고 한다.

3. 별미음식

강원도는 영서지방과 영동지방, 산악지방과 해안지방에서 나는 산물이 다르다. 산악이나 고원지대에서는 쌀농사보다는 밭농사가 더 발달하여 감자나 옥수수, 메밀 등의 잡곡이 많이 난다.

산에서 나는 도토리, 상수리, 칡뿌리, 산채들은 옛날에는 구황식물에 속했지만 지금은 일반음식으로 많이 먹는다. 해안지대에서는 생태, 오징어, 미역 등의 해산물이 많이 나서 이를 가공한 황태, 건오징어, 건미역, 명란젓, 창란 젓을 잘 만들어 먹는다.

산악지방은 육류를 쓰지 않는 담백한 음식이 많으나, 해안지방에서는 멸치나 조개를 넣어 음식 맛을 낸다.

이 곳 음식은 극히 소박하며 먹음직스럽다. 많이 생산되는 산물인 감자, 옥수수, 메밀을 이용한 음식이 다른 지방보다 발달하였다.

1) 전통음식

춘천의 막국수, 인제의 산채 비빔밥, 평창의 감자전, 속초의 오징어 물회, 동해의 전복죽, 양양의 송이요리 등이 오늘날 강원도의 대표적인 별미음식으로 꼽힌다.

▲ 강원도 옥수수

• 주식류

강냉이밥, 감자밥, 차수수밥, 메밀막국수, 팥국수, 감자수제비, 강냉이범벅, 어죽, 강릉방풍죽, 감자범벅, 토장아욱죽

• 부식류

삼숙이탕, 쏘가리탕, 오징어순대, 동태순대, 오징어불고기, 동태구이, 올챙이묵, 도토리묵, 메밀묵, 미역쌈, 취나물, 취쌈, 더덕생채, 더덕구이, 명란젓,

창란젓, 오징어회, 송이볶음, 석이나물, 감자부침, 참죽자반, 능이버섯회, 도토리묵조림, 산초장아찌, 서거리김치, 북어식해, 다시마 튀각, 콩나물잡채, 주문진 정어리찜이 이름난 강원도지역의 부식이다.

- **병과류**

감자송편, 메밀총떡, 감자경단, 방울증편, 무소송편, 송화다식, 찰옥수수시루떡, 과줄, 강릉산자, 약과, 평창 옥수수엿이 유명하다.

- **음료류**

오미자화채, 당귀차, 강냉이차, 책면

4. 주요 관광지

1) 춘천

(1) 강촌

강촌은 오래전부터 대학생들의 MT요람이었다. 옛 경춘선을 따라 자전거하이킹과 레일바이크 등이 조성되어 있다. 북한강변을 따라 설치된 자전거길은 춘천시내까지 호수변으로 연결되어 라이딩(riding)을 즐기는 사람들이 많이 찾는다.

춘천시내에는 애니메이션박물관(www.animationmuseum.com)이 있어 페스티벌, 인형극공연이 수시로 열린다.

(2) 남이섬

조선시대 병조판서 남이장군 묘에서 지명이 유래한다. 드라마 겨울연가의 촬영지로 부각되면서 일본과 중국에서 많은 방문객이 찾아왔다. 남이섬 자체는 북한강의 강 가운데 형성된 섬이다. 2000년도 이전까지는 주로 학생과 단체들이 야유회 공간으로 활용하였으나, 섬에 숲이 아름다워지면서 각종 영화와 드라마 촬영지가 되어 지금은 낭만적이고 복합문화공간으로 이용되어 특히 젊은층이 많이 찾아온다.

電 031-580-8114 ; www.namisum.com
所 강원도 춘천시 남산면 남이섬길 1

2) 설악산(雪嶽山, Sulak Mountain)

남쪽의 금강산이라고 불리는 한 국 제1의 비경이다. 설악산(雪嶽 山)은 높이 1,708m로 남한에서는 한라산(1,950m)과 지리산(1,915m) 에 이어 세번째로 높은 산이며, '동국여지승람'에 의하면 한가위 에 덮이기 시작한 눈이 하지에 이르러야 녹는다 하여 설악이라 부른다고 하였다.

또 '증보문헌비고'에서는 산마 루에 오래도록 눈이 덮이고 암석

〈그림 11〉 설악산 위치도

이 눈같이 희다고 하여 설악이라 이름짓게 되었다고 한다. 그밖에 설산, 설 봉산이라고도 불렀다.

설악산은 태백산맥 연봉 중 하나로, 최고봉인 대청봉과 그 북쪽의 마등령 · 미시령, 서쪽의 한계령에 이르는 능선을 설악산맥이라 하며 그 동해쪽을 외설 악, 서쪽을 내설악이라 한다.

또한 동북쪽의 화채봉을 거쳐 대청봉에 이르는 화채릉, 서쪽으로는 귀때기 청봉에서 대승령, 안산에 이르는 서북릉이 있으며, 그 남쪽 오색약수터와 장 수대 일대를 남설악이라 한다.

중생대에 대규모의 화강암이 지상으로 융기하여 차별침식과 하천유수에 의한 침식작용으로 지금과 같은 기암 괴석의 아름다운 경관이 만들어졌다고 한다. 산밑에서 정상에 이르는 사이의 온도차는 약 12℃~13℃에 이르고 동 해안 산맥 때문에 지형성 강수량도 많은 편이다.

식생은 농주목, 분비나무 등 총 800여 종이 있으며, 활엽수와 상록 침엽수가 원시림을 이루고 있다. 특히 대청봉 부근에는 바람꽃, 꽃쥐손이, 등대시호, 솜다리(에델바이스)와 같은 고산식물이 있으며, 지빵나무, 눈잣나무, 노란만병초와 같은 식물의 남한계지대가 되고, 때죽나무, 사람주나무, 설설고사리 등의 북한계지대가 되고 있다.

동물은 크낙새, 산양, 사향노루, 까막딱따구리, 반달곰과 같은 희귀동물을 포함하여 500여 종이 있다.

이 밖에도 백담사 계곡의 백담천에는 냉수성 희귀어족인 열목어와 버들치가 있다. 이러한 설악산 일대는 1965년 11월에 설악산 천연보호구역(천연기념물 제171호)으로 지정되어 많은 동식물들이 보존되고 있다. 또한 1982년에는 유네스코에 의해 세계 생물권보전지역으로 설정되기도 하였다.

서쪽의 내설악은 깊은 계곡이 많고 수량이 풍부하여 설악에서도 가장 빼어난 경승지를 이룬다. 설악 제일의 절경이라고 하는 백담동 계곡을 따라 올라가면 대청봉에서 백번째 되는 못에 지었다는 명찰 **백담사**에 다다른다.

동해쪽의 외설악은 천불동 계곡을 끼고 솟은 기암절벽이 웅장하다. 외설악 입구에는 숙박시설 및 오락시설을 갖추고 있는 설악동 집단시설지구가 있다.

설악동에서 신흥사를 거쳐 계조암에 이르면 그 앞에 흔들바위가 있고 여기서 조금 더 오르면 사방이 절벽으로 된 높이 950m의 울산바위가 있다.

흔들바위는 외설악에 온 관광객이 거의 빼놓지 않고 찾아가는 바위로, 열 사람이 밀거나 한 사람이 밀거나 똑같이 흔들린다.

천불동 계곡에는 신선이 누워서 경치를 감상했다는 와선대와 신선이 하늘로 올라간 곳이란 비선대 그리고 세존봉 중간에 있는 금강굴이 있다.

금강굴은 원효가 도를 닦았다는 곳으로 높이 800m의 가파른 곳에 있다. 비선대부터는 본격적인 등산로로 귀면암, 오련폭포, 천당폭포 등을 지나 대청봉에 이르게 된다. 이밖에도 외설악에는 권금성, 봉화대, 산책로를 따라 오르는 육담폭포, 비룡폭포, 토왕성폭포 등이 있다.

설악산에 있는 대표적인 사찰로는 내설악의 백담사와 외설악의 신흥사를 들 수 있다.

백담사는 신라 진덕여왕 때 자장이 한계리에 지은 이후 작은 화재로 설악산 안의 여러 곳을 옮겨 다니다가 현재의 위치에 자리잡게 되었다. 백담사는 일제 강점기에 한용운이 칩거하며 불교유신과 민족해방을 구상했던 곳으로도 유명하다.

신흥사는 조선 인조 때 고승 운서, 연옥, 혜원 등이 진덕여왕 때 자장이 세웠다가 소실된 향성사의 자리에 창건한 절로, 향성사지 삼층석탑(보물 제443호)을 비롯하여 단청이 아름다운 신흥사 극락보전, 신흥사경판, 청동시루, 석조계단 등 많은 문화재가 있다.

이밖에 설악산에는 석가모니의 사리를 봉안한 우리나라에서 다섯밖에 안 되는 적멸보궁(寂滅寶宮)의 하나인 봉정암, 동산·지각·봉정·의상·원효와 같은 조사가 연이어 나온 계조암, 다섯살 난 신동이 성불했다는 전설 외에도 김시습이 머물렀다는 오세암, 비구니 암자인 내원암과 영시암이 있다.

설악산(雪嶽山) : 예로부터 신산(神山)·성역으로 알려진 명산

불가(佛家)에서는 이 산을 설산(雪山), 설봉산(雪峰山), 또는 설화산(雪華山)등으로 기록하고 있는데, 이는 석가가 수도하던 산이 설산이었음을 생각케 해준다. 옛 문헌에는 "중추가 되면 눈이 내리기 시작하여 여름에 이르러서야 비로소 녹음으로써 설악(雪嶽)이라 한다"고 하였고 또 "돌이 눈같이 희므로 이름을 설악이라 한다"고 되어 있기도 하다. 조선 선조 때 송강 정철은 설악산 봉정암을 찾아오르다가 산에서 소나기와 뇌성벽력으로 큰 고생을 하고 "설악이 아니라 벼락이요, 구경이 아니라 고경(苦境)이며, 봉정이 아니라 난정(難頂)이다"라고 얘기했다. 이 이야기는 설악산 등반의 어려움을 나타내 주는 흥미로운 일화로서 전해온다.

(한국의 지명유래, 땅이름으로 본 한국 향토사, 김기빈)

電 033)636-7700   所 속초시 설악산로 833
주변관광지 : 통일전망대, 낙산사

(1) 오색온천(五色溫泉, Osaek Hot Spring)

국내에서 가장 높은 곳에 위치한 온천이며 약수도 유명하다. 조선시대부터 이용해 오던 온천이었다고 하는데, 수온은 비교적 낮은 30℃ 정도이며 알칼리성의 단순천이다. 특히 유황 성분을 많이 함유하고 있어 피부병, 고혈압, 신경질환 등에 효과가 높다.

電 033)672-3635 　　　　　　　所 양양군 서면 대청봉길 58-28

(2) 속초 대포항 · 아바이마을

본래는 한적한 어촌의 포구였으나 설악산에 많은 관광객들이 찾아오면서 속초의 명소가 되었다. 난전활어시장이다. 오징어가 싸고 맛있기로 유명하다.

속초 아바이마을은 한국전쟁 당시 남하한 피난민들이 모여들면서 만들어진 마을이다. 2000년 배우 송승헌과 송혜교가 출연한 드라마 '가을동화'의 촬영지로 알려지면서 관광객들이 찾아들기 시작했다. 무동력배인 갯배와 아바이 순대, 생선구이집으로 유명하다.

所 강원도 속초시 청호로 122

(3) 통일전망대(統一展望臺, Unfication Tower)

금강산과 해금강을 육안으로 볼 수 있는 곳이다. 우리나라 최북단 관측소에 세워진 통일전망대는 군사분계선을 눈 앞에 둔 곳의 바닷가 언덕에 세워진 2층 건물이다.

거진항에서 11km 떨어진 민통선 북방 해발 70m 지점에 위치하고 있다.

電 033)682-0088 　　　　　　　所 고성군 현내면 금강산로 481

(4) 낙산사(洛山寺, Naksan Temple)

낙산사에는 해수관음상이 있다. 전북 익산의 호남 채석장에서 750톤을 반입하여 조각가 권정환씨가 1972년 5월부터 1977년 11월까지 5년 8개월간에 걸쳐 조성되었다.

실제로 불상 조성에 사용된 석재는 200톤이 넘으며 연인원으로 조각공

7,150명, 잡부 3,220명이 동원되었다. 관음상의 높이는 16m, 둘레 3.3m, 좌대 넓이 12평이다.

1,300평의 대지 위에 세워진 남향의 이 석불상은 가슴부분의 마무리 작업기에는 남측 유방부분에 석가모니 사리 3과를 보존하고, 좌측 유방부분에는 금강경과 반야심경 등 불경을 보존시키는 등 세심한 배려를 했다. 전체적인 풍모는 동해에서 불어오는 해풍에 날리는 치마자락을 휘어 감으며 근엄한 미소와 자태를 나타내고 있고, 동해 어부의 안전과 무사귀환을 인도하기 위한 상징이기도 하다.

낙산사의 의상대(義湘臺)는 의상의 좌선처로 풍경이 매우 아름답고 깎아지른 절벽 아래 동해의 푸른 바다가 넘실거리며 특히 일출의 풍경 또한 가관이라 송강의 관동8경의 하나로 손색이 없는 곳이다.

의상대에서 북쪽으로 바라보이는 곳에 보타굴과 홍련암(紅蓮庵)이 보인다. 이 암자의 전설은 의상조사가 이 곳에서 참배할 때 푸른 새를 만났는데, 새가 이 석굴 속으로 자취를 감추자 이상히 여겨 굴 앞에 있는 구농석(具農石)이라는 바다 속에 솟아난 반석에 앉아 밤낮으로 7일 동안 기도를 하였다고 한다.

7일 후 별안간 바다 위에 붉은 연꽃(紅蓮)이 떠오르고 그 가운데 관음보살이 현신하여 의상은 관음을 친견하였고 암자 이름을 홍련암이라 했다는 것이다.

電 033)671-5967　　　　　　　所 양양군 양양읍

3) 원주치악산

백두대간 오대산에서 서남향으로 분기되어 비로봉(1,288m), 매화산, 천지봉, 향로봉, 남대봉 등 1,000m 이상의 준봉으로 연결된다.

구룡계곡, 부곡계곡, 금대계곡 등 아름다운 계곡과 구룡소, 세렴폭포가 있어 봄에는 철쭉과 진달래, 여름에는 구룡사 송림, 가을에는 단풍이 장관이다.

특히 치악산에는 꿩의 보은설화가 유명한 상원사가 있고, 벌목금지의 상징인 황장금표 및 천연기념물 제93호 성남리 성황림이 유명하다.

아름다운 금대계곡에서 영원사를 보문사, 국형사, 관음사가 치악산 자락에

자리하며 생물자원은 포유류 40여 종, 조류 140여 종, 곤충류 1,800여 종, 양서파충류 20여종, 야생식물 1,000여 종이 있다.

(1) 뮤지엄산

산속에 감춰진 Museum SAN(Space Art Nature)은 노출콘크리트 건축물 대가 '안토타다오'의 설계로 시작하여 빛과 공간의 예술가 '제임스 터렐'의 작품이다.

플라워가든, 워터가든, 본관, 스톤가든, 제임스 터렐관으로 구성되어 건축과 예술이 자연품 속에 조화되어 있다.

電 033)730-9000　　　　　所 원주시 지정면 오크벨리 2길

(2) 소금산 출렁다리

길이 200m, 높이 100m로 국내산악보도교 중에서 가장 길고 규모가 크다. 소금산 암벽봉우리 스카이워크 전망대에서 섬강의 뛰어난 절경을 감상할 수 있다. 주변에 원주 레일바이크와 뮤지엄산이 있다.

電 033)730-9000　　　　　所 원주시 지정면 소금산길 12

4) 🎎 강릉 단오제(江陵端午祭, Kangnung Tano Festival) · 단오문화관

강릉 단오제는 강원도 강릉지방에 전승되는 향토신제(鄕土神祭)로 중요무형문화제 제13호이며 세계문화유산이다. 음력 5월 1일에 올려지는 영신제에서 막이 오른다. 음력 5월로 접어들어 닷새 동안 진행되는 강릉 단오제는 실제로 음력 3월 20일에 신에게 바칠 술을 빚는 데서부터 시작하여 단오 다음날인 5월 6일의 소제(小祭)까지 50여일 걸린다. 대관령 산신제인 이 신맞이 제사는 국사 여서낭당에서 올려진다.

단오제를 마감하는 5월 6일에는 큰 서낭당의 뒤뜰에서 소제가 있다. 이

▲ 강릉 단오제(강원도청 제공)

때에는 단오제를 위해 만든 모든 것을 불태우며 그동안 여서낭당에 모셨던 국사 서낭을 대관령 국사 서낭당으로 다시 모셔간다. 이 봉송이 끝나면 근 50일간의 강릉 단오제가 끝을 맺게 된다.

강릉 단오제의 예술부분에서 가장 두드러지는 대목은 단오굿과 관노 가면놀이다. 특히 관노 가면놀이는 조선시대에 이 곳 관아에서 벼슬아치들의 시중을 들며 온갖 궂은 일을 도맡아 했던 노비들의 탈놀이로, 대사가 한 마디도 없는 무언극으로서 눈길을 끈다.

이 놀이에는 양반과 소무각시(또는 소마당)와 장자마리(또는 보 쓴 놈) 둘과 시시딱딱이(또는 상좌 광대) 둘이 등장한다. 모두 네 마당으로 이루어져 있으며, 소무각시를 둘러싸고 양반과 시시딱딱이가 사랑싸움을 벌이다가 양반이 이긴다는 내용을 담고 있다.

관노 가면놀이와 함께 강릉 단오제에서 주목되는 것은 무당들에 의해 이루어지는 단오굿이다. 단오굿은 강릉 단오제의 핵심을 이루고 있는데, 특히 단오제가 본격적으로 시작되는 음력 5월 1일부터 5월 5일까지는 무당굿이 한창이다.

강릉단오문화관은 우리나라 중요무형문화재와 세계문화유산걸작 지정을 보존하기 위하여 조성되었다. 문화관은 전시동, 공연동, 전통문화교실 등으로 구성되어 연중 이용이 가능하다.

電 033)660-3940(강릉단오문화관)   所 강릉시 단오장길 1

(1) 오죽헌(烏竹軒, Ojukhun)·박물관

보물 제165호인 오죽헌은 율곡 이이가 태어난 조선 초기의 목조건물로서 주위에 오죽(烏竹 : 검은 대나무)이 무성하여 붙여진 이름이다.

1976년에 대대적인 정화작업에 들어가 율곡이 태어난 몽룡당, 신사임당의 본가 협문을 보수했고 30여 종의 관상수 1만 5천여 그루를 심는 등 성역화되었다.

박물관에는 율곡의 대표적인 저서인 격몽요결(擊蒙要訣)과 벼루, 신사임당의 서화 등이 소장되어 있다. 강릉시립박물관이 같이 있어 둘러볼 만하다.

▲ 이율곡　　　▲ 신사임당

電 033)660-3301　　　　　所 강릉시 율곡로 3139번길

(2) 참소리 축음기에디슨과학

국내 최초이며 세계 유일의 축음기박물관이다. 참소리 축음기 · 오디오박물관은 1877년 토마스 에디슨에 의해 최초 발명된 틴호일 축음기부터 오늘날까지의 오디오를 총괄, 세계 오디오 1백년사를 비교하고 소리의 1백년사를 감상할 수 있다.

1982년 강원도 강릉시 송정동 소라아파트 관리동 3층에서 시작하여 2007년 경포호 주변으로 옮겨 참소기축음기박물관과 에디슨과학박물관으로 나누어 에디슨박물관에는 전세계의 축음기 및 에디슨발명품의 1/3을 소장하고 있다.

한국의 축음기 역사는 1905년 고종황제 앞에서 우아한 음성의 판소리가 납관식 축음기에서 흘러나오면서부터 시작되었다고 한다.

젊은 명창 박춘재가 적벽가 한 대목을 부르고 난 후 그 소리가 녹음되어 흘러나오자 고종황제는 "춘재 너 명(命)이 10년은 감해졌구나" 하고 웃었다는 이야기가 있다.

이 박물관에는 세계 어느 곳에서도 구경할 수 없는 희귀 축음기들이 많은데, 이 중 1925년 미국 빅터 록킹 머신사에서 제작한 크레덴자(CREDENZE)는 미국 최후의 걸작품이다. 이탈리아 르네상스양식의 캐비닛이며 혼을 통하여 들리는 음악소리가 너무도 생생하다.

사우디아라비아 왕실에서 들여온 영국제 'EMG'는 당시 3개밖에 만들지 않은 수공품으로 흑단나무 상자로 싸여 있는 이 기계의 음색은 최고라 할 수 있다.

에디슨이 1889년에 밤잠을 설치며 만들어 낸 두번째 작품 '에디슨 클라스 엠'은 재생기능을 가진 최초의 밀랍관 축음기로 레코드가 원통형이며 스피커는 금색 청동으로 만들어져 있다.

1956년 미국 일렉트로 보이스사에서 제작한 '파트리션 스피커'는 최고의 음향재생기기로, 음악세계에서는 유일무이한 것이다. 드라이버 콤포넌트와 정교한 내부 음향조직이 특징적인 멀티크로스오버 방식을 채택하여 최대한 음을 선명하게 발산한다. 앰프의 출력은 20W만으로 충분하고 그 크기가 1m 50cm는 되어 보이는 웅장한 스피커이다.

한편, 이 박물관을 꾸민 손성목씨는 축음기 수집에 그의 인생을 바친 사람이다. 중학교 2학년 때 삼촌으로부터 축음기 한 대를 선물받은 일이 계기가 되어 60여개국을 누비며 수집가로 활동해 왔다.

전시품 중에는 축음기가 발명되기 전 1796년에 처음 만들어지기 시작한 원통형 뮤직박스, 에디슨이 최초로 만든 축음기 '틴오일', 최초의 텔레비전 등이 전시되어 있다.

電 033)655-1130   所 강릉시 저동 35-1

(3) 경포대(鏡浦臺, Kyongpodae Pavilion)·선교장

제일 관동팔경이라 불리는 경포대(鏡浦臺). 아름답기로 이름난 관동지방의 경치 중에서도 특히 빼어난 여덟 곳을 뽑아서 '관동팔경'이라 하는데, 휴전선에 가로막혀 갈 수 없는 통천의 '총석정'(叢石亭)과 고성의 **삼일포**(三日浦)를 포함하여, 간성의 **청간정**(淸澗亭), 양양의 **낙산사**(洛山寺), 강릉의 **경포대**, 삼척의 **죽서루**(竹西樓), 울진의 **망양정**(望洋亭), 평해의 **월송정**(越松亭) 등이다.

관동팔경에는 가는 곳마다 정자나 누대가 자리잡고 있어 많은 문인들이 풍류를 즐기고 그 심경을 시로 읊어냈으며, 화가는 화폭에 절경을 담아 냈다.

강릉시 저동에 있는 경포대는 정면 6칸에 측면이 5칸, 대청을 받치는 기둥이 28개나 되는 당당한 규모의 팔각지붕으로 지은 익공계 양식의 누대이다.

일찍이 강릉 사람들은 경포대에서 볼 수 있는 여덟 경치를 일러 경포팔경이라 부르며 풍광을 즐겨 왔는데, 경포대에서 보는 해돋이와 낙조, 달맞이, 고기잡이배의 야경, 노송에 들어앉은 강문동, 그리고 초당마을에서 피워 올리는 저녁 연기 등이 경포팔경에 속한다.

'거울처럼 맑다'고 해서 이름이 붙은 경포호(鏡浦湖)에는 네 개의 달이 뜬다는 풍류가 있다. 하늘에 뜬 달이 하나요, 바다에 비친 달이 하나요, 호수에 비친 달이 하나며, 술잔에 비친 달이 하나라 해서 네 개의 달이 뜬다는 것이다. 그런데 여기에 낭만적인 이들은 한 가지를 덧붙여 다섯 개의 달을 이야기한다. 하늘, 바다, 호수, 술잔에 비친 달 외에 사랑하는 이의 눈동자에 비친 달까지 다섯 개의 달을 이야기한다.

이렇게 사람의 마음을 움직이는 경포호는 사람에게 유익함을 준다 하여 군자호(君子湖)라고도 불렸다 한다.

'경포대에 놀러와서 경포 잉어회와 초당두부를 못 먹고 돌아가는 사람은 멋은 알지 몰라도 맛은 모르는 사람'이라고 한다. 또한 찌개거리로 애용되는 일명 '때복이'라는 민물 조개도 유명한데, 다음과 같은 재미있는 전설이 있다.

경포호 자리에 최부자라는 자린고비가 살았는데, 시주를 청한 스님에게 똥을 퍼주어 내쫓았다고 한다. 그러자 갑자기 물이 솟아올라 마을은 호수로 변하고 최부잣집 곳간에 쌓여 있던 곡식들은 모두 조개로 변했다는 것이다.

경포호 주변에서 눈여겨볼 것은 누정뿐만이 아니다. 강릉은 태백산맥을 경계로 중앙과 격리된 지방행정중심지로서 경제 및 문화적 독립성이 비교적 두드러졌다.

그 대표적인 예가 조선 후기 양반주택인 '선교장(중요민속문화재 제5호)'이며, 오죽헌과 경포호 사이에 있다. 양반주택의 법식에 구애받지 않고 자유로움을 중시하며 사랑채와 안채, 별당, 행랑 등을 유기적으로 지었는데, 노비들이 살았던 초가도 함께 남아 있어 엄격했던 계급사회의 면모를 엿볼 수 있다. 선교장에 달린 별당, 경포호 안이 가장 아름답게 보인다는 '해운정', 그리고 선교장 앞뜰 연못의 '활래정' 구경도 빼놓을 수 없다.

電 033)646-3270(선교장)　　　　　所 강릉시 운정길 63

(4) 정동진

광주 민주항쟁을 묘사한 '모래시계'라는 TV드라마 촬영 이후 연간 약 180만명의 관광객이 찾아오며 가장 큰 모래시계가 있다. 우리나라에서 서울 광화문 기준으로 가장 동쪽에 위치한 지명에서 정동진(正東津)이 유래되었다고 한다. 매년 1월 1일 해돋이 행사에 많은 사람들이 이곳을 찾고 있다.

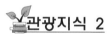
관광지식 2

일출일몰 시 하늘이 붉은 이유?

　태양광선은 빨강, 주홍, 노랑, 파랑, 자주 등 여러 색으로 나누어지는 스펙트럼을 이루고 있다. 일출과 일몰시는 공기중의 여러 가지 불순물이 태양광선을 대부분 산란시키는데 주로 붉은색 파장의 빛만 지표에 도달하기 때문에 붉은색이 크게 나타난다.

(5) 강릉커피거리

안목해변 강릉항 거리에는 한 집 건너 한 집 꼴로 커피전문점들이 들어서 있다. 해변을 따라 늘어선 커피전문점만 30여 곳에 달한다. 이름난 커피숍들이 거의 모여 있으며 콩을 직접 볶는 로스팅 커피, 뜨거운 물을 내려서 만든 드립커피, 작은 기구에 커피를 채우고 열을 가해 뽑아 내리는 모카포트식, 직접 알코올 램프에 가열해 추출하는 사이폰식 커피 등 커피의 모든 것을 즐길 수 있는 곳이다. 이곳 강릉항에서 강릉과 울릉도를 오고가는 여객선이 운행된다.

電 033)640-5420(강릉시청)　　　所 강원도 강릉시 견소동 일대

5) 오대산(五臺山, Odae Mountain)국립공원

월정사, 상원사, 소금강으로 유명하다. 최고봉인 비로봉(1,563m)을 비롯하여 호령봉, 상왕봉, 동대산, 두로봉 등의 산봉우리로 이루어진 오대산(五臺山)은 1975년 국립공원으로 지정되었다.

월정사에서 상원사, 적멸보궁을 잇는 10km는 수많은 계곡과 전나무 등의 큰 나무들이 수두룩하며, 잡목이 우거져 가히 선경(仙境)이라고 할 만하다.

또한 청학동 소금강의 빼어난 계곡미도 절경을 이룬다.

최근 상원사와 월정사를 잇는 선재길 트레킹코스가 유명하다.

電 033)332-6417　　　　　　所 강원도 평창군 진부면

(1) 상원사(上院寺, Sangwon Temple)

우리나라에서 가장 오래된 상원사동종(국보 제36호)으로 유명한데, 이 종은 신라 성덕왕 24년에 만든 것이다. 상원사(上院寺)는 월정사와 함께 신라 성덕왕 때 자장율사가 창건했으며 조선시대에 들어와 이태조와 세조가 신행하여 문수동자상을 만들어준 유명한 절이다. 세조가 입었던 용포어의도 보존되어 있다.

문수동자상(文殊童子像, 국보 제221호)은 상원사와 밀접한 연관을 맺고 있으며, 이 상은 바로 오대산에 문수보살이 머물었음을 증명하는 역사적 산물이다.

따라서 상원사 화재시에도 불도들이 이 동자상을 불길로부터 구원하는데 사력을 다했다는 유명한 일화가 있다. 이 동자상은 세조대왕이 직접 친견했다는 오대산 문수동자의 상을 조각한 목조불상이다. 즉 세조는 처음 왕위에 등극한 후 말못할 병에 걸려 이를 고치기 위하여 명산대찰에서 기도했다고 한다. 마침내 월정사에서 완쾌했다고 하는데, 그 때의 영험을 기리기 위해

조성된 것이다. 이 동자상은 상원사의 가장 중요한 예불상이다.

電 033)332-6666
所 강원도 평창군 진부면 오대산로 1211-14

(2) 월정사(月精寺, Wolchong Temple)

▲ 월정사 8각9층석탑

월정사의 전나무숲길 1km는 절로 가는 길 중 가장 아름다운 절 길중 한 곳이다. 월정사는 상원사와 함께 신라때 자장율사가 창건했다고 하는데, **8각9층석탑**(국보 제48호) 및 조선시대 왕조실록을 보관하던 사고(史庫)로서도 유명하다. 월정사의 적광전 바로 앞에 서 있는 8각9층석탑은 주변의 경관과 아름다운 조화를 이루고 있을 뿐만 아니라 현재 우리나라에 보존된 가장 완벽한 형태의 석탑으로 평가되고 있다.

이 석탑의 특이한 점은 탑신과 옥개가 모두 다른 돌로 구성되어 있으며, 풍경을 달아 매우 장엄하고 화려한 분위기를 자아내고 있다. 특히 이 탑은 고려시대의 대표적인 다각다층(多角多層)탑으로 석탑의 상륜부는 노반, 복발, 앙화까지만 석제이고 그 이상은 모두 금동제로 장식되어 있다.

1970년도 해체수리시 은제도금여래입상(銀製鍍金如來立像)과 담홍색 사리 14과, 동함 1개, 청동거울 4개, 수정사리병 1개 등이 발견되어 고려시대에 건립되었을 것으로 추측된다.

이 석탑의 남쪽에는 석조보살좌상(보물 제139호)이 왼쪽 무릎을 세우고 두 손은 가슴 앞에서 무엇을 잡는 형태를 나타내고 있다.

電 033)339-6800   所 강원도 평창군 진부면 오대산로 374-8

(3) 오대산 선재길 트래킹

상원사 입구에서 월정사 일주문까지 10km 구간이다. 상원사 탐방지원센터에서 300m 가면 오대산 선재길 출발지점이 보인다. 오대산 트래킹코스 중 가장 쉬운 길이다. 선재는 ≪화엄경≫에 나오는 젊은 구도자의 길이라는 뜻이다. 원래 이 길은 스님과 불자들이 상원사와 월정사를 왕래하던 길이다. 중간지점에 동피골이 있고 곳곳에 섶다리, 화전민터, 옛 산림철도 표지판을 볼 수 있다. 일명 오대산 둘레길이라고 칭한다. 오대산을 오롯하게 즐기고 힐링할 수 있다.

(4) 소금강(小金剛, Sogum River)

소금강에는 금강산을 방불케 하는 장엄한 경관뿐만 아니라 주변에 많은 고적들이 분포되어 있다. 산수의 경치가 금강산을 축소하는 듯하여 소금강이라 부르게 된 이 산은 오대산의 맥박이 동쪽으로 흘러 이룩된 산으로 계곡의 물은 흘러 동해로 들어간다.

이 곳은 옛날 중국의 무릉도원과 같다고 하여 '무릉계'란 이름이 붙여졌다 한다. 무릉계는 소금강의 대표적인 경승지로 이 곳에 오는 관광객의 관문역할을 하고 있다.

옛날 천여명의 군사가 앉아서 점심을 먹었다는 식당암이 있으며, 금강산에서 800m 거리에 은선계곡, 사팔당계곡, 만물상계곡, 구룡폭포 등이 연이어져 있다. 만물상은 구룡편에서 1.5km 떨어져 있으며 소금강 중 기암괴석이 중첩되어 있는 곳이다.

거인사의 귀면암을 비롯해서 촛대모양의 촛대석, 거문고를 타는 모양의 탄금대, 선봉 한가운데 구멍이 뚫어져 있어서 야간에는 달같이 보이고 낮에는 해같이 보인다고 하여 일월봉 등 천태만상의 형을 지니고 있는 곳이 소금강이다.

이 밖에도 신라의 마지막 태자가 망국의 한을 풀기 위해 재기를 꿈꾸었던 망국대와 신라 말 경애왕 때 창건한 진보사 등이 있다.

電 033)661-4161   所 강릉시 연곡면 삼산리

(5) 인제 원대리 자작나무숲

수령이 30~40년 되는 자작나무 약 70만 그루가 자란다. 숲에 들어서면 상큼한 자작나무향이 코를 향긋하게 하고 가슴을 시원하게 해준다. 3개의 탐방로가 있으며 탐방로 전체 길이는 3.5km에 달한다. 바람이 불 때마다 나뭇잎이 서로 부딪히면서 나는 소리가 마치 나무들이 허공중에 무언가를 속삭이는 것처럼 들려 '속삭이는 자작나무숲'으로도 불린다. 2015년도 한국 관광공사 선정 100대 명소 중 한 곳이다.

電 033)461-2122   所 강원도 인제군 인제읍 원대로 일대

(6) 정선 삼탄아트마인

석유와 가스가 주요 연료로 사용되기 이전 1980년대까지는 석탄이 가장 큰 연료였다.

1964년부터 38년간 운영해온 삼척탄좌 정암광업소가 2001년 폐광하면서 만들어졌다. 탄광과 그 안에서 석탄을 실어 나르던 기차 레일, 탄광 안으로 공기를 공급해주던 공기압축기실 등을 그대로 전시하고 있다. 150여 개국에서 수집한 10만 여점이 넘는 예술품을 감상하는 것도 흥미롭다.

電 033)591-3001
所 강원도 정선군 고한읍 고한리 함백산로 1445-44

5. 레포츠

1) 스 키

(1) 용평리조트

우리나라 최초의 스키장으로 1975년에 개장되었다. 용평리조트는 평창군 지역에 약 30만평 규모의 스키장, 골프장, 숙박시설, 기타 스포츠·레저시설

을 갖춘 4계절용 레저타운으로 해발 1,458m의 발왕산 기슭에 자리잡고 있다.

〈그림 12〉 용평리조트 위치도

아시아에서 두번째로 국제스키연맹(FIS)으로부터 국제수준의 스키장으로 공인받은 용평스키장은 3천여 개의 스키와 부대장비 대여시스템은 물론 골드, 실버, 레드, 그린, 핑크, 옐로우코스 등 슬로프 18면을 갖추고 있으며, 이들 코스 가운데 레드, 뉴레드, 핑크, 옐로우, 그린 코스 전역에는 야간 조명시설이 갖추어져 있어 야간 스키의 낭만을 느낄 수 있다.

2018년 개최되는 평창올림픽 주경기장과 알펜시아 리조트가 부근에 있다.

용평리조트 주변에는 설악산, 경포대, 오대산, 소금강계곡, 월정사, 오죽헌 등 강원도의 관동8경이 모두 1시간 이내의 거리에 있다.

電 1588-0009, 033)335-5757   所 평창군 대관령면 올림픽로 715

(2) 강원랜드

1980년대 말 탄광산업 몰락으로 1995년 "폐광지역개발특별지원법"을 만들어 10년 기한으로 내국인 카지노라는 특혜를 받아 정부가 세운 카지노복합리조트이다. 강원랜드는 유일하게 한국인이 국내에서 합법적인 카지노 도박을 할 수 있는 곳이다. 그러나 도박중독증 등 폐해가 커서 지금은 종합리조트로 변화해 가고 있다.

電 1588-7789   所 정선군 사북읍 하원길 265

(3) 평창알펜시아

대관령의 해발 700m에 위치한 알펜시아는 2018년 평창동계올림픽 유치와 휴양, 레저, 스포츠, 비즈니스 등을 위한 복합리조트로 운영된다.

다양한 골드코스, 물놀이 시설, 스키장이 운영되고 스키점핑타워, 크로스컨트리, 바이애슬론 경기장을 갖추고 있다.

電 033)339-0000   所 평창군 대관령면 솔봉로 325

2) 급류타기

(1) 한탄강 계곡

강원도 철원군 갈말읍을 통과하고 있다. 현재 국내에서 가장 유명한 급류타기 코스이며, 용암이 흘러 생긴 곳으로 지표면보다 낮은 협곡이다. 거대한 암반과 가파른 벼랑, 푸른 물의 급류가 어우러져 한국의 그랜드캐년이라고 불린다. 급류 주행거리는 약 13km 정도이다.

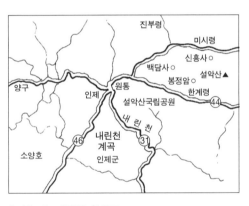

〈그림 13〉 내린천 위치도

(2) 내린천 계곡

북한강 상류에 위치하고 있으며, 수량이 풍부하고 깨끗하다. 코스 난이도도 높고 거의 멈춤이 없는 급경사 코스이다. 급류 주행거리는 70km 정도이다. 기암괴석, 은빛 백사장이 계곡의 맑은 물과 신비로운 조화를 이룬다.

◉ 특별한 여행

• 고향의 강 동강

사람들은 동강(東江)을 일러 비경이라고 말한다. 동강은 남한강 수계에 속한다. 강원도 정선·평창 일대의 깊은 산골에서 흘러내리는 물줄기들―오대천, 골지천, 임계천, 송천―등이 모여 정선 읍내에 이르면 조양강(朝陽江)이라 부르고 이 조양강에 동남천 물줄기가 합해지는 정선읍 남쪽 가수리 수미마을에서부터 영월에 이르기까지의 51km 구간을 동강이라고 따로 이름붙였다.

동강 탐승은 차를 타고 혹은 고무보트로 할 수도 있고 강변을 따르는 트레킹도 가능하다.

동강에서 핵심적 경관지는 동강 중류부의 운치리에서부터 어라연 지나 거운리까지의 37km구간이다. 이 구간은 고무보트를 타고 흘러내려 가는 래프팅 방식이 적당하다.

래프팅 뿐 아니라 강가를 따라 걷는 트레킹도 멋진 탐승법이다.

• 함몰해가는 분지(盆地)의 산촌 발구덕마을

발구덕마을은 강원도 정선군 남면 무릉리 민둥산 기슭에 있다. 마을에 커다란 구덩이가 여덟 개 있다고 하여 그런 이름이 붙게 되었다고 한다. 이들 구덩이는 지질학적으로 돌리네에 해당하며, 발구덕마을은 이들 돌리네가 밀집한 카르스트 지형의 전형을 보이고 있다고 한다. 돌리네(Doline)란 석회암 토지의 표면에서 볼 수 있는 사발 모양의 움푹 팬 땅을 말한다.

발구덕마을이 기댄 민둥산은 거대한 봉분처럼 민둥민둥한 산봉 전체가 억새로 뒤덮인 억새산으로서 가을이면 제법 등산객들이 몰린다. 과거 발구덕마을의 가옥들은 모두 이 민둥산 억새로 지붕을 한 초가집들이었다.

• 홍천비발디파크

강원도 홍천군 서면에 조성된 4계절 내내 즐거운 복합리조트이다. 스키장, 실내물놀이시설, 대규모실내위락시설, 숙박시설, 어린이를 위한 키즈시설, 성인용 실내 레이싱체험공간(K1 Speed), 눈썰매장, 노천스파 등 남녀노소 4계절을 즐길 위락시설을 갖추고 있다. 베이커리카페, 웰빙요리를 즐길 쉐누부페 등 식도락도 즐길 수 있다.

電 1588-4888　　　　　所 강원도 홍천군 서면 한치골길 262

충북 05

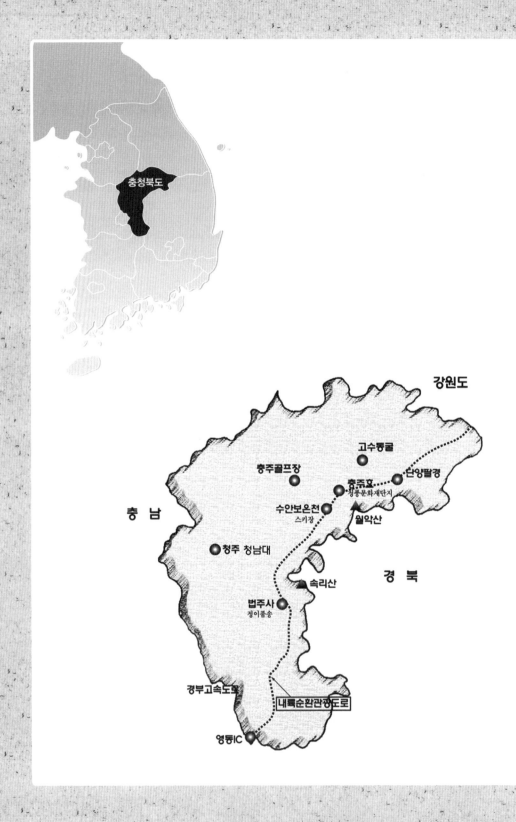

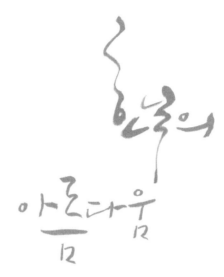

한국의
아름다움
12

축제 · 행사

　　충청북도는 소백산철쭉제(5월)을 비롯하여 40여개의 축제가 매년 개최된다. 괴산고추축제(8월), 소백산철쭉제(5월), 단양마늘축제(7월), 단양온달문화축제(10월), 난계국악축제(10월), 생거진천화랑제(10월), 충주직지축제(9월), 청주국제공예비엔날레(10월), 충주세계무술축제(가을), 우륵문화제(10월), 의림지민속제전(1월), 음성품바축제(5월), 충주호수축제(7월), 보은대추축제(10월), 와인축제(10월), 청원생명축제(10월) 등이다.

▲ 충북괴산 음성품바축제(충청북도청 제공)

▲ 충북괴산 고추축제(괴산군청 제공)

1. 지역 개관

대표적인 관광지로는 단양8경, 보은 법주사, 괴산 산막이 옛길, 충주호 ,청주 청남대 등이다.

• 지리적 환경

충청북도는 태백 · 소백 · 차령 · 노령산맥에 의해 둘러싸여 하나의 지리구를 형성하는데, 지형적 특성을 보면, 첫째 **동고서저**(東高西低)와 **북고남저**(北高南低)의 지형을 나타내고 있다. 즉 동쪽에는 높은 태백산맥이, 북쪽에는 차령산맥이 위치하며 남서쪽으로는 금강의 침식에 의한 저산성 · 구릉성 산지가 분포하고 있다. 둘째, 분지성 지형을 나타내고 있다. 도는 한강과 금강의 유역에 분포하고 있어 이들 하천에 의한 침식분지가 발달해 있다. **청주분지**, **충주분지**, **괴산분지**가 그 예이다. 셋째, 카르스트지형을 나타내고 있다. 카르스트지형은 도 북부지방인 제천과 단양지역의 **석회암지대**에 발달해 있다. 주요 산은 소백산맥에 **소백산**(1,439m) · **두솔봉**(1,314m) · **월악산**(1,093m) · **조령산**(1,017m) · **속리산**(1,058m) · 등이 분포하며, 죽령(689m) · 이화령(548m) · 추풍령(221m) 등의 고개가 있다.

• 역사적 배경

충청북도는 삼한시대에 마한에 속했던 이 지역은 삼국시대에 이르러 삼국간의 쟁탈전이 치열했던 곳이다. 초기에는 고구려지역이었는데 668년에 고구려가 나당연합군에게 망해 신라의 땅이 되었으며, 고려시대에 들어와 995년(성종 14)에 전국을 10도로 구분할 때 중원도(中原道 : 충주 · 청주)로 되었고, 1356년(공민왕 5)에 처음으로 충청도가 되었다. 조선시대에는 1395년(태조 4)에 충주에 관찰사를 두어 도를 관할하게 했으며, 1598년(선조 31)에 감영을 충주에서 공주로 옮겼다. 충청도의 명칭은 충공도(忠公道) · 공청도(公淸道) · 공홍도(公洪道) · 충홍도(忠洪道) · 공충도(公忠道) 등으로 자주 바뀌었다. 이는 주 · 목의 소속 고을에서 역모나 중한 윤리를 범한 변이 일어나면 충주 · 청주 · 공주 · 홍주 중 그 고을에 해당하는 머리글자를 빼고 다른 주 · 목의 머리글자를 넣어 명칭을 고쳤기 때문이다. 한때는 행정상의 편의에 따라 충청좌도(忠淸左道) · 충청우도로 나누고 관찰사는 한 사람을 두었다.1896년

에 8도를 13도로 나눌 때 충청좌도를 충청북도로, 충청우도를 충청남도로
해 완전히 구분하였다.

예로부터 충청북도는 산자수명(山紫水明)하고 인심이 순박해 인물이 많이
배출되었고, 민속예술의 요람이 되었다. 그리고 신라·백제·고구려의 접경지
역으로서 복합문화권에 속한다. 그 가운데서도 뛰어난 문화유산으로 한국
고전음악의 3대 악성으로 불리는 난계(蘭溪) 박연(朴堧)의 고향이 영동이고,
우륵(于勒)이 충주에 거주하였다. 충주시의 우륵문화제·제천시의 제천의병
제, 옥천군의 의병장 조헌(趙憲)을 기리는 중봉(重峰) 충렬제, 영동군의 난계
예술제, 단양군의 소백산철쭉제·온달산성문화축제 등의 행사가 개최되고
있다.

문화재는 법주사의 쌍사자석등·팔상전·석연지를 포함해, 사적 및 기념
물, 천연기념물, 중요무형문화재, 도지정문화재 등 150여점이 있다.

충주의 탄금대는 신라 우륵이 가야금을 탄대서 유래하며 우륵 문화제가
열리고, 청주 의림지는 우륵이 주도해서 만든 저수지로 유명하다.

• 관광자원

충청북도의 관광은 순수 내륙형 관광이며 국토의 중심부에 위치한 입지적
이점과 고속도로 등에 의한 접근성이 높아 내국인 관광객이 많이 찾는다.
자연적 관광자원이 풍부하다. 충청북도는 월악산·속리산·소백산국립공원으
로 경북과 경계를 이루고, 한강과 금강이 북부와 중남부 지방을 흘러 생긴
충주호·대청호와 단양팔경·화양동구곡(九谷)을 품고 있다. 수질이 좋은 라
듐(Radium) 성분의 수안보온천, 석회동굴인 고수동굴 등도 좋은 관광자원이
다. 단양8경은 도담3봉, 옥순봉, 구담봉, 석문, 상선암, 중선암, 하선암, 사인
암이고 이 중 도담삼봉이 제1경이다. 양산팔경을 포함한 지정 관광지와 유
원지, 골프장·스키장·관광농원 등이 다수 분포하고 있다.

대표적인 명소 법주사는 진표율사가 입산하고 우리나라 유일의 목탑 팔상
전을 가지고 있다. 또한 법주사의 대웅전은 구례화엄사 각황전, 영주 부석사
무량사과 함께 3대 불전이다. 청주 문의면의 청남대도 연중 관람객이 찾아오
는 청와대의 옛 별장이다. 충북관광권은 우리나라 중부관광권에 속하는데 그
특성은 산악·내륙·내수면형으로 청주·속리산권과 충주권으로 나누어진다.

2. 특산물

• 음성 · 괴산 고추

예부터 건고추 생산지로 유명한데, 이 곳의 고추는 매운맛과 향기가 강하고 색깔이 아주 곱고 선명하며 껍질이 두꺼워 가루가 많이 나와 전국적인 명산지로 꼽히고 있다.

• 괴산 인삼

괴산인삼은 약효가 신비하다고 하여 날로 수요가 늘어가고 있으며, 몰탈과 인삼액이 암세포를 억제하고 고유성분으로 자양강장과 알코올 해독에 특효가 있다고 한다.

• 보은 대추

예로부터 임금님께 진상하던 품목으로 약리작용이 있어 한방에서 귀하게 여기고 있으며 건위, 강장, 보혈 등 해독작용에 효능이 있다고 한다.

• 영동 곶감

농약을 사용하지 않은 무공해 과실인 감을 껍질을 벗기고 햇볕에 건조하여 생산하는 것으로 주로 선물용으로 포장하여 판매하고 있어 인기를 얻고 있다.

• 진천 마늘

석회질이 풍부한 밭에서 재배되어 단단하며 저장성이 강하고 예부터 강장, 강정, 살균 등의 약효와 혈액순환을 원활히 하는 등 심신의 피로를 덜어준다고 하였다. 특히 육쪽 마늘재배로 알이 굵으며 저장성이 높아 동절기에 보관이 용이하다.

3. 별미음식

충청도 음식은 사치스럽지 않고 양념도 많이 쓰지 않는다. 국물을 내는 데는 고기보다는 닭 또는 굴, 조개같은 것을 많이 쓰며 양념으로는 된장을 즐겨 쓴다. 경상도 음식처럼 매운 맛도 없고, 전라도 음식처럼 감칠맛도 없으며, 서울 음식처럼 눈으로 보는 재미도 없으나, 담백하고 구수하며 소박함을 특색으로 꼽을 수 있다.

또한 충청도 사람들의 인심을 반영하듯 음식의 양이 많은 편이다.

농업이 성한 충청도에서는 쌀, 보리같은 곡식과 무, 배추, 고구마같은 채소가 많이 생산된다. 또 해안지방은 해산물이 풍부하며 내륙 산간지방에서는 좋은 산채와 버섯들이 많이 난다.

삼국시대 백제에서는 쌀, 고구려에서는 조, 신라에서는 보리가 주곡이었을 것으로 추론해 볼 때, 충청도는 옛 백제의 땅이니만큼 이 지방은 오래 전부터 쌀이 많이 생산되고 그와 함께 보리밥도 즐겨 먹는 편이다.

또 죽, 국수, 수제비, 범벅같은 음식이 흔하며, 늙은 호박의 사용을 좋아해 호박죽이나 꿀단지, 범벅을 만들어 먹기도 하고 떡에도 많이 쓰이고 있다. 굴이나 조갯살로 국물을 내어 떡국이나 칼국수를 끓이며 겨울에는 청국장을 즐겨 먹는다.

1) 전통음식

• 주식류

콩나물밥, 보리밥, 찰밥, 칼국수, 날떡국, 호박범벅, 녹두죽, 팥죽, 보리죽, 공주 장국밥 등

• 부식류

굴냉국, 넙치아욱국, 청포묵국, 시래기국, 호박찌개, 응어회, 청국장 찌개, 장떡, 말린 묵볶음, 호박 고지적, 오이지, 상어찜, 호도장아찌, 새뱅이 지짐이, 조개젓, 홍어어시욱, 다슬기국, 찌엄장, 열무짠지, 무지짐이, 가죽나물, 감자반, 게장, 소라젓, 고추젓, 굴비구이, 가지김치, 박김치, 충주 내장탕, 애호박나물, 참죽나물, 어리굴젓 등

• 병과류

쇠머리떡, 꽃산병, 햇보리떡, 약편, 곤떡, 도토리떡, 무릇곰, 모과구이, 무엿, 수삼정과 등

• **음료류**

찹쌀미수, 복숭아화채, 호박꿀단지 등

2) 현대음식

• **도토리 냉면**

도토리는 열량이 적어 비만과 중금속 해독에 좋고 내장을 튼튼히 하는 효과가 있으며 항암작용을 한다. 얼큰하면서도 톡쏘는 맛이 다른 냉면과 다르다.

• **밤 묵**

밤가루만을 이용하여 물, 소금과 함께 빚어낸 음식으로 갖은 양념과 육수를 부워 먹는 맛 좋고 영양이 풍부한 건강음식이다. 땀을 많이 흘리는 사람, 정신허약, 만성기관지염, 신장이 허약한 사람에게 좋다.

• **속리산 한정식**

속리산 일원에서 채취한 표고, 싸리버섯, 다래순, 더덕, 인삼 등 40여가지 각종 반찬을 곁들인 음식으로 독특한 향과 담백한 맛이 있어 속리산의 별미이다.

4. 주요 관광지

1) 내륙순환관광도로(영동IC – 단양간 273km)

충청북도의 관광명소를 한 눈에 돌아볼 수 있는 내륙코스이다.

경부고속도로의 영동 IC에서 출발하여 단양에 이르는 근간 도로에는 속리산의 법주사, 월악산의 수안보 온천, 충주호와 청풍문화재, 소백산 근처의 단양8경과 고수동굴이 있다.

특히 단양8경의 도담3봉은 3개의 봉우리가 강물 위에 그림처럼 드리워져 있으며 퇴계 이황을 비롯하여 난산 김삿갓, 단원 김홍도 등이 천하 명산으로 감탄하였다.

구담봉, 옥순봉은 충주호 유람의 백미라고 할 수 있다.

※ 내륙순환도로 코스

경부고속도로 영동IC → 19번국도 → 37번국도 속리산 → 정이품송 → 법주사 → 화양구곡 → 선유구곡 → 36번국도 충주호 → 월악산 → 단양 → 온달산성 → 구인사로 연결된다.

2) 속리산 법주사
(俗離山 法住寺, Songnisan Mountain Popchusa Temple)

▲ 법주사팔상전(문화재청 제공)

사적 및 명승 제4호이며 세계 최대의 청동미륵대불(본체 25m)과 **팔상전 5층목탑**(국보 제55호)으로 유명하다. 그리고 **쌍사자석등**(국보 제5호), **석연지**(국보 제64호)와 보물로 지정된 사천왕석등(보물 제15호), 마애여래기상(埼像)이 있고 주변경관이 뛰어나 사적 및 명승 제4호로 지정되었다. 법주사는 오리숲으로 유명하다. 수정교에 이르기까지 아름드리 큰 느티나무와 소나무가 울창한 부지에 넓은 평지가 있다.

그리고 속리산은 칡넝쿨, 할미꽃, 모기가 없는 3無의 신성한 산이라고 한다.

법주사의 상징처럼 되어 있는 높이 80여 척의 미륵불상은 팔상전과 함께 대표적인 유물이 되고 있다. 법(法)이 머문다(住)고 하여 법주(法住)라 이름지어진 이 사찰은 보면 미륵님이 머문다고 해서 붙여진 명칭이기도 하다.

영원한 장래에 태어나실 부처님 미륵불, 인간의 수명이 84,000세로 연장되고 행복과 풍요로움과 평화가 가득 찬 세상에 나타나실 미래의 부처 미륵, 이 절에 모셔진 미륵불상은 이 곳이 그러한 이상세계가 실현될 중심지임을 말하고 있다.

신라 진흥왕 14년 의신조사가 인도에 가서 불법을 구하여 흰 나귀에 불경을 싣고 와서 머물고 절을 세웠기 때문에 법주(法住)라는 절 이름이 생겼다고 한다.

　법주사 경내에 있는 **팔상전**(국보 제55호)은 국내에 하나밖에 없는 5층목탑
이다. 거대한 탑파건물은 4면석 계단의 낮은 정석(整石)기단상에 있어 크기
에 비해 안정감을 준다. 초층에 크기는 일변길이가 11m, 상륜을 포함한 지상
총높이가 65m로서 경주 황룡사지 대탑에는 미치지 못하나 현존하는 국내
탑파 중 제일에 속한다.

　이 팔상전의 내부에는 중간 네 개의 높은 기둥을 중심으로 하여 석가여래
일생을 8폭의 그림으로 나타낸 8상의 그림이 봉안되어 있다. 즉 내부 기둥
사이 4면에 각면 공히 2폭의 그림이 있어 도합 8폭이 배치되어 있어 이름을
팔상전(捌相殿)이라 명명한 듯하다.

　팔상전 왼쪽에 서 있는 청동미륵대불상은 8m 기단 위에 25m(108척) 높이
이며 160톤의 청동이 소요되었다.

電 043)543-3615　　　　　　　所 보은군 속리사면 법주사로 405

지명이야기

속리산(俗離山) : 속세를 떠나는 이들이 줄을 잇다.

　속리산에 있는 법주사(法住寺)는 신라 진흥왕 14년(553)에 세워진 유서깊은 고찰로
서 다음과 같은 내력이 전해지고 있다. 법주사가 창건된 지 233년이 지난 신라 선덕왕
5년(784)에 진표율사(眞表律師)가 김제 금산사로부터 이 곳에 오게 되었다. 율사가 이
곳에 오는 도중 들에서 밭을 갈던 소들이 모두 무릎을 꿇고 율사를 맞이하는 것을 보고
사람들이 "짐승까지 저러한데 하물며 사람에 있어서랴. 참으로 존엄한 분일 것이다"하
고 머리를 깎고 율사를 따라 입산수도하는 이가 많아졌다. 그래서 이 때부터 '속세를 떠
난다'는 뜻으로 이곳을 속리산이라고 부르게 되었다고 한다.
　그 후 의신조사(義信祖師)가 천축(인도)으로부터 흰 나귀의 등에 불경을 싣고 이 곳에 이르
러 절을 세우고 율법의 진리를 폈으므로 '법이 머무르는 곳'이라 하여 '법주사(法住寺)'라고 하
였으며, 또 진표율사가 제자에게 불법을 전수하면서 속리산에 들어가 길상초(吉祥草)가 난 곳에
절을 세우게 하였으므로 길상사(吉祥寺)라 하였다고 한다.
　참으로 속리(俗離)에 법주(法住)하는 곳이니 절과 산 이름이 좋은 짝을 이루고 있다. 속리

산은 또 예로부터 3무(三無), 즉 칡·할미꽃·모기가 없는 산으로 알려져 있는데, 속세를 떠났으니 모기는 없다고 하더라도 칡과 할미꽃이 없는 연유는 알지 못하겠다.

(한국의 지명유래, 땅이름으로 본 한국향토사, 김기빈)

(1) 정이품송(正二品松, Chong-ip'um pine tree)

정이품송(正二品松)의 유래는 1464년 세조가 법주사로 행차할 때 왕이 탄 가마인 연(輦)이 소나무에 걸릴까 염려하여 '연(輦) 걸린다'고 말씀하시자 소나무가 번쩍 들려 무사히 통과했다는 사연으로 '연(輦)걸이 나무'라고도 하며, 또 세조가 이 앞을 지나가다가 비를 피했

〈그림 14〉 정이품송 위치도

다는 전설도 있다. 이러한 까닭으로 세조는 이 나무에게 정이품의 벼슬을 내렸다고 한다.

이 소나무는 약 600여년 된 것으로 1962년 12월 3일 천연기념물로 지정되었다.

所 보은군 속리산면 상판리 17-3

(2) 수안보온천(水安堡 溫泉, Suanbo Hot Spring)

국내 유일의 단순 유황라듐온천 숙박지이다.

온천의 유래는 250여년 전에 자연용출된 것이 발견된 것으로 전해져오고 있다. 구전되어 오는 이야기에 의하면, 피부병을 앓던 한 걸인이 추위를 피해 짚더미 속으로 들어가 기거하였는데, 짚더미 속이 따뜻하여 주변을 살펴보니 부근에서 소량의 따뜻한 물이 솟아나는 것을 발견하였다. 그 물을 마시고 몸을 씻으니 신기하게도 피부병이 사라졌는데, 이 소문을 들은 피부병 환자들이 몰려와 그 물로 병을 고쳤다는 것이다.

수안보온천의 수질은 유황 라듐성 단순천으로 무색·무취이며 매우 매끄러운 것이 특징이고 식수로도 이용할 수 있다. 신경통, 피부병, 류머티즘 질환, 부인병, 위장병 등에 좋은 것으로 알려져 있으며, 불소함유량이 많아 이 온천수로 양치질을 하면 충치를 예방할 수 있다고 한다.

수안보온천 인근의 관광지로는 10분 거리에 있는 월악산국립공원과 **충주호, 오로라밸리 스키장, 문경새재, 단양8경, 청풍문화재단지** 등 유명관광지가 산재해 있다.

所 충주시 수안보면

(3) 괴산 산막이옛길

괴산호 주변 칠성면 외사리 사오랑마을에서 산골마을인 산막이 마을까지 약 4km의 길이 이어진다. 나무 데크길을 따라 고인돌 쉼터, 연리지, 호수전 망대, 물레방아 등 다양한 볼거리가 있다.

電 043)830-3452 所 충북 괴산군 칠성면 사은리 546-1

3) 단양8경(丹陽八景, Tanyang Palgyung)

단양군을 중심으로 주위 12km 내외에 산재하고 있는 명승지이다.

제1선경 하선암(下仙岩)은 소백산맥을 중심으로 흐르는 남한강 상류에 위치하는 단양 남쪽 4km 지점인 단성면 대잠리에 있으며, 심산유곡의 첫 경승지로서 불암이라 부르던 3층의 넓은 바위를 조선 성종 때 임제광이 선암이라 부른 뒤부터 하선암이라 개칭하였으

〈그림 15〉 단양팔경 위치도

며, 봄에는 철쭉꽃, 가을에는 단풍으로 온 산을 물들이며 절경을 이룬다.

▲ 단양8경 사인암

제2경 **중선암**(中仙岩)은 단양 남쪽 10km 의 단성면 가산리에 있으며, 삼선구곡(三仙 九曲)의 중심지이다. 흰색의 바위가 층층대 를 이루고 있으며, 계곡류에서 쌍룡이 승천 하였다 하여 쌍룡폭포라고 부르기도 한다.

제3경 **상선암**(上仙岩)은 단양 남쪽 12km 지점의 가산리에 있으며, 중선암에서 약 2km 올라가면 수만장의 청단대석(淸丹大石) 으로 된 암벽이 병풍처럼 둘러쳐 있고 반 석 사이로 흐르는 계곡류와 폭포는 가히 절경을 이루고 있다.

제4경 **구담봉**(龜潭峰)은 단양 서쪽 8km 지점인 단성면 장회리에 있으며, 남한강을 따라 깎아지르는 듯한 장엄한 기암괴석으로 그 형상이 마치 거북 같다 하여 구봉(龜峰)이라고도 하였다.

제5경 **옥순봉**(玉筍峰)은 단양 서쪽 9km 지점의 장회리에 있으며 예로부터 소금강이라 불리운 곳이다. 우후죽순같이 솟아오른 천연적 형색이 희다 하 여 옥순봉이라 하였다.

제6경 **도담삼봉**(嶋潭三峰)은 단양 북쪽 12km 지점의 단양읍 도담리에 있 다. 남한강의 수면을 뚫고 솟은 세 봉우리 가운데 남봉(南峰)은 첩봉(妾封) 또는 팔봉이라 하고, 북봉은 처봉(凄峰) 또는 아들봉이라 한다. 조선의 개국 공신 정도전이 이 곳에서 은거하며 자신의 호를 삼봉이라 한 것도 도담삼봉 에서 본떠 지었다고 전해지고 있다.

제7경 **석문**(石門)은 단양 북쪽 12km 지점의 도담삼봉 하류에 있다. 남한 강변에 높이 수십척의 돌기둥이 좌우로 마주보고 서 있는 위에 돌다리가 걸 려 있어 무지개 형상을 하고 있다.

제8경 **사인암**(舍人岩)은 단양 남쪽 8km 지점인 대강면(大崗面) 사인암리(舍 人岩里)에 있으며 덕절산(德節山 : 780m) 줄기에 깎아지른 강변을 따라 치솟아 있는데, 우탁(禹倬)이 사인재관(舍人在官) 때 이 곳에서 자주 휴양한 데서 사 인암이라 하였다고 한다.

(1) 단양잔도

충북 단양군의 잔도(棧道)는 상진철교에서 시작해 만천하 스카이워크까지 1.2km로 수려한 남한강 풍류에 아슬아슬한 기분까지 느끼는 곳이다. 마치 벼랑위에 선반처럼 매달린 길을 걷게된다.

단양잔도는 단양과 남한강줄기를 에워싸고 도는 느림보 강물길의 일부이다. 이름 그대로 느릿느릿 걸으면서 음악에 귀를 대고 눈은 주변의 굴피나무 부처손 등에 시선을 옮겨가보자. 잔도끝 부분에서는 만천하 스카이워크에 올라 주변 절경을 눈에 담아보자 담양읍내와 남한강이 펼쳐지고 스카이워크에는 짚와이어를 이용해서 하늘을 나는 짜릿함도 맛본다.

단양읍내에는 국내 최대의 민물고기 생태관에서 어류 180여 종 2만2천마리도 보고 4D체험관에서 즐길 수 있다.

주변에는 단양8경인 도담삼봉과 고수동굴 같은 명소도 있다.

(2) 고수동굴(古藪洞窟, Kosudonggul)

고수동굴은 우리나라뿐만 아니라 세계적으로도 손꼽히는 석회동굴(천연기념물 제256호)이다. 동굴의 연륜은 약 5억년으로 추정하며 총연장은 1300m, 수직고도는 최대 50m쯤인데, 동굴 내부는 철제 계단과 조명시설이 되어 있어 누구라도 어려움 없이 동굴 내부를 구경하고 나올 수 있다.

한 바퀴 돌고 나오는데 한 시간쯤 걸리지만, 갖가지 기묘한 모양과 색깔을 보여 주는 종유석과 석순·석주들은 제각기 그 생김새에 따라 재미있는 이름이 붙어 있어 동굴을 돌면서 누구나 탄성을 지르기 마련이다. 동굴 내부는 연중 15℃ 내외의 온도가 유지되고 있다.

주변에 단양 8경, 소백산, 구인사가 있다.

電 043)423-1991   所 단양군 단양읍 고수리 105-6

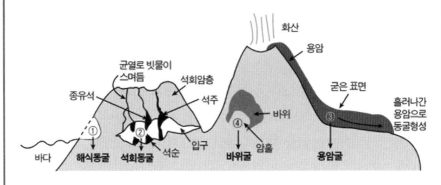

관광지식 3

동굴의 종류와 형성요인 4가지

① 해식동굴 : 바닷가에서 파도의 침식작용으로 형성
② 석회동굴 : 바다생물의 잔해가 퇴적된 석회암이 융기할 때 갈라진 지표면 균열
　　　　　로 지하수가 스며들어 석회암 일부가 녹아서 형성된 수직형태의 동굴
③ 용 암 굴 : 화산폭발시 흘러나온 용암이 표면은 공기에 식어 굳어지고, 내부는
　　　　　유동성 때문에 빠져나가 수평으로 형성된 동굴 형태
④ 바 위 굴 : 암석의 강약차이에 따라서 약한 부분이 부분침식되어 동굴 형태를
　　　　　가진 것으로 내륙지역의 산악동굴에 나타난다.

(3) 구인사(救仁寺, Kuinsa Temple)

구인사는 우리나라에서 현재 **규모가 가장 큰 절**이며, 천태종의 총본산이다. 소백산 자락 협곡의 가파른 비탈에 세워진 구인사는 봉우리 모양이 연꽃잎 같다 하여 연화지라 불리며 그 속내를 펼쳐 보이지 않는 독특한 지형 속에 있어 그 의미를 더하는 곳이다. 말사 140개소, 신도 155만명, 상주승려 300여 명, 50여 동의 당우(堂宇)들이 경내를 이룬 국내 최대의 가람으로 알려져 있으며, 8백여명의 수련생들이 아침을 열며 불법을 수련하고 있다. 협곡을 따라 세워진 가람이기에 불사들은 비탈길 좌우로 웅장하게 위치한 대법당은 국내 최대 규모인 5층 건물로 각층의 지붕을 전통 팔각지붕 형태로 하면서도 현대 건축의 기술적 변용을 적절히 가미하여 완성되었다.

(4) 온달산성

고구려 명장 온달장군과 평강공주의 전설이 담겨진 온달관광지는 민속놀이장, 스포츠타운, 향토음식점, 전설의 집, 전통혼례장이 있으며, 온달동굴(760m)와 피크닉장이 있다. 매년 10월에는 온달문화제가 열린다.

4) 청남대(靑南臺)

1983년부터 약 20여년간 대통령의 휴양지로 이용되어 오다 일반인에게 공개되었다. 남쪽에 있는 청와대라는 의미로 청남대(靑南臺)라 칭한다.

청남대는 대청호수변에 위치하여 약 4,000여 그루의 조경수와 130여종의 야생화 20만본이 식재되어 있다. 단체는 방문전 예약이 필요하고 개인은 청원군 문의면 버스터미널에서 셔틀버스를 이용한다.

電 043)200-5678   所 충청북도 청원군 문의면
交 경부고속도로 청원IC-척산삼거리-문의(20분 소요)
　청주시외(고속)버스터미널에서 30~40분 간격
예약 www.cb21.net, 043)220-5678

(1) 청주 고인쇄박물관(古印刷博物館, Early Printing Museum, 사적 제315호)

세계 최초의 금속활자를 사용하여 책을 인쇄한 곳이며 직지는 현존하는 세계 최고(最古)의 금속활자본으로 공인되는 우리 문화의 높은 상징이다. '직지심체요철'을 인쇄한 '흥덕사지(興德寺址)'에 세워진 전국 유일의 고인쇄박물관으로 인쇄문화의 발달과정을 한눈에 볼 수 있다.

고려 13세기에 금속활자로 찍어낸 이 책의 원본은 현재 프랑스 국립박물관에 소장되어 있고 이 곳에는 영인본이 전시되어 있다.

電 043)201-4266   所 청주시 흥덕구 직지대로 713

(2) 운보미술관(雲甫美術館, Woonbo Gallary)

운보(雲甫) 김기창 화백의 사저로서 2만 6,600평 부지 위에 운향미술관, 도예전시관, 운보공방 등 문화예술공간을 갖추고 있다. 이 곳에서는 운보선생의 작품을 감상할 수 있으며, 특히 운보선생의 그림을 넣은 각종 도자기를 구입할 수 있다. 약 3,000평 규모의 주차장을 갖추고, 경내 전체가 자연석, 인공폭포 등으로 꾸며져 있어 관광객을 위한 충분한 휴식공간을 제공하고 있다.

電 043)213-0570　　　　　　　　所 청원군 내수읍 형동2길

5) 충주호(忠州湖, Chungju Lake)

▲ 충주호

충주호는 1985년 충주 댐을 건설하면서 생긴 인공호수인데, 이 댐은 단양을 잇는 53km의 국내 최대의 콘크리트 댐이다. 충주호는 동양의 알프스라 애칭되는 월악산 자락을 휘감고 있어 옥순봉, 구담봉 그리고 작은 민속촌 청풍문화재 단지를 끼고 있다. 이 댐의 건설로 4개 시·군의 101개 마을이 수몰되어 7,100여 세대 3만 8,000여명의 수몰민이 발생되었지만, 남한강 유역의 홍수조절과 용수공급, 전력생산 그리고 관광개발을 목적으로 건설된 것이다. 충주에서 단양을 잇는 충주호 유람선을 약 2시간에 걸쳐 타고나면 금수산의 빼어난 절경과 함께 충주호의 비경을 한껏 맛볼 수 있다.

(1) 청풍문화재단지

(淸風文化財團地, Chongpung Cultural Assets Complex)

청풍나루 위쪽 물태리에 자리한 청풍문화재단지는 충주호를 굽어보는 호수의 산마루에 충주댐 건설로 인하여 옛날의 화려한 이름만을 남긴 채 물에 잠기게 된 각종 문화재를 물태리 망월산성 기슭 16,500여 평의 부지 위에 복원하여 만든 작은 민속촌이다.

단지의 구성은 관아, 민가, 향교, 석물군 등으로 나누어 배치하였으며 옛 고을의 모습을 축소·재현시켜 놓고, 특히 고가(古家) 내에는 1,600여 점의 우리 전통 생활유물을 전시하고 있으며, 한벽루, 금남루, 응청각과 청풍향교 등 보물 2점과 지방 유형문화재 10점 등이 있다.

電 043)641-6734   所 제천시 청풍면 청풍호로 2048
주변관광지 : 충주호, 수안보온천, 단양8경, 월악산(043-653-3250, 제천시)

(2) 월악산국립공원

충청북도와 경상북도의 경계를 이루는 월악산(1,097m)은 1984년 12월에 국립공원으로 지정되었다.

북쪽에는 충주호, 동쪽으로는 단양팔경과 소백산국립공원, 남서쪽으로는 속리산국립공원과 문경새재와 연결된다. 명승지는 송계계곡, 용하구곡, 월광폭포, 학소대 등이 있다. 주변에는 단양수양개선사유적, 수안보온천, 단양팔경 등 관광자원이 풍부하다.

한국의 국립공원

▲태백산
▲설악산
▲오대도
▲북한산
▲치악산
▲소백산
동해
▲월악산
태안해안 ●
▲속리산
▲계룡산
▲주왕산
서해
▲덕유산
변산반도 ●
▲가야산
경주시(도시형) ●
(해양+산악)
▲내장산
▲지리산(제1호)
▲무등산
▲월출산
● 해금강
홍도
●
한려해상
여수오동도
여수금오도
다도해상
남해
(국립공원 최대 면적)
▲한라산

1) 다도해상지구

흑산 · 홍도지구, 도초비금지구, 조도지구, 소안 · 청산지구, 거문 · 백도지구, 팔영산지구,
나로도지구, 여수금오도지구

2) 한려해상지구

해금강지구, 한산도지구, 사천지구, 노량지구, 남해금산지구, 여수도동도지구

3) 국립공원의 특징

최초국립공원 : 지리산(1967년 12월 29일 지정)
도시형국립공원 : 경주
해양 + 산악형 : 변산반도
최대 넓이 : 다도해상국립공원

〈그림 16〉 한국의 22개소 국립공원 위치도(2019년 2월 현재)

충남

대전

충남 · 대전 · 세종시 06

당진
솔뫼성지

현충사
온양민속박물관

천안

서산
마애삼존불

독립기념관

태안해안국립공원

세종시
호수공원

공주
무령왕릉

화폐박물관
엑스포공원

안면도
자연휴양림

부여
백제문화단지

국립중앙과학관

대전
유성온천

대천해수욕장

무창포

금산인삼축제

서천국립생태원

장항

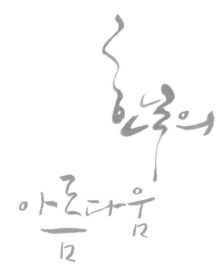

축제·행사

• 세종시

세종축제(10월), 세종복숭아축제(8월), 장군산구절초축제(10월)

• 대전시

효문화뿌리축제(10월), 대전사이언스페스티벌(10월), 유성온천문화축제(5월)

• 충청남도

약 40여개의 축제가 연중 열린다.

공주·부여 백제문화제(10월), 금산인삼축제(9월), 강경젓갈축제(10월), 보령머드축제(7월), 부여은산별신제(3월), 한사모시문화제(5월), 아산 이순신축제(4월), 예산추사문화제(10월), 청양고추구기자축제(9월), 광천토굴새우젓축제(10월) 등이다.

▲ 충남보령머드축제(보령시청 제공)　▲ 충남한산모시축제(한산군청 제공)

1. 지역 개관

대표적인 관광지는 태안 안면도, 공주무령왕릉, 부여부소산성, 서산해미읍성, 서천국립생태원, 태안 안면도 등이다.

• 지리적 환경

충청남도는 차령산맥에서는 북쪽의 삽교천과 남쪽의 금강으로 흘러드는 여러 하천이 시작된다. 이들 하천은 대략 남북방향의 지질구조선을 따라 흐른다. 노령산맥에 속하는 충청남도 동남부의 산지는 전반적으로 차령산맥의 산지보다 높으며, 서대산(904m) · 만인산(537m) · 대둔산(878m) 등이 노령산맥의 주봉들이다. 계룡산(833m)은 노령산맥에서 북쪽으로 떨어져 있으며, 화강암의 저지대 위로 높이 솟아 일찍부터 명산으로 꼽혀 왔다. 전라북도 장수지방에서 발원하는 **금강**은 심하게 감입곡류하면서 북쪽으로 흐르는데, 세종특별자치시 부근에 이르러 미호천을 합하면서 유로를 일단 남서방향으로 바꾼다. 강경에서부터 금강은 다시 남서방향으로 흘러 전라북도와의 도계를 이루면서 황해로 흘러든다. 금강유역에서는 구룡평야와 논산천 하류의 논산평야(論山平野)가 넓다. 삽교천은 차령산맥에서 발원해 북쪽으로 흘러가는데, 하류에는 하천에 비해 매우 넓은 예당평야가 발달해 있다.

해안선은 출입이 매우 심하다. 간척사업으로 곳곳의 해안선이 대폭적으로 단순해졌다. **삽교방조제 · 대호방조제 · 석문방조제 · 서산A · B지구방조제** 등이 해안선의 출입을 단순하게 만든 대형 방조제들이다.

• 역사적 배경

충청남도는 삼한시대에는 충청북도와 함께 **마한**의 지역이었다. 서기전 18년 북부여에서 남하한 온조가 마한의 땅을 통일해 백제를 건국하였다. 문주왕 때 도읍을 오늘의 서울 한성(漢城)에서 공주 웅진(熊津)으로 옮겼고, 538년(성왕 16)에 다시 도읍을 부여로 옮겼다. 660년(의자왕 20) 백제가 망한 뒤한때 당나라 도독부의 통치를 받다가 신라에 병합되어 9주의 하나인 웅주(熊州 : 현재의 公州)에 속하였다.

조선시대에 들어와서는 1395년(태조 4)에 양주(楊州) · 광주(廣州)의 관할 군현은 경기도(京畿道)로 옮기고, 충주 · 청주 · 공주 · 홍주(洪州)의 관할 군현은 충청도라 해 충주에 관찰사를 두었다. 그 뒤 1598년(선조 31)에 감영을 충주에서 공주로 옮겼다. 1989년에는 대전시가 직할시로 승격되었다.

2012년 6월 충청남도 연기군이 폐지되고 과거 연기군 지역이 2012년 7월 1일 세종특별자치시에 편입되었다.

• 관광자원

충남의 자연적인 관광자원은 갑사와 무속신앙지로 유명한 **계룡산 국립공원**, 태안해안국립공원, 대둔산도립공원, 덕산도립공원, 칠갑산도립공원, 안면도 자연휴양림 등이다. 대천해수욕장, 만리포해수욕장, 꽃지해수욕장, 무창포해수욕장 등이 유명하다. 온천은 온양, 유성, 덕산, 도고온천에 많은 사람들이 찾고 있다. 특히 온양 온천은 역대 조선왕들이 탕치장으로 이용하였다.

최근에는 금강하구에 **서천국립생태원**이 조성되어 해안과 하천의 자연자원이 잘 활용되고 있다. 또한 보령의 여름바다 머드축제에는 외국인들의 참여도 많아 매우 성공적인 바다 축제로 이름나 있다.

문화역사적 자원은 지리적으로 당진과 해미지역이 중국과 근접하여 김대건 신부의 솔뫼 성지 등 천주교 유적이 많다. 예산의 수덕사는 비구니 여승들만 사는 사찰로 유명하고, 금산군의 700의총은 임진왜란때 의병 700여명이 전사한 성지이다. 공주와 부여는 백제유적이 관광매력의 중심이다. 부여의 부소산성은 흙으로 싸은 토성이다. 우리나라 첫 번째 성역지 이순신장군의 현충사, 백제의 미소 서산 **마애삼존불상**, **무령왕릉**, 백제의 대표석탑 정림사지 5층석탑, 외암민속마을, 해미읍성, 추사고택도 주요 매력자원이다. 부여의 은산의 별신제, 한산 모시짜기도 주요문화자원이다.

충청남도의 새로운 관광사업으로는 안면도 · 원산도 · 대천 연륙교 가설, 장항 · 보령종합유통단지 조성, 안면도 국제관광지 조성, 보령관광휴양단지 개발, 서산천수만 철새공원 조성 등이다. 그리고 금강주운 · 금강변관광도로, 금산인삼종합전시관 및 인삼타운 조성, 금강하구언 종합관광위락단지 조성, 대둔산도립공원 및 서대산 개발, 계룡산 · 금강박물관 건립이 계속 추진되고 있다.

2. 특산물

• 천안 호두·포도

고려 충렬왕 때 공신 유청신이 원나라 사신으로 갔다가 묘목 3그루와 종자 5개를 가지고 환국하여 자기 고향인 천안군 광덕면 대덕리에 심으면서 그 이름을 호도(胡挑)라 하였고, 1843년 이 지역에서 제과점을 경영하던 조귀금(작고)씨가 호도모양을 본떠 호도를 첨가한 호도과자를 개발하면서 천안의 명물로 자리를 굳혔다.

고소하고 은은한 호도의 향과 맛이 두드러지는 식품으로 철도이용객들을 비롯하여 전국적으로 유명한 품목이다.

• 금산 인삼차

백제 온조왕 시대에 강(姜)씨 성을 가진 선비가 현몽에 의하여 진악산 바위틈에서 산삼을 발견한 후 금산지역에서 널리 재배가 시작된 것이 금산인삼의 유래이다. 신비의 명약 성분을 지닌 식품으로서의 '금산인삼'은 그 품질이 매우 우수하여 국제경쟁력이 높으며 이를 원료로 한 '금산인삼차' 역시 국산차류 중에 가장 호평을 받고 있다.

• 간월도 어리굴젓

굴의 색깔이 검고 물날개(미세한 털)가 돋아나 있어 양념이 고르게 묻어 발효됨으로써 특유의 짭짤하고 새콤하며 구수한 맛을 지닌 기호식품으로서 조선시대 간월암에서 정진(精進)하던 무학대사가 이태조에게 이 곳 어리굴젓을 진상한 후 전국에 널리 이름난 특산품이다.

• 면천 두견주

고려 개국공신 복지겸의 딸 영랑이 아비의 병을 고치기 위하여 100일을 기도한 후 신선의 계시를 받고 빚었다는 술이다. 두견화·찹쌀·곡자(누룩) 등을 잘 섞어 넣고 발효시킨 지 5~6일이 지나 술독에 촛불을 넣어보고 불이 꺼지지 않으면 술독을 밀봉하여 50일 이상 숙성시켜 빚은 술로서 특유의 향과 단맛이 있으며 맑은 담황색을 띠고 있다.

• 한산 소곡주

한산면 지현리 건지산 기슭의 우물물로 빚으며 이 지역에서만 제조가 가능한 토속주이다. 옛 문헌인 삼림경제, 사시찬요, 임원십육지 등에서도 소곡주를 으뜸으로 치고 있으며, 김영신(충청남도 지정 무형문화재)씨가 주류제조면허를 획득하여 대량생산과 공급이 가능하게 됐다. 100일간 발효시켜 용수로 뜬 술로서 향긋한 주향과 부드러운 맛이 있으며, 숙취가 없는 것이 특징이다.

이 밖에도 보령의 남포벼루, 서천 세모시, 연기 복숭아, 부여 백마강 수박, 칠갑산 구기자 등이 유명하다.

3. 별미음식

충남은 너른 들과 갯벌을 끼고 있고, 특히 4대 강 중 하나인 금강을 끼고 음식문화가 발달되었다.

• 금산 인삼어죽

금산의 제원면 일대는 금강의 상류에 위치한 곳으로 예부터 청정수역에서만 서식하는 각종 민물고기를 조리한 음식이 민가에 전래되어 왔으며, 여기에 이 지방 특산물인 인삼을 가미한 인삼어죽은 고급영양음식이다.

• 공주 국밥

1954년경부터 2대에 걸쳐 운영하고 있는 공주 이학식당에서 5일장 상인들을 상대로 제공해 오던 국밥은 소사골, 무릎뼈를 12시간 이상 끓인 국물에 쇠고기(양지, 다리고기), 마늘, 소금, 후추, 파 등을 넣어 조리하고 있다.

• 위어회

해수와 담수가 교차되는 수역에서 서식하는 위어는 충남지방에서만 잡히는 희귀한 어종으로 연하고 부드러우며 감칠맛이 난다. 위어회의 시원하고 담백한 특유의 맛을 즐기려고 해마다 보리가 필 무렵이면 전국 각지에서 많은 사람들이 찾아든다고 한다.

• 연엽주

연엽주는 임금과 대신들이 회의할 때 분위기나 업무진행을 원할히 하기 위해서 차보다는 도수가 있고 술보다는 도수가 낮은 음료 성격의 술을 개발하기 위해 관련 대신들이 모여 연구한 끝에 만들어진 술로 예안 이씨 이득선의 5대 원조인 이원집의 '차농'이라는 책자에 그 제조방법이 수록되어 있다. 현재는 이씨 가문의 맏며느리를 중심으로 대대로 이어져 내려오고 있는 전통의 민속주이며 제주(祭酒)로 사용되기도 한다.

• 개삼터 삼계탕

지방이 적고 칼슘, 인, 티아민, 리보플라민 등 다량의 영양분을 함유하고 있는 닭고기는 훌륭한 영양식품으로 영계에 밤, 대추, 삼, 찹쌀 등을 넣고 푹 끓여서 연하고 맛이 담백하며, 소화흡수가 잘된다.

4. 주요 관광지

1) 대전 국립중앙과학관
(國立中央科學館, National Science Museum)

국립중앙과학관은 대전 대덕 연구단지에 있으며 과학적 가치가 있는 자료, 표본 등을 조사 · 발굴 · 수집 · 보존 · 연구하여 전시함으로써 과학문화공간을 제공한다.

▲ 국립중앙과학관

상설전시관, 특별전시관, 천체관, 무한상상실, 창의나래관, 꿈아띠체험관, 생물탐구관, 영화관, 연구관리동,

실험실습실, 세미나실 등의 시설을 갖추어 자라나는 청소년들에게 과학에 대한 지식을 심어주고 있다. 그리고 일반인들에게는 과학정신을 배양하고, 과학의 생활화와 대중화를 위한 과학기술문화의 종합적인 박물관이다.

주요 전시내용으로는 우리나라의 동식물, 지질, 과학기술사, 우주와 자연의 이해, 에너지이용, 교통과 수송, 기계정보 등 다양한 과학정보를 가지고 있다.

電 042)601-7894　　　　　　　所 유성구 대덕대로 481

(1) 화폐박물관(貨幣博物館, Currency Museum)

국내외 화폐와 그 역사를 한눈에 볼 수 있다. 여러 나라의 화폐를 함께 모아 놓은 화폐박물관은 국내외에서 수집한 화폐와 기념메달, 훈장 그리고 각종 기념우표 등을 포함하여 8만여 점이 소장되어 있다.

이 박물관은 3개의 전시실로 구성되어 있는데, 제1전시실은 고대에서 현대에 이르는 각종 주화류와 조선시대에 엽전을 제조했던 모습이 모형으로 나타나 있으며, 경성 전환국이 고종 23년에 개국 495년이란 연기가 적힌 국조를 압인하여 발행했던 거대한 압인기가 입구에 놓여 있다.

기원전 8세기경부터 화폐 대용으로 사용한 포전, 도전과 고대 그리스, 로마에서 사용한 주화, 각국의 금속화폐가 전시되어 있으며, 우리나라 최초의 국가 제조 화폐인 고려시대의 건원중보, 무문전을 비롯해 동국통보, 삼한중보, 해동중보, 해동통보, 해동원보 등 8종의 철전도 눈에 띈다.

제2전시실에는 지폐와 용지제품 그리고 인쇄 및 초지기 등의 기계모형이 있다. 한국의 중앙은행 구실을 한 일본의 제일은행권(1902년), 구 한국은행권, 해방 전후의 조선은행권과 현재의 한국은행에서 발행하는 지폐들이 진열되어 있고 은행권의 인쇄공정과 제지공정 모형이 있어 지폐가 만들어지는 과정을 생생히 조감할 수 있다.

제3전시실에는 위조방지홍보관, 제4전시실에는 우표, 메달 등 특수제품관 그리고 특별전시실로 되어 있다.

電 042)870-1200　　　　　　　所 유성구 과학로 80-67

(2) 지질박물관(地質博物館, Geological Museum)

대전의 한국지질연구원 내에 있는 국내유일의 지질전문박물관이다. 1층에는 해저지형 지구본, 공룡관, 지구의 개관, 화석과 진화, 인간과 지질을 주제로 구성되었다.

2층은 암석과 석재, 지질구조, 광물과 인간, 보석광물 코너로 전시장이 조성되고 그밖에 정보검색실 및 야외전시공간이 있다.

電 042)868-3797　　　　　　所 대전시 유성구 과학로 124

(3) 유성온천(儒城溫泉, Yusong Hot Spring Resort)

유성온천은 대전 관광특구지역이다.

백제 말엽 신라와의 싸움에서 크게 다친 7대 독자가 상처때문에 고생하던 중, 백설이 뒤덮인 들판에서 날개를 다친 학 한 마리가 눈녹은 웅덩이 물로 날개를 적셔 치료하는 것을 어머니가 보고, 아들의 상처를 그 물에 담그게 하여 말끔히 치료하였다는 전설이 전해져 내려오고 있는 유서깊은 온천이다. 이 온천은 지하 200m 이상에서 나오는 온천수로 주요 성분인 칼륨, 칼슘, 황산염, 탄산, 규산, 라듐, 중탄산 등이 함유되어 있는데, 특히 단순라듐온천이라고 할 수 있을 정도로 라듐이 많이 포함되어 있다.

所 유성구 봉명동 일대

(4) 계족산 황톳길

맨발 숲산책을 즐길 수 있는 곳이다. 산을 한바퀴 휘도는 둘레길이 마련되어 있는데, 그 둘레길에 황토가 깔려 있다. 울창한 숲 사이로 난 황토길을 맨발로 걷다보면 몸도 마음도 깨끗해지는 느낌이다. 둘레길을 따라 걷는 것은 어렵지 않다. 빠른 걸음으로는 2시간 반, 중간에 도시락을 먹고 쉬엄쉬엄 걸으면 4시간 정도 걸린다. 입구를 제외하곤 평탄한 황톳길로 이어져 걷기 편하다.

電 042)623-9909 　　　　所 대전광역시 대덕구 장동 59

2) 백제문화제(百濟文化祭, Paekche Cultural Festival)

▲ 백제문화지구(한국관광공사 제공)

　매년 10월 중에 펼쳐지는 백제문화제는 백제의 문화를 계승하기 위해 매년 부여시와 공주시에서 번갈아 가며 개최하고 있는데, 해마다 1만여명이 출연하는 이 문화제는 70여 개의 축하행사를 마련한다.

　백제 대왕제를 비롯해 백제 말기 뛰어난 3충신을 추모하는 삼충제, 5천 결사대를 이끌고 나당연합군과 맞서 싸우다가 죽음을 당한 계백장군과 8충신을 추모하는 팔충제, 백제 광복군을 추모하는 충혼제, 그리고 정절을 지키려 낙화암에 뛰어내려 죽음을 택한 3천 궁녀를 추모하는 궁녀제 등이 대표적인 행사로 꼽힌다.

(1) 백제문화단지

▲ 백제문화제

　부여군 합정리에 1994년부터 2017년 동안 약 8,000억원을 투자하여 백제 왕궁인 사비궁, 왕실 대표사찰 능사, 생활문화마을, 개국초기의 궁성 위례성, 고분공원, 백제숲, 백제사전문박물관, 백제역사문화관이 있어 백제의 역사와 문화를 보여주고 있다. 백마강을 사이에 두고 낙화암과 마주하고 있다.

　가까운 곳에 백제 무왕이 선화공

주와 사랑으로 유명한 서동공원과 궁남지가 있다.

電 041)635-7740 　　　　　　所 부여군 규암면 백제문로 455

(2) **국립부여박물관**(國立扶餘博物館, National Puyo Museum)

국립부여박물관에는 국보 제83호인 금동미륵반가
사유상과 부여 규암리에서 출토된 **금동관음보살상**
(보물 제195호)이 있다.

선사실에는 부여지방을 중심으로 충청남도에서
출토된 청동기시대와 철기시대 유물들이 전시되어
있으며, 부여 송산리 선사 취락지의 발굴결과를 토
대로 청동기시대의 마을 모형을 꾸며 놓아 입체적
인 이해를 돕고 있다.

전시유물은 부여 송산리 청동기시대 마을과 무덤
에서 출토된 유물, 대전 둔산동 집터에서 발굴된 유
물, 대전 괴정동에서 출토된 덧띠토기와 검은 간토기
등의 토기류, 예산 동서리에서 출토된 청동제기 등
청동무기와 제기, 토기 등이 대표적인 것으로 선사시
대 충남지역 사람들의 생활상을 엿볼 수 있다.

▲ 백제금동대향로

능산리 무덤에서 발견된 금동제 관장식, 금귀고리 등의 금속공예품들, 부소
산 근처 왕궁터에서 발견된 사람의 얼굴 무늬가 새겨진 토기 조각들도 있다.

특히 금동미륵반가사유상(국보 제83호)과 부여 규암리에서 출토된 금동관
음보살상(보물 제195호)과 부여 외리 절터에서 발견된 무늬전돌들이 전시되
어 있다.

백제 금동로대향로는 부여군 능산리고분에서 출토된 6세기 공예품으로 높
이 64cm, 지름 19cm의 세계적인 걸작품(국보 제287호)이다.

電 041)833-8562 　　　　　　所 공주시 부여읍 금성로 5

(3) 정림사지 5층석탑(定林寺址 五層石塔)

백제의 대표적인 석탑양식으로 유명하다.

국보 제9호로 지정되어 있는 이 석탑은 익산 미륵사지석탑과 함께 찬란했던 백제문화를 증명해 주는 문화유적으로, 목탑에서 석탑으로 변해 가는 과도기적 양식을 보이는 또 하나의 백제석탑 미륵사지탑과는 달리 정형화된 석탑양식을 보여주는 탑이다.

정림사지탑은 총 높이가 8.33m에 이르는 작지 않은 탑인데도 멀리에서 보면 그리 육중한 느낌을 주지 않는다. 그러나 다가갈수록 장중하고 위엄있는 깊이가 느껴지며 어느 정도 거리를 두고 서면 장중함과 경쾌함이 교차되어 새로운 느낌을 전해 준다.

이것은 다른 탑에서는 그 유례를 찾기 어려운 넓은 옥개석 때문이다. 옆으로 퍼진 얇은 옥개는 마치 두 손을 마음껏 펼친 춤추는 자세같고, 옥개석 끝의 전각부분만 약간 올린 반전(反轉)수법은 한국 건축을 대표하는 선의 예술, 그 중에서도 곡선의 미를 마음껏 발휘하고 있다. 또 얕은 단층 기단 위에서 높이 빼어난 탑신은 5층이 조화롭게 배치되어 있다.

이 석탑이 있는 절이 본래부터 정림사였는지는 알 수 없다. 다만, 이 절터에서 '태평 8년 무진정림사대장륵(太平八年戊辰定林寺大藏勒)'이라는 명기(銘記)가 있는 기와조각이 발견되어 고려 현종 19년(1028)에 이 절을 정림사라 불렀던 것으로 짐작할 수 있을 뿐이다.

정림사터는 충청남도 부여읍 동남리 일대에 위치해 있으며 5층 석탑과 함께 보물 제108호로 지정된 고려 때의 석불 좌상이 남아 있다.

所 부여시내

(4) 부여 부소산성

백제의 마지막 왕도였던 사비(부여)의 역사를 간직한 곳. 백제 삼충신인 성충과 흥수, 계백의 영정과 위패를 모신 삼충사, 왕과 귀족들이 떠오르는 해를 맞으며 하루를 계획했다는 영일루, 삼천궁녀가 몸을 던졌다는 이야기가 전하는 낙화암 등의 유적이 있다. 인근에 관북리 유적지가 있다.

電 041)830-2511
所 충남 부여군 부여읍 쌍북리, 관북리, 구교리 일원

(5) 국립공주박물관(國立公州博物館, National Kongju Museum)

국립공주박물관은 지난 1971년 충남 송산리 고분 침수방지 공사중 출토된 무령왕릉의 출품 문화재를 고스란히 옮겨 놓은 박물관이다.

1, 2층 전시실에는 무령왕릉 유물 108종 2,906점을 중심으로 약 8천여 점을 전시하여 공주지역에서 문화·역사·교육의 중심 구실을 하고 있다.

박물관 안에는 무령왕릉에서 출토된 유물들이 가운데 자리를 차지하고 있으나, 그밖에도 금동관음보살입상, 계유명삼존천불비상 등 백제 때 불상들과 백제 특유의 온화한 맛이 도는 토기류, 부드러운 연꽃잎이 새겨진 와당 등이 웅진시대 백제문화의 맛을 느끼게 해준다. 그 외에 선사고대문화실, 기증문화재실, 특별전시실이 있다.

박물관 뜰에는 공주 부근에서 출토된 통일신라 때와 고려 때의 석불들이 놓여져 있는데, 지방화한 소박한 표정이 절로 미소를 짓게 하고 어딘가 백제다운 기풍을 풍기는 것도 있다.

電 041)850-6300   所 공주시 관광단지길 34

(6) 무령왕릉(武寧王陵, Tomb of King Murong)

백제문화와 역사를 밝혀주는 고분이다. 사적 제13호인 무령왕릉은 삼국시대의 확실한 연대 및 그 시대의 사회상, 문화상 등 역사적인 사실들을 입증할 수 있는 2,906점의 유물이 출토되었다. 그 중 12점이 국보로 지정되었다. 이 유물들은 모두 국립공주박물관에 소장되어 있으며, 국립공주박물관 건물 역시 무령왕릉을 본떠 지은 것이다.

무령왕릉에서 나온 유물은 왕과 왕비의 관식, 목걸이와 귀걸이, 허리띠, 은제팔찌 등의 장신구, 목제 머리받침과 발받침, 왕과 왕비의 금동제 신발, 용모양의 손잡이 장식이 달린 칼 등을 비롯해 무덤의 수호신 격인 돌짐승과 각종 생활용품, 무덤을 봉하며 제를 지냈던 술병과 술잔, 구리거울 등이 있다. 그 중에 가장 흥미를 끄는 것은 이 무덤이 무령왕의 것임을 밝힌 지석과 토지신으로부터 땅을 샀다고 새겨 놓은 매지권이다. 무령왕의 지석은 연도 가운데에 놓여 있었는데 41×35cm 크기의 돌에 모두 53자가 새겨져 있다.

거기에는 "영동대장군 백제 사마왕(사마왕은 무령왕 생전의 칭호이고, 무령왕은 돌아간 뒤에 붙인 이름이다)이 62세가 되는 계유년(523) 5월 7일에 돌아가시니 을사년(525) 8월 12일에 장사를 지내고 다음과 같은 문서를 작성한다"는 내용이 담겨 있다. 그 문서란 바로 다른 한 돌인 매지권을 말하는데, 토지신으로부터 땅을 샀음을 밝힌 것이다. 거기에는 "돈 일만문과 은 일건을 주고 토왕, 토백, 토부모와 상하 지방관의 지신들에게 보고하여 (왕궁의) 서서남방의 땅을 사서 묘를 만들었다"는 내용이 새겨져 있다.

이는 토지신을 인정하는 토착종교의 한 면을 보여 주며, 왕의 장례는 3년상을 치름을 알려 준다. 이 매지권(국보 제163호)은 왕비가 돌아가서 합장하게 되자 그 뒷면에 왕비에 관한 글을 새겨 왕비의 지석으로도 삼았다. 이 유물로 인하여 무령왕릉은 왕릉으로서는 유일하게 매장자가 밝혀진 무덤이 되었다.

한편, 이 무덤의 주인공인 무령왕(501~523년 재위)은 백제 제25대 왕으로, 안으로는 정권을 안정시키고 경제를 일으켰으며 밖으로는 중국 양나라와 일본과의 교류를 통해 백제의 국제적인 위치를 다져 26대 성왕이 백제 중흥을 할 수 있는 기반을 확고히 다진 왕이다.

電 041)856-7700/0331   所 공주시 금성동

3) 보령 석탄박물관(寶寧 石炭博物館, Boryong Coal Museum)

채광현장을 보존하기 위하여 1995년도에 충남 보령의 석탄산지에 건립하였다. 석탄의 생성, 채탄, 이용과정 등에 사용하던 각종 장비를 전시하고 엘리베이터를 이용하여 모의갱도를 설치하고 지하 400m까지 내려가는 듯한 효과를 실감나게 연출하였다. 갱도 내에는 채탄과정을 실물크기로 제작해 놓았다.

電 041)934-1902   所 보령시 성주면 성주산로 508
주변관광지 : 대천해수욕장

4) 서천 국립생태원

한반도의 생태계를 비롯하여 열대, 사막, 지중해, 온대, 극지 등 세계5대기후와 서식 동·식물을 관찰하고 체험할 수 있는 전시·교육공간이다.

규모는 약 30만평이며 상설전시관, 5대기후관, 영상관과 체험·연구시설로 구성되어 있다. 주변에는 마량리 동백나무숲, 금강하구둑철새도래지, 한산모시마을, 국립해양생물자원관이 있다.

5) 현충사(顯忠祠, Hyunchungsa Shrine)

이순신 장군의 생가터로 무과급제 전까지 살던 곳이다. 유물관에는 이 충무공 **난중일기**(亂中日記, 국보 제76호), 이 충무공 유물(보물 제326호) 등이 보존되어 있다.

이순신 장군은 경각에 달한 임진왜란을 승리로 이끌었고, 전사에 불멸의 존재인 거북선을 발명하여 전라좌도 수군절도사 겸 삼도 수군통

〈그림 17〉 현충사 위치도

제사로서 거듭되는 해전에서 보인 탁월한 전공은 당시 침체했던 민심을 일깨운 원동력이 되었다.

충무공이 노량 앞바다에서 장렬한 최후를 마치자 조야(朝野)가 추모를 아끼지 않았는데, 1707년(숙종 33년) 마침내 현충사가 세워졌다. 그러나 일제하에서 퇴락했다가 1966년 성역화되고, 국민의 성지로 건설되었다. 경내에 공의 영정을 모신 본전과 유물관, 고택 등이 있다.

▲ 난중일기

충무공 묘소는 이 곳에서 8km쯤 떨어져 있는 아산시 음봉면 산정리에 있다. 경외 사택에는 충무공의 14대손 이응렬옹이 살고 있다.

電 041)544-2161　　　　　　　　　　　所 아산시 염치읍 백암리

(1) 독립기념관(獨立記念館, Independence Hall)

한국의 국난 극복사와 국가발전사에 관한 자료를 전시하고 있다.

옥외 전시는 상징성·기념성을 띤 조각·애국시비·어록비 등으로 구성되어 있으며, 7개의 상설전시관에는 역사적 사실에 바탕을 둔 실증적 전시가 시대별·주제별로 이루어지고 있다.

▲ 독립기념관의 3·1운동관

제1전시관인 민족전통관에는 전통시대의 우리의 역사·문화·국난극복사를 개괄적으로 보여주고 있으며, 제2전시관인 근대민족운동관에는 1860년부터 국권상실 이전까지의 근대민족운동, 애국계몽운동, 의병전쟁에 관한 자료가 있다.

제3전시관인 일제침략관은 일본인들에 의해 저질러진 고문장면 재현, 명성황후 시해 현장 재현, 민족문화 말살 등 일제침략사가, 제4전시관인 3·1운동관에는 일본인들의 탄압에 항거하여 한민족의 정기를 되찾기 위해 힘을 모았던 1919년 3월 1일을 중심으로 한 3·1운동에 대한 내용이 전시되어 있다.

제5전시관은 독립전쟁관으로 만주, 연해주를 중심으로 한 독립군을 비롯하여 의열투쟁, 사회·학생·문화운동에 대해 전시되고 있고, 제6전시관은 임시정부관으로 재외동포와 상해에 세워졌던 대한민국 임시정부, 광복군의 자주적인 활약상에 대한 내용이 전시되어 있다.

그리고 제7전시관인 대한민국관에는 1945년 한국의 광복 이후 지금까지의 민족시련과 극복, 국가 발전관계 자료들과 광복 이후 통일의 의지 및 미

래상을 담고 있다.

이밖에도 입체영상관에서는 4D시스템과 최신음향시설을 사용하여 관람객이 직접 영화속 주인공이 된 듯한 현장감을 느끼고 있다.

電 041)560-0114　　　　　　　所 천안시 동남구 목천읍 삼방로 95

(2) 온양 민속박물관(溫陽 民俗博物館, Onyang Folk Museum)

민속품 수집가 김원대씨가 설립한 민속박물관으로 1만 7천여점의 유물을 보유 · 전시하고 있다.

제1전시실의 한국인의 일생공간에서는 아들을 갖기를 원하는 아낙네들이 품고 다니던 작은 쇠도끼를 비롯해 어린아이들의 놀이기구, 혼례 · 상례 · 제례의 기구들, 뮛자리 그림책, 평생도(平生圖) 등을 볼 수 있으며, 식생활에서는 분청사기합 등의 그릇 · 수저를 비롯해 가자미 식혜, 오징어 순대, 노티, 고사리국, 비빔밥 등 향토음식, 다양한 상차림, 주방기구, 술빚기 용구, 부엌과 찬방의 모습 등이 재현되어 있다.

주생활공간은 기후조건과 자연환경에 따라 독특한 형태를 나타내는 각 지방의 집의 형태와 크기를 한눈에 조망할 수 있는 곳으로 안방, 마루, 사랑방, 살림집의 모습이 재현되어 있으며, 등불 · 등잔, 여름 · 겨우살이 용구, 부채, 표주박, 담뱃대 등이 진열되어 있다.

의생활공간에서는 남녀의 의상을 비롯해 남녀 머리꾸밈 용구, 바느질, 다듬질, 신발, 어린이옷, 장신구류 등을 전시하고 있다.

제2전시실은 생업과 관련된 유물을 전시한 곳으로 곡물을 저장할 때 쓰는 나락두지, 가마니틀, 길쌈에 필요한 물레, 사냥 때 쓰던 설피, 고기잡이에 사용하는 조개틀과 문어단지, 통발 등 요즘 보기 힘든 물품들이 가득 차 있다.

제3전시실의 민속공예공간에는 금속공예, 목공예, 화각공예, 종이공예, 나전공예, 도자공예, 돌공예, 자수공예 등 다양한 민속공예용품과 도구들이 전시되어 있으며 민간신앙과 오락공간에는 장승과 솟대, 마을 제사의 모습, 무속신앙, 민속불교, 놀이와 내기, 민속음악, 꼭두각시놀이 · 탈춤놀이 등의 세시풍속의 모습이 잘 나타나 있다.

제4전시실의 옛소리 감상실에서는 한국의 전통음악을 언제나 감상할 수 있다.

> 電 041)542-6001　　　　　　　　所 아산시 충무로 123

6) 서산해미읍성

왜구의 침략을 막기 위해 조선 태종 때 쌓은 석성이다. 낙안읍성, 고창읍성과 함께 현재 남아있는 조선시대 대표 읍성이다. 성벽의 높이는 5m, 성의 둘레는 1.8km에 달한다. 이순신장군도 서른다섯 살 때 이 성에서 종8품 훈련원 봉사로 열 달간 근무했다고 한다. 조선 초기의 성채의 특징을 잘 보여준다.

> 電 041)660-2540(서산시청)　　　　　所 충남 서산시 해미면 남문2로 143

(1) 서산마애삼존불

우리나라에서 발견된 마애불 중 가장 뛰어난 백제후기(6세기 중엽)의 걸작품으로 중앙에 석가여래입상, 오른쪽에 반가사유상, 왼쪽에 보살입상이 조각되어 있고 중앙에 있는 여래입상의 높이는 2.8m이다. 특히 빛이 비치는 방향에 따라 불상의 미소가 각기 달라져 백제의 미소라 부른다.

▲ 서산마애삼존불

(2) 당진 솔뫼성지

솔뫼는 소나무가 우거진 작은 동산이다. 우리나라 최초의 사제 김대건 신부가 어나 7세까지 성장한 곳이다. 김대건 신부는 1845년 상해 김가항성당에서 페레올 주교로부터 사제서품을 받아 경기도 용인 일대에서 사목활동을 하다 26세의 나이로 순교하였다. 김대건 신부의 일생과 한국 천주교 초기

역사를 살펴볼 수 있는 성지이다.

부근에 일출 · 일몰로 유명한 왜목마을, 실제 군함으로 된 함상박물관, 서해대교 삼교천방조제가 있다.

7) 안면도(자연휴양림 · 꽃지해수욕장)

2002년도 안면도 국제꽃박람회가 열렸던 충남 태안군 안면도 자연휴양림과 인근 꽃지해수욕장은 대단히 특색있는 곳이다. 특히 자연휴양림에는 아름다운 아름드리 해송숲이 우거지고 주변해수욕장을 이용하면서 며칠을 쉬어도 좋은 곳이다. 특히 봄철에는 수목원에 갖가지 꽃들이 만발하여 2002년 꽃박람회를 재현하고 있다. 휴양림 속에는 통나무집, 한옥 등 숙박시설과 산림전시관이 있다.

8) 세종특별자치시

(1) 세종호수공원

국내 최대의 인공호수로 평균수심 3m에 축구장 60배의 면적이다. 축제공간인 축제섬, 수상무대섬, 물놀이섬, 물꽃섬과 습지섬 등 5개의 인공섬이 조성되었다. 호수 주변에 산책로, 자전거도로가 이용하기 편리하고 특히 호수공원의 야경이 아름답다. 호수공원 인근에 조성된 방축천 수변공원도 친수공간으로 잘 조성되어 있다.

이 밖에 세종시에는 국립세종도서관, 금강자연휴양림, 베어트리파크, 뒤웅박간장 · 된장테마마을, 초정밀 우주측지관측센터 등이 있다.

전북 07

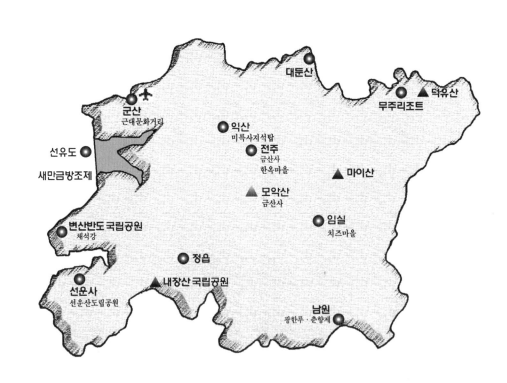

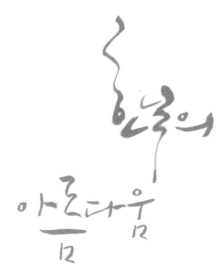

한국의

아름다움

축제 · 행사

전라북도는 약 40여개의 축제 · 행사를 개최하고 있다.

전주세계소리축제(10월), 남원춘향제(4월), 고창청보리밭축제(4월), 전주한지문화축제(5월), 정읍황토현동학농민기념제(5월), 무주반딧불축제(6월), 진안고원마을축제(8월), 김제지평선축제(10월), 남원흥부제(10월), 순창장류축제(11월), 고창모양성제(10월), 군산쭈꾸미축제(3월), 전주대사습놀이(5월) 등이다.

▲ 전북고창성제(고창군청 제공)

▲ 전북김제지평선축제(김제시청 제공)

1. 지역 개관

대표적인 관광지는 전주 한옥마을, 부안변산반도, 군산 근대문화유산, 임실 치즈마을, 남원 광한루, 무주리조트, 내장산 등이다.

• 지리적 환경

전라북도는 동쪽으로 소백산맥을 경계로 경상남도, 서쪽은 황해, 남쪽은 노령산맥을 경계로 전라남도, 북쪽은 금강 하류를 경계로 충청남도와 접하고 있다. 면적은 8,061.41㎢이다. 전라북도는 노령산맥을 경계로 동부 산악지대와 서부 평야지대로 구분된다. 100m 기준의 등고선 동쪽의 노령산지를 동부 산악지대, 황해안의 해안에서 동쪽의 노령산맥 산록 끝자락을 서부 평야지대라 한다. 동부 산악지대는 노령산맥에서 소백산맥에 이르는 산간지대로 해발고도 1,000m 이상인 산이 많고, 그 사이 여러 곳에 산간분지와 고원이 분포한다. 소백산맥에는 덕유산 · 적상산 · 지리산 등이 발달해 있고 노령산맥에는 운장산(1,126m)을 주봉으로 내장산 · 입암산 · 방장산 등이 발달해 있으며, 여기에서 갈라져 나온 지맥으로 대둔산 · 마이산 · 모악산 등이 있어 명승지를 이루어 국립공원이나 도립공원으로 지정된 곳이 많다.

호남평야의 형성과 주민생활에 가장 큰 영향을 미치는 수계는 만경강 수계와 동진강 수계이다. 진안군 팔공산이 발원지인 섬진강 수계는 동남부에 상류를 이루어 동부 산악지대를 소백산맥과 노령산맥으로 양분하며, 임실 · 남원 · 진안 · 순창 등지가 이 수계의 상류 분지들이다.

황해안의 주요 하천 하구에는 삼각주 대신 간석지가 넓게 발달해 하구는 삼각강(나팔강) 형태를 이룬다. 황해안의 조차가 6m에 이르고 금강 · 만경강 · 동진강을 통해 유출된 운반물질이 많은 데다, 이들 하천입구가 삼각강을 이루어 유출되는 하구가 서로 인접해 있으며, 연안류의 남하와 고군산군도의 방파제 역할로 하구연안에 넓은 간석지가 발달하는 데 유리하였다. 1920년대 이후 이들 간석지를 대상으로 한 간척공사로 금강 남부 하구, 만경강 북부, 계화도 연안, 동진강 하구에 국내 굴지의 대규모 간척지대가 조성되었고, 2010년도에는 새만금간척사업지구가 이곳을 중심으로 조성되었다

• 역사적 배경

전라북도는 조선시대에 지금의 전주가 이성계(李成桂)의 세거지지(世居之地)인 탓으로 이를 완산부(完山府)라 해 종2품 부윤을 두었다. 당시 경주·함흥·서경과 함께 네 곳만이 이러한 특전을 받았다. 조선시대에는 행정조직이 여러 번 개편되었으나 대체로 전국을 8도로 나누어 관찰사가 이를 관장하고, 그 밑에 부(府)·목(牧)·도호부(都護府)·군(郡)·현(縣)을 두었다. 전주에 관찰사가 주재해 현재의 전라남도·전라북도·제주도의 1부 4목 6도호부 11군 34현을 관할했다.

이 지방은 예로부터 예향의 고장으로서 전주를 중심으로 서예·전통공예·한지·부채 등의 전통민속공예품과 서예작품이 전시되는 묵향의 고장이다. 문화행사로는 전주의 전주대사습놀이·풍남제, 남원의 춘향제, 익산의 마한민속예술제, 김제의 벽골문화제 등의 행사가 매년 개최된다. 음식으로는 전주지방의 한식과 비빔밥 등의 전통음식과 토속음식이 널리 알려져 있다. 문화재로는 국보, 보물, 사적, 천연기념물, 중요무형문화재 등 국가지정문화재가 185점, 지방지정문화재 550점이 있다.

주요민속놀이는 익산기세배·위도띠뱃놀이·고창읍성답성놀이·익산농악·남원삼동굿놀이·김제입석줄다리기·삼례고전상여소리 등이다.

• 관광자원

전라북도의 관광자원은 전주 한옥촌, 무주리조트, 변산과 내장산 국립공원이 중심이다. 자연적 관광자원은 지리산국립공원·덕유산국립공원·변산반도국립공원, 내장산국립공원이 있는데 내장산은 조선 명종때 희묵대사가 산 안으로 들어갈수록 아름답다는 데서 유래하였고 서래봉, 백양사, 내장사가 자리하고 있다. 도립공원으로는 대둔산·마이산·선운산 등이 있다. 서해안에는 새만금관광지구, 변산해수욕장, 선유도, 채석강 등이 있다. 문화적 자원은 전주 한옥마을, 한국소리문화의 전당, 익산의 미륵사지 등이며, 그 외에도 덕유산 무주리조트, 임실치즈마을, 순창고추장마을, 남원 광한루가 유명관광지이고, 김제 지평선축제, 무주 반딧불 축제, 남원 춘향제가 대표축제이다.

2. 특산물

• 전주 한지

한지는 일명 조선지라고 하는 우리나라 고유의 종이이다. 전주지방의 한지 제조업은 입지와 전주천의 깨끗한 수질, 원재료 및 생산조건에 있어서 전주지방의 유리한 조건을 갖추고 있을 뿐만 아니라, 제조기술면에서도 오랜 역사와 전통을 갖고 있고, 재료가 되는 닥나무는 근교인 구이와 임실지역에서 생산하고 있다.

• 전주 부채(태극선 · 합죽선)

우리의 조상들은 단오가 가까와 오면 곧 여름철이라 하여 친지나 웃어른들에게 부채를 선물하는 풍습이 성했다. 부채 중에서도 전주산을 제일 좋은 것으로 쳐주었다. 특히 전주에서 만드는 태극선과 합죽선은 유명하다.

▲ 전주 부채

• 전주 이강주

이강주의 재료는 배와 봉동일대에서 생산되는 생강이다. 이강주는 독하지 않고 순수하며 입에 감치는 맛으로 얼마를 마셔도 취하지 않는 으뜸가는 명주로 인정받고 있다.

• 이리 귀금속

익산시에는 수출자유지역 내에 귀금속단지가 있어 진국에서 유일하게 각종 보석을 가공하여 국내의 수요뿐 아니라 외국에 수출을 하고 있다. 귀금속보석판매센터를 갖추고 있어 각종 제품을 저렴한 가격으로 판매하고 있다

(이리 귀금속판매센터 : 익산시 귀금속단지 내).

• 남원 목기

신라 때의 고찰인 실상사 승려들이 식기로 쓰이는 바루를 만들면서 정교하고 아름다운 형태의 목기를 비롯하여 제기, 상, 함지박, 화병, 모반 등 다양한 용도의 목기는 오늘날 실용성뿐만 아니라 장식으로도 널리 애용된다.

• 완주 동상곶감

동상계곡 일대는 예부터 곶감의 고장으로 알려져 있다. 여기서 나오는 고종시 감은 씨가 적고 맛이 좋은 감으로 대량 생산되어 옛날부터 상품으로 알려져 왔다. 또한 동상면과 고산면 일대에서 나오는 감을 이용해서 감식초가 생산된다. 이 감식초는 홍시감을 원료로 첨가물을 일절 넣지 않고 그대로 자연발효시켜 만들어낸다.

• 순창 전통 고추장

순창 고추장은 약간 검붉은 색깔에 윤기가 나며 감미롭고 특이한 맛이 혀를 감치게 한다. 이러한 순창 고추장은 순창이라는 고장의 대명사로 불리워질 만큼 유명하다.

• 고창 풍천장어

풍천장어는 서해의 바닷물과 선운사에서 흘러온 물이 만나는 풍천강에서 장어가 많이 잡혀 옛날부터 유명하였다. 바닷물과 민물이 만나는 풍천강에서 산란하여 태평양 등 먼 바다로 들어가 성장하면 돌아오는 회귀성을 지니고 있어 풍천강에서 많이 잡힌다.

• 고창 수박

고창 수박은 크고 당도가 높고 맛이 좋다고 평가받고 있다. 수박이 출하되는 7월 20일경에는 '수박제'를 열어 고창 수박을 전국에 자랑한다.

3. 별미음식

전라도는 맛의 고장으로 유명하다.

순창 고추장과 그것으로 맛을 낸 전주비빔밥이 가장 먼저 떠오를 것이다. 이밖에도 맛의 고장답게 여러 향토음식들이 있다.

• 전주비빔밥

전주비빔밥은 고관(高官)들이나 왕가에서 식도락으로 즐겼던 귀한 음식이다. 조선 삼대 음식의 하나로 일컬어져 온 전주비빔밥은 그 재료가 30여 가지나 된다. 콩나물과 청포묵, 찹쌀 고추장 등의 재료를 사용하여 만든 전주비빔밥은 그 맛이 독특하여 전주의 향토음식으로 각광받고 있다.

• 군산 꽃게장 백반

군산의 특산물인 꽃게를 다리를 문질러 씻어 물기를 뺀 후 간장과 물을 섞고 여기에 각종 양념과 한약재를 넣어 끓인 장에 3일간 숙성시킨 음식으로 짜지도 않고 떫은맛도 없는 독특한 맛이 나 이 고장을 찾는 관광객들이 많이 찾는 음식이다.

• 익산 우어회

예전부터 익산 웅포지역에서는 우어와 황복이 많이 잡혔는데, 최근 금강 하구 둑 공사로 인해 어족이 많이 줄어들었다. 우어는 맑고 깨끗한 물에서만 서식하는 절어와 같은 희귀어로써 맛의 결정은 산란기인 매년 3~4월까지이며 두번째 맛의 결정시기는 우어의 성숙기인 9~10월까지라 한다. 특히 우어는 부드럽고 뼈가 고소하며 감칠맛이 일품인데, 씹으면 씹을수록 제 맛을 더해 잃어버린 미각을 되찾는 데 일조를 한다.

• 부안 백합

서해안 청정지역에서 채취한 백합(생합)은 전국적으로 그 명성이 유명하여 소비자들의 미각을 돋구고 있다. 갖은 양념과 초고추장, 참기름을 곁들여 먹는 그 맛은 심포항의 자랑거리이다.

• 완주 순두부백반

순수한 우리나라 콩과 재래식 방법으로 만들어진 화심 순두부백반은 이미 여러 차례 TV방송을 통해 소개된 바 있다.

• 진안 애저탕

애저탕은 생후 1개월 전후의 어린 돼지를 마늘, 생강 등의 양념을 넣고 장작불로 삶아 만든 요리이며 고기가 부드러워 초장에 찍어 먹으면 그 맛이 일품이다. 특히 최근에는 건강관리 스테미너 음식으로 각광받고 있다.

• 남원 미꾸라지 숙회

미꾸라지 숙회는 비타민A를 다량 함유하고 있고 피부와 호흡기를 튼튼하게 해주며 성인병 환자에게 자양강장제의 효험이 있다. 또한 칼슘의 함유량이 많아 허약체질, 임산부에게도 건강식품으로 시골의 풍미와 맛을 간직한 남원의 대표적인 음식이다.

4. 주요 관광지

1) 전주 한옥마을

전주는 예로부터 선비의 도시로 유명했고, 또 전주비빔밥은 전주의 뛰어난 별미음식이다. 동고산은 진달래가 유명한 곳으로, 후삼국 통일의 야망을 품었던 견훤이 수많은 여첩을 거느리고 진달래를 즐기다 부자간에 반목을 일으켜 패가한 곳이라고도 한다.

교동과 풍남동 일대 700여 채의 전통 한옥으로 이루어져 있다. 일제강점기 때 일본 상인들이 성안으로 진출하자 이에 대한 반발로 형성됐다. 한옥체험관, 문화센터, 전통주박

▲ 전주한옥마을(한국관광공사 제공)

물관, 공예품전시관 등 다양한 체험시설이 들어서 있다. 비빔밥, 한정식 등 맛있는 전통음식도 여행의 맛을 더한다.

電 063)282-1330   所 전북 전주시 완산구 교동 일대

(1) 전주비빔밥

전주비빔밥은 고관들이나 양반집에서 식도락으로 즐겼던 귀한 음식이었다. 평양냉면, 개성탕반과 함께 조선 3대 음식의 하나로 유명한 전주비빔밥은 전주를 찾는 관광객이면 누구나 찾게 되는 향토음식이다.

전주비빔밥의 재료는 무려 30여 가지나 되며 콩나물, 청포묵, 찹쌀고추장, 쇠고기육회, 미나리, 시금치 등이다.

닭 삶은 국물과 등심살 삶은 국물을 혼합해서 소나무 가지나 솔방울로 불을 때어 꼬두밥을 짓고 퍼담아 식혀 가며 맑은 물을 살짝 풍기면 쌀밥에 고슬고슬한 윤이 흐른다.

별미 중 하나인 청포묵, 미나리를 무치고 삶은 고기를 밥에 넣고 표고버섯, 생육회 등을 담아 양념에 섞은 후 밥을 비벼먹으면 천하제일의 맛이라고 할 수 있다.

주변관광지 : 이성계 초상화를 모신 경기전, 덕진공원, 익산 미륵사지 5층석탑(국보 제289호)

(2) 마이산(馬耳山, Mai Mountain)

全州 진안군청에서 서남방 약 3km 지점에 위치한 馬耳산맥의 최고봉인 마이산은 1979년 10월 도립공원으로 지정된 바 있다.

마이산은 약 1억년 내외의 중생대 마지막 지질시대의 백악기(白堊紀)의 마이산 역암으로 되어 있으며 산체가 2개의 탑처럼 우뚝 솟아있는 경관적 특징을 가지고 있으며, 그 암석표면에는 수많은 풍화혈(암석표면의 ᄂ형)이 발달하여 학술적 가치가 높다. 산체 2개의 탑이 마치 말의 두 귀를 닮은 형상이라고 하여 이름도 마이산으로 지어졌다고 한다.

▲ 진안의 마이산과 돌탑

마이산의 숫마이봉(673m)은 동쪽에 서 있고 암마이산(667m)은 서쪽에 서 있다. 흙 한줌 볼 수 없는 수성암으로 빚어진 것으로 언뜻 보기엔 거대한 콘크리트구조물처럼 보이지만, 마이산의 眞景은 장승처럼 버티어 선 암수 두 마이봉과 기이한 형태의 돌탑군이 절경이라고 한다.

1885년경 이갑룡이라는 사람이 입산수도하면서 10여년 동안 쌓았다는 120여 개의 석탑군이 중앙에 일자로 세워져 있으며, 주변의 석탑은 자연석을 이용하여 음양오행의 이치에 따라 세운 것인데, 현재는 80여 개 정도가 남아 있다고 한다.

탑사 중앙에는 이갑룡 처사상과 사적비가 있다. 이 탑들은 비바람에도 무너지지 않는 신비한 것으로 천지탑, 오행탑 등의 이름이 지어진 것도 있다.

마이산은 산이 품고 있는 신비도 많거니와 이름도 많다. 신라 때는 西多山이라 부르다가 조선시대 태조는 속금산이라 명명하였고, 태종은 오늘날 부르는 마이산이라는 이름을 명명하였다.

재미있는 전설이 있다.

아득한 옛날 산신부부가 두 아이와 함께 살고 있었다. 그들이 하늘로 올라갈 때가 다가오자 남편 산신이 아내 산신에게 말하기를 사람들이 보지 않는 한밤중에 등천하자고 했다. 아내 산신은 밤에는 무섭고 또 피곤하다며 한잠 푹 자고 난 뒤 이른 새벽에 등천하자고 하여 남편 산신은 그 고집을 꺾지 못해 이튿날 새벽에 오르게 되었는데, 그만 아낙네에게 들켜 부정을 타게 되었다.

결국 주저앉고 말게 된 산신은 서로 다투고 돌아앉아 있는데 이것이 지금의 마이산이라고 한다. 화가 난 남편 산신이 아내 산신을 걷어차고 데리고 왔던 두 아이까지 빼앗았다. 그래서 지금도 암마이봉은 수마이봉과는 돌아앉은 자세로 고개를 떨구고 후회하는 모습을 하고 있다고 한다.

(3) 금산사(金山寺, Kumsansa Temple)

금산사는 김제군 금산면 금산리에 위치한 절로 백제 法王 원년(599년)에 왕이 직접 창건하였다고 하며, 신라 때 진표율사가 대규모의 사찰 그 면모를 일신시켰고, 후백제왕 견훤도 중창했다고 한다. 그 후 견훤이 아들 신검(神劍)에 의하여 유폐되었던 일은 유명하며, 고려 文宗 23년에 혜덕왕사가 주지로 있을 때 12당의 사우를 지은 때가 이 절의 전성기였다고 한다. 1597년 정유호란 때 불탄 것을 선조 34년(1602년)에 수문대사에 의하여 재건이 시작되어 30여년 만에 오늘과 같은 건물이 완공되었다고 역사는 기록하고 있다.

금산사에는 국내 유일의 3층불당인 미륵전이 국보 제62호로 지정되어 있고, 보물로는 노주(露柱), 연화, 석련대(石蓮臺), 혜덕왕사진흥탑비, 5층 석탑, 석종, 6각 다층석탑, 당간지주, 심원암화강 3층석탑 등 귀중한 문화재가 많이 보관되어 있다.

이 금산사가 들어있는 모악산은 산세는 작지만 정상인 국사봉에 오르면 사방이 환히 트여 전망이 좋을 뿐만 아니라 하이킹코스로도 알맞다.

所 김제시 금산면　　　　　　　　　　電 063)548-4441
交 금산사IC → 원평으로 들어가 동남쪽 16km
食 산채비빔밥(김제식당 063)548-4097, 김제시)

(2) 임실치즈마을

한국 치즈의 원조라고 할 수 있는 임실 치즈를 맛보고 경험할 수 있는 곳이다. 경운기 타기, 치즈만들기, 푸른 초원에서 즐기는 초지썰매타기, 송아지 우유주기 등의 체험이 가능하다. 이외에도 모내기 체험과 고추 따기, 감자와 고구마 캐기 등 수확 체험을 할 수 있다.

(5) 미륵사지 석탑

우리나라에서 가장 크고 오래된 석탑이다. 백제 무왕 639년에 건립되었는데 백제석탑

▲ 미륵사지 5층석탑(백제시대)

의 시원형식(始源形式)으로 한국석탑(石塔) 전체의 출발점으로 여겨진다. 신라식 석탑과 달리 상하기단이 없고 4각형에 3간(間)의 다층탑을 쌓아올렸다.

2) 남원 춘향제(南原 春香祭, Namwon Chunhyang Festival) · 광한루

남원 춘향제는 춘향의 높은 정절을 기리고 그 얼을 계승·발전시키기 위해 매년 음력 4월 8일에 열리는 남원의 전통민속 제전이다.

이 문화제는 1931년 춘향의 사당인 춘향사를 짓고, 그 해부터 이도령과 춘향이 처음 만났다는 5월 단오를 기해 매년 행사를 열어 왔으나, 이때가 농번기라서 춘향의 생일인 4월 8일에 개최하고 있다.

광한루 옆에는 춘향의 영정

〈그림 18〉 남원 광한루 위치도

이 모셔진 춘향사가 있으며, 초가집으로 지어진 월매의 집에서는 동동주 등을 팔고 있고, 그 맞은편에는 춘향이와 이도령을 만나게 해 준 그네가 매달려 있다.

▲ 남원광한루

광한루(보물 제281호)는 황희정승이 유배되어 지은 누각으로 광통루(廣通樓)라 했다. 세종 26년 전라 관찰사 정인지가 남원 순시 길에 광통루에 올라 "광한청허부(廣寒淸虛府)가 바로 이곳이 아니더냐"라고 감탄하여 광한루라 고쳐 불렀다고 한다.

　세조 7년 새로 부임한 장의국은 광한루 앞에 호수를 만들고 오작교를 만들었으며, 송강 정철은 삼신산을 상징하는 섬을 구축하여 천체와 우주를 상징하는 각종 설비를 조성했다. 그러나 정유재란때 왜군에 의해 완전 소실되어 선조 40년 작은 규모의 누각을 세웠으나, 얼마 후 퇴락하여 무너지고 옛 모습을 잃게 되었다.

　남원에서는 이 곳 광한루를 무대로 한 '춘향전'의 작가를 채주익이라 믿고 있다. 채주익은 문과에 급제하였으나 풍류를 즐겨 기방출입이 잦았는데, 그때마다 기생들에게 '춘향전'의 가사를 지어 들려주었다고 한다.

　광한루의 본관 동쪽에는 '만고열녀 춘향사'라는 현판이 걸린 춘향사당이 있는데, 입구에는 '님 향한 일편단심(一片丹心)'을 줄여 단심이라고 쓴 단심문(丹心門)이 있다.

　춘향의 영정을 모신 춘향사와 오작교의 잉어떼를 보고 월매집의 동동주 한잔 마시고 그네를 타면 이도령과 춘향이가 된 기분이 든다.

電 063)620-6114　　　　　　　所 남원시 요천로 1447

3) 내장산국립공원(內藏山國立公園, Najangsan National Park)

　노령산맥의 중남부에 위치한 내장산은 全羅南道의 경계가 되기도 하며, 그 부근에 입암산성(笠岩山城)을 포함한 전남의 장성군과 전북의 순창군·정읍군이 이에 해당되어 총면적은 76.032km²이다.

　내장산은 1971년 11월 17일에 국립공원으로 지정되었으며, 가을 단풍이 명하다.

　내장산의 해발고도는 640m이며 山 전체 모양이 금강산과 비슷하

〈그림 19〉 내장산 위치도

다고 하여 내금강(內金剛)이란 별명도 있으며, 내장산을 중심으로 서래봉, 불출봉, 연지봉 등이 말발굽 모양으로 발달하였는데, 이와는 반대로 白羊寺의 북쪽에는 사자봉, 백학봉, 상왕봉이 능선을 형성하고 있다. 예로부터 이곳은 조선 8경의 하나로 되어 있고 남원의 지리산, 영암의 월출산, 장흥의 천관산, 부안의 의상봉(倚上峰)과 함께 호남 五大名山으로 손꼽히고 있다.

백양사쪽에는 龍水와 금강폭포 등 6개소의 폭포가 장관을 이루고 있다. 특히 이 지역에는 가을단풍이 탁월하여 「春白羊」「秋內藏」이란 말까지 전해져 오고 있는데, 단풍나무 종류로는 신갈나무, 고로쇠나무, 단풍나무, 좁은단풍나무 등 30여종에 이르고, 가을에 굴참나무의 변색(變色)은 단풍경치의 극치를 이룬다고 한다.

그리고 내장산 일대의 굴거리나무 군라(群落)은 천연기념물 제91호로, 비자나무 群落은 제153호로 지정되어 있고, 천연기념물 제24호 까막딱다구리, 제243호 검은독수리 등이 서식하고 있다.

내장사는 백제 무왕 37년(636년)에 영은선사가 50여동의 대가람을 세우고 영은사라 칭한 이래 조선 중종 34년에 소실되었다가 명종 22년에 희묵대사가 사우를 중창하고, 정조 3년(1779년)에 영운대사가 대웅전을 중수하는 등 4회에 걸쳐 중수하였다. 이렇게 역사가 깊은 이 절은 6·25전쟁으로 인하여 소실된 것을 1958년 주지 다천이 대웅전을 중건하고 1971년 내장산 국립공원의 지정과 함께 사찰복원사업이 이루어졌다.

電 063)538-7886(정읍), 061)392-7288(장성 백양사)
所 전북 정읍시, 전남 장성군

(1) 선운사(禪雲寺, Sununsa Temple)

울창한 동백나무 숲으로 뒤덮여 있는 선운사는 신라시대 진감국사(眞鑑國師)가 창건하였고 많은 문화재와 서해안의 아름다운 경관을 포용하고 있다. 선운사에서 1.6km 떨어진 도솔암은 신라 24대 진흥왕비 도솔이 삭발하고 수도했다 해서 도솔암이라 부른다.

선운사의 동백나무숲(천연기념물 제184호)은 30m 폭에 1km 넓이, 약

16.500km²에 퍼져 있는 거대한 숲이다. 선운산은 1979년 12월 27일 도립공원으로 지정되었다.

선운사의 중요한 보물로는 대웅보전(大雄寶殿, 보물 제290호), 금강보살좌상(金剛菩薩坐像, 보물 제279호), 지장보살좌상(地藏菩薩坐像, 보물 제280호) 등이 있다. 특히 명부전에 있는 지장보살좌상은 향나무에 조각해 금박을 입혀 그 상이 원만하다. 그 양쪽에 서 있는 십왕상도 걸작이지만 문 입구 양쪽에 서 있는 금강역사상(金剛力士像)의 목각제품은 더욱 예술성이 높다.

電 063)560-8681　　　　所 고창군 아산면 선운사로 158-4

4) 변산반도국립공원 · 채석강

국내 국립공원 중 유일하게 산과 바다가 어우러져 있다. 해안가는 외변산, 내륙 산악지역은 내변산으로 구분한다. 개암사, 내소사, 월명암 등 유서 깊은 고찰과 직소폭고, 봉래구곡, 낙조대 등 승경이 곳곳에 있다. 변산, 격포, 고사포 해수욕장 등 3개의 해수욕장까지 갖추어 사시사철 수많은 탐방객이 찾는다.

변산반도에는 곳곳에 해안절벽이 파도에 부딪혀 아름다운 절경을 이루는데, 반도 서쪽 끝머리에 있는 채석강(採石江)은 특히 유명하다.

이 강은 강물이 흐르는 것이 아니라, 수성암(水成岩)이 오랫동안 침강하면서 물결에 씻긴 듯한 바위가 마치 수만권의 책을 겹쳐 쌓은 것처럼 신비롭다.

옛날 중국의 시성(詩聖) 이태백이 술에 취해 뱃놀이를 하다 '이백(李白)이 기경비상천(騎鯨飛上天)하는 강남풍월(江南風月)이 한다년(閒多年)이라'하는 절세의 시 한 수를 남기고 익사한 채석강과 모든 점이 닮은 데가 많아 채석강이란 이름이 붙여졌다고 한다.

주변에는 넓고 고운 모래 백사장을 가진 변산해수욕장이 있다.

所 부안군 변산면 격포리 301-1

(1) 선유도

▲ 선유도

선유도(仙遊島)라는 이름은 섬과 경치가 아름다워 신선이 놀았다 하여 부르게 된 것이라고 전한다. 군산시 옥도면에 있는 고군산군도(古群山群島)의 중심섬이다. 본래는 3개의 섬이 각각 독립되었으나 해안사구(海岸砂丘)로 연결되어 현재는 해수욕장으로 이용되고 있다.

2009년 새만금방조제 공사로 이후 선유도가 연륙되었다.

(2) 군산근대문화거리

일제강점기 시절 군산은 일제가 쌀과 자원을 수탈해가는 출구였다. 이런 까닭에 군산에는 당시의 건축물들이 많이 남아있다. 군산세관, 국내 유일의 일본식 사찰 동국사, 히로쓰 가옥 등 군산에서 만나는 건축물들은 당시로 시간여행을 떠나게 해준다. 근대역사박물관도 함께 돌아보면 좋다.

電 063)454-3334(군산시청 관광진흥과)　　所 전북 군산시 월명동 일대

5) 무주리조트(Muju Resort)·덕유산

우리나라 스키장 중 가장 남쪽에 위치한 무주리조트는 국립공원 덕유산에 지난 1990년에 개장된 스키장으로 1997년 12월에 동계유니버시아드가 개최된 곳으로 유명하다.

총면적 7,333,000㎡에 스키장, 골프장, 집단시설지가 들어서 있는 무주리조트는 국제스키연맹(FIS) 공인의 슬로프 총 23면을 보유하고 있으며, 입체적인 슬로프 설계로 하급부터 상급까지 많은 스키어들이 즐길 수 있다.

무주리조트는 야외 온천탕이 있다. 4계절 송림욕과 함께 즐길 수 있는 노보리벳츠식 온천욕이다. 서구식 오리엔탈 모드로 사우나에서 수영장, 온천, 광천장에 이르기까지 최고급 분위기를 즐길 수 있다. 티롤호텔은 유럽 오스트리아 스키의 고장 티롤을 옮겨온 건축경관이다. 일본 홋카이도, 노보리벳츠식 온천탕의 순 온천제도를 도

〈그림 20〉 무주리조트

입하였다. 남녀, 연령 제한 없이 온 가족이 함께 수영복을 착용하고 눈 덮인 설원을 배경으로 노천 온천탕에서 휴식을 취할 수 있다.

電 063)322-9000　　　　　　　所 무주군 설천면 만선로 184

(1) 태권도원

태권도는 한국대표 문화키워드 중 하나다. 태권도 종주국 한국태권도의 본부가 이곳이다. 약 230만m² 면적에 조성되어 있는데 이는 여의도 면적의 절반에 해당된다. 체험공간인 도전의장, 수련공간 도약의장, 상징공간인 도달의장으로 크게 구분된다.

도전의장 T1경기장은 세계최대규모의 태권도 전용경기장이다. 관광객들이 볼만한 곳은 박물관과 체험관으로 태권도 역사와 태권도 품새를 따라 해 볼 수 있다.

태권도 전망대는 모노레일을 타고 오를 수 있으며 신석기시대 빗살무늬를 연상하는 전망대에서 멀리 1,000m 이상의 높은 봉우리들을 바라볼 수 있다.

태권도원 T1경기장에서는 매일 시범경기가 있고 이후 온전·오후에 태권

도체조배우기, 호신술배우기가 있다.

6) 대둔산(大芚山, Taedunsan Mountain)

충청남도 금산군과 논산시, 전라북도의 완주군 사이에 분포하는 山 즉 忠南과 全北의 양도 경계에 위치하는 대둔산은 그 경치가 아름다워 전라북도에서는 1977년 3월 23일(38.100km²), 충청남도에서는 3년 후인 1980년 5월 22일(24.856km²)에 道立公園으로 지정되었다.

대둔산은 岩石山으로 오랜 침식으로 인하여 기암괴석과 절벽이 많아 그 경치가 아름답고 특히 임금바위와 입석대(立石臺)를 잇는 금강구름다리 부근의 경관은 절경이다. 호남의 '金剛' 또는 '小雪岳山'이라고도 불리는 名山인 대둔산을 두고, 신라의 원효대사는 사흘을 둘러보고도 발이 떨어지지 않는 산이라 했고, 만해 한용운은 대둔산 태고사를 보지 않고는 천하의 승지를 말하지 말라 했으며, 조선의 우암 송시열도 이 산의 경관을 극구 찬양했다는 기록이 전해지고 있다.

특히 대둔산 주변에는 계룡산을 비롯하여 大川해수욕장과 유성·온양·도고·덕산 등 자연온천 분출이 많고, 부여지역에는 고적자원 유적이 많아 관광자원의 보고로 일컬어지고 있다.

5. 레포츠

1) 드라이브 코스

• 변산국립공원 해안도로와 새만금방조제

격포에서 곰소인 해안도로를 달리다 보면 가장 걷고 싶은 길로 꼽히는 내소사 입구 전나무숲, 한국적인 어촌의 모습을 그대로 간직하고 있는 모항 왕포작당, 상록해수욕장 등을 차례로 만나게 된다. 부안읍에서 격포로 가다 변산해수욕장 조금 못미친 변산면 대항리에 이르면 둑 길이가 80리가 넘는 새만금방조제를 볼 수 있다. 변산해수욕장을 지나 변산면 도청리에 다다르면 야산에 자리잡은 금구 조각공원이 눈에 들어온다. 또 곰소항에 들르면 최고 품질의 젓갈을 맛볼 수 있다. 부안에는 이밖에 이태백이 달의 그림자를 잡으려다 빠져 죽었다는 중국의 채석강만큼 아름답다 하여 이름붙여진 채석강과 적벽강, 백제 부흥의 꿈이 서린 우금산성, 변산 8경의 으뜸인 내변산 직소폭포 등 유적과 명소가 즐비하다.

새만금방조제는 전라북도 군산시에서 부일군 변산면까지 약 34km를 연결하는 방조제이다. 1991년 11월부터 공사를 시작해서 2010년 4월 27일 준공되었다. 새만금방조제는 기존에 세계에서 가장 긴 방조제로 알려진 네덜란드의 자위더르방조제(32.5km)보다 1.4km 더 길어 세계 최장(33.9km) 방조제로 기네스북에 등재되었다. 조성된 간척지에는 농업단지, 산업단지, 관광단지, 물류단지와 배후도시, 국제업무지구 등이 조성될 예정이다.

電 063)582-7808(변산반도국립공원), 063)467-6030(군산 새만금관광안내소)

전남

광주

전남 · 광주 **08**

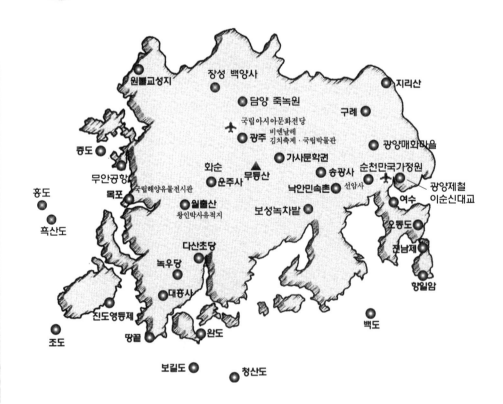

원불교성지

장성 백양사

지리산

담양 죽녹원

구례

국립아시아문화전당
광양매화마을

증도

광주 비엔날레
김치축제 · 국립박물관

무안공항

가사문학권

화순

송광사

순천만국가정원

국립해양유물전시관

윤주사

무등산

낙안민속촌

선암사

홍도

목포

흑산도

월출산

보성녹차밭

광양제철
이순신대교

왕인박사유적지

여수

다산초당

오동도

녹우당

전남제

대흥사

항일암

진도영등제

백도

조도

땅끝

완도

보길도

청산도

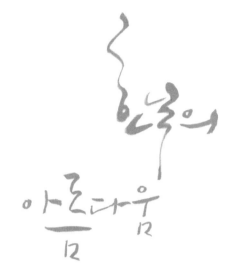

호남의
아름다움

축제 · 행사

• 광주시

광주비엔날레(짝수연도 9 · 10월), 광주대자인비엔날레(홀수연도 10월), 김치축제(10월), 임방울국악제(10월), 7080충장로축제(10월), 고싸움놀이(2월), 서창만드리풍년제(7월)

• 전라남도

남도음식축제(11월) 등 약 60여개이다.

향일암일출제(1월), 광양매화축제(3월), 진도신비의 바닷길축제(3월), 구례산수유축제(3월), 청산도슬로우걷기(4월), 영암왕인축제(4월), 신안튤립축제(4월), 고흥우주항공축제(4월), 장보고수산물축제(5월), 보성다향제(5월), 정남진장흥물축제(7월), 강진청자축제(8월), 무안연꽃축제(8월), 불갑산상사화축제(9월), 곡성심청축제(10월), 명량대첩축제(10월), 국제농업박람회(10월), 화순힐링푸드페스티벌(10월), 순천만갈대축제(10월), 함평나비축제(5월), 목포해양문화축제(8월) 등이다.

▲ 광주충장7080축제(광주시청 제공)

▲ 전남남도 음식문화큰잔치(한국관광공사 제공)

1. 지역 개관

전라남도 · 광주의 대표적인 관광지는 무등산국립공원, 지리산국립공원,곡성 섬진강기차마을, 담양 죽녹원, 보성 녹차원, 순천만정원, 낙안읍성, 신안 증도, 여수향일암, 여수해양공원과 오동도, 광양 매화마을 등이다.

• 지리적 환경

전라남도는 영산강(榮山江) 연안에 넓은 나주평야가 전개되어 있으나 대체로 산지가 넓은 지형을 이룬다. 백두대간(白頭大幹)의 남단을 이루는 소백산맥(小白山脈)이 북동쪽에 큰 잔구(殘丘)인 **지리산**(智異山, 1,915m)을 형성하고, 이를 정점으로 대략 세 가닥의 산줄기가 뻗어 내린다.

서쪽 산줄기는 추월산(731m) · 무등산(1,187m) · 월출산(809m)으로 이어지고, 두륜산(703m)을 거쳐 해남반도를 형성하고 완도(莞島)를 비롯한 많은 섬을 이룬다. 또 한 줄기는 이보다 동쪽 중앙의 모후산(919m) · 조계산(884m) 등을 거쳐 고흥반도에서 팔영산(609m) · 내나로도 · 외나로도 등으로 연결된다.

동쪽의 산줄기는 반야봉(1,751m)을 기점으로 **섬진강**(蟾津江)이 이룬 횡곡(橫谷)을 건너 백운산(1,248m)과 여수반도의 영취산(510m)으로 이어지며, 다시 돌산도 · 금오도 등으로 이어진다. 이들 산지와 별도로 황해안 가까이에는 노령산맥이 뻗어내려 내장산(內藏山, 763m) · 유달산(228m)과 나주군도(羅州群島) 등을 형성한다.

나주평야에는 영산강이 느린 자유곡류를 그리며 황해로 흘러든다. 동쪽 끝에는 섬진강이 압록(鴨綠) 부근에서 횡곡(橫谷)을 형성하고 경상남도와의 경계를 이루면서 남해로 흘러든다. 이 외에 장흥 탐진강(耽津江) · 순천 동천(東川) 등의 짧은 강이 남류해 강진만 · 순천만으로 흘러들고, 보성강은 유일하게 북류하다가 섬진강으로 흐른다.

해안선은 침강에 의해 심한 리아스식 해안을 이루는데 황해안에서는 해제반도 · 무안반도 등을 이루고, 남해안에서는 해남 · 장흥 · 고흥 · 여수 등의 반도를 이룬다. 이들 사이에는 해남만 · 강진만 · 보성만 · 순천만 · 여수만 · 광양만 등의 바다가 만입하고, 진도 · 완도 · 돌산도(突山島) 등을 비롯한 무수한 섬을 이루어 **다도해**를 형성한다.

이들 반도와 섬 사이에는 황해가 한국과 중국 사이에 깊숙이 만입하고, 간만의 차가 커 빠른 조류(潮流)를 일으키는데, 특히 우수영반도(右水營半島)와 진도 사이의 울돌목[鳴梁]은 시속 28km의 빠른 조류로 유명해 임진왜란 때 이충무공은 이 조류를 잘 이용해 왜적을 물리쳤다. 섬은 전국의 62%인 1,965개가 있으며 이 중 유인도는 약 250여개이다.

영산강유역개발계획으로 축조된 영암호가 있으며, 득량만·해창만 등의 대규모 간척지가 조성되었다.

• 역사와 문화

예로부터 광주와 남도를 예술의 고장 예향(藝鄕)이라 불렀다. 조선 중기에는 담양의 송강(松江, 鄭澈)문학, 해남의 고산(孤山, 尹善道)문학이 조선시대 단가(短歌)의 양대 산맥을 이루었고, 공재(恭齋, 尹斗緖), 의재(毅齋, 許百練)를 대표하는 남화를 비롯해 소치(小痴, 許維), 소전(素筌, 孫在馨)으로 이어지는 서예의 대가가 있다.

가창에는 동편제(東便制)의 송만갑(宋萬甲), 서편제(西便制)의 신재오(申在五)·임방울(林芳蔚)로 나눠진 남도창이 우리나라 가락을 대표해 오늘날까지 맥이 이어지고 있다. 또한 무형문화재의 보고로 진도의 진도아리랑·진도만가(輓歌)·진도씻김굿·진도다시래기·남도들노래·강강술래 등 다양하다. 이 외에 나주의 샛골나이, 곡성의 돌실나이, 함평의 농요, 구례의 향제(鄕制) 줄풍류, 거문도의 뱃노래 등 무형문화재가 많다.

광주와 전남의 문화유산은 화엄사의 각황전(覺皇殿) 등 국보를 비롯하여 보물, 사적 등 국가지정문화재 350여점, 도지정문화재 1,100여점이 있어 전국 문화재 총수의 약10%를 차지한다.

광주시는 1986년 11월 1일에 직할시로 되었다. 1988년 전라남도 송정시와 광산군이 직할시에 편입되면서 광산구가 설치되었다. 1995년 1월 1일 직할시의 명칭이 광역시로 변경되었다.

• 관광자원

전라남도와 광주의 관광자원은 청정해역과 푸른 산악관광 지역이 넓게 펼쳐지고, 풍부한 문화유산 등 우수한 관광자원이 많다. 관광지로는 무등산 국립공원, 노고단(老姑壇)·반야봉(盤若峰)·피아골·화엄사·천은사 등의 명소

가 있는 지리산국립공원을 비롯해 내장산국립공원 · 한려해상국립공원 · 다도
해해상국립공원 · 월출산국립공원 · 무등산국립공원의 6개 국립공원과 무안 갯
벌도립공원 · 조계산 · 팔영산 · 두륜산 · 천관산 도립공원 등이 있다. 예부터
지리산(방장산)은 한라산(영주산), 금강산(봉래산)과 함께 삼신산(三神山)이라
했고 1968년 한국 최초의 국립공원이다. 세계적으로는 미국의 엘로스톤 공
원이 제1호 국립공원으로 지정되었다. 지리산의 화엄사는 신라 흥덕왕 때부
터 한국 최초의 차재배지이며, 화엄사의 각황전은 우리나라 최대의 목조건축
물이고 석등 또한 가장 크다.

  전라남도 **홍도**는 섬전체가 천연기념물로 지정 되어 설악산 한라산과 함께
한국의 3대 천연보호구역이다. 화순군 화순 · 도곡온천과 함께 월출산 · 지리
산 등에 온천이 개발되어 있고, **해남군의 땅끝**, 진도의 회동과 모도사이의 썰
물 때의 바다가 열리는 육계도화(陸繫島化)현상인 신비의 바다길도 매력적인
자연적 관광자원이다. 국립공원으로는 한국에서 2,035㎢로 가장 넓은 다도
해상국립공원에는 홍도 흑산도, 청산도, 백도, 비렁길로 유명한 여수 금오도
등이 수놓아져 있다. 2012년 여수 세계박람회 이후 여수의 해양박람회장,
오동도, 향일암, 해상케이블카가 더욱 명소화 되어가고 있다.

  문화적 자원으로는 순천 **송광사**가 승보사찰로서 불보사찰 양산 통도사,
법보사찰 합천 해인사와 함께 3보사찰로 유명하다. 전남에는 화엄사, 선암
사, 대흥사, 운주사, **백양사**, 불갑사, 쌍봉사, 증심사등 불교 사찰이 유난히
많다. 광주 무등산 국립공원 자락에서 16세기에 꽃피운 찬란한 가사문학은
'예향'의 대표적 상징이다. 송강 정철의 '성산별곡'으로 유명한 식영정과 면앙
정, 환벽당, 조선시대 대표적 민간정원인 소쇄원 등이 가사문학권을 형성해
내국인의 관광지 목적지로 인기가 높다. 10월 중순에 광주에서 개최되는 광
주김치대축제와 광주비엔날레, 충장로 7080 축제와 더불어 아시아문화전당,
유네스코기록유산인 5 · 18기록과 관련된 장소도 외부인의 관심이 높아지는
관광자원이다. 신안군 증도슬로시티, 담양의 죽녹원, 강진군의 다산초당, 장
흥의 토요시장, 순천시의 낙안읍성, 진도의 운림산방과 토요민속 공연에도
사계절 찾는 사람이 많다.

  또한 서해안과 남해안에는 전라좌수영 겸 삼도수군통제영이 있던 여수의
진남관(鎭南館), 선소(船所 : 거북선 조선소) 등 이충무공 관련 유적이 많다. 영

광군은 전국에 포교되고 있는 원불교(圓佛敎)를 일으킨 소태산(少太山) 박중빈(朴重彬)의 탄생지여서 순례자가 많다.

2. 특산물

1) 광 주

• 무등산수박

무등산수박은 광주의 특산품 중에서 가장 널리 알려져 있는 것이다.

일명 푸랭이 수박으로 불리는 길쭉한 이 수박은 팔월 한가위와 시월 상달에 제찬으로 올려지던 전통에 따라 대개 8월 중하순 이후 출하되어 왔었다. 때 지난 시기의 여름 과일인데 고산지대에서 재배된 탓에 특수한 향기와 맛이 별미이며 그 크기로도 유명하다. 특히 큰 것은 30kg이나 나가는 것도 있다.

• 춘설차

무등산 중봉에 위치한 차밭에서 재배되며 4월 말에서 5월 초순에 첫순을 따 만든다.

• 진다리붓

4대째 붓을 만들고 있는 안씨일가가 진다리(현 백운동)에 정착하면서부터 이어져 오고 있다. 진다리는 동네의 옛 이름을 따서 만든 것이다. 광주 예술의거리에서 살 수 있다.

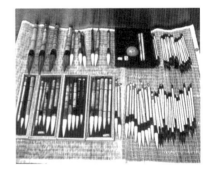

▲ 진다리붓

2) 전 남

• 나주배

나주지방의 기후와 풍토가 배의 생육에 알맞아 맛이 일품이고, 육질이 좋고 과즙이 많을 뿐만 아니라 맛이 은은해서 한 번 먹어본 사람이면 나주배의 그윽한 맛을 잊을 수 없다.

• 토하젓

토하젓은 몸길이 35mm가량의 민물새우로 담근 것이며 나주군, 강진군지역에서 생산된다.

• 영광 굴비

조기를 소금에 절여 해풍에 자연 건조한 칠산 앞바다의 명물이다. 고려 인종 때 이자겸이 영광 법성포로 유배되어 왔을 때 칠산 앞바다에서 잡힌 조기가 너무 맛있어 임금께 진상하면서 '비굴하게 살지 않겠다'면서 '굴비'로 바꿔 써서 올린 데서 유래되었다.

• 보성 녹차

보성군 일대는 국내 최대의 차 생산지로 각광을 받고 있다. 전국 차의 70%를 보성에서 생산하고 있다.

• 강진 고려청자

옛날부터 강진군 대구면에는 관요인 고려청자 도요지가 있어 세계 제일의 청자를 생산하였다. 그 영향을 받아 강진군에서는 이 청자를 재현시켰다.

• 완도 김과 미역

완도는 전국에서 김과 미역농사가 가장 활발하다. 우리나라에서 생산되는 김과 미역의 4분의 1이 완도에서 생산된다.

• 담양 죽세품

담양은 '대나무의 고장'으로 불릴 만큼 대나무가 많은 죽림(竹林)의 주산지이다. 그래서 대나무를 이용한 죽세공예품이 많다. 담양에서는 세계 유일의 죽세품시장이 5일마다 열리고 있으며, 죽물박물관에 가면 옛날 죽제품들이나 외국산 죽제품 등이 전시되어 있다(담양죽물박물관 : 담양군 담양읍 천변리 061) 381-4111).

• 여수 돌산갓

특유의 매운맛 성분과 향기가 있어 식욕을 돋워 주며 김치는 저장성이 좋아 보관이 용이하다.

• 고흥 유자

씨로 묘목을 생산하여 과실의 얽음 정도가 타지역사보다 맑고 비타민 C가 귤의 3배 정도 들어 있어 구연산이 풍부하며 피로회복과 소화액의 분비촉진에 좋다.

3. 별미음식

전라도 사람 앞에서는 맛자랑을 하지 말라는 말이 있다.

감칠맛 나는 창평엿을 비롯하여, 한 사발에 1년을 더 살 수 있다는 백운산의 고로쇠물, 광양의 숯불갈비가 있는가 하면, 갯가에 있는 포구에는 가지가지의 젓갈이 유명하다.

이 중에는 여수의 멸치젓과 깨장어국, 보성의 전어창자로 된 돈배젓 또는 밤젓, 장흥 탐진강의 은어회는 전래의 요리법이 감춰진 명물이다.

낙지나 장어 또는 굴비는 어느 곳에서나 볼 수 있고 목포나 영암의 세발낙지의 맛이나 명산 장어(무안군 몽탄면), 영광굴비의 맛은 전국에 그 이름이 알려져 있을 정도이다.

1) 전통음식

• 주식류

해물영양밥, 오향장육(오리에 한약재를 넣은 오리요리), 피문어보양탕, 미역

죽, 전복죽 등

• 주류·음료

배숙, 백일주, 강하주, 구기자식혜, 구기자 동동주 등

• 병과류

현미 쌀과자, 생강유과, 팥영양갱, 곶감쌈, 웃주지(찹쌀전병), 밤숙떡, 죽순정과, 깻잎·고추부각, 각색 부각, 육포, 우엉산적, 구절판 고추유과, 우찌지(부꾸미), 표고찜, 산적모듬, 현미·쌀강정모듬, 볶음떡, 꽃누름적, 유과, 구기자 찹쌀떡 등

• 부식류

홍어찜, 홍어탕, 고들빼기 김치, 도토리묵, 매실김치, 죽순나물, 죽순찜, 죽순회, 큰상 문어찜, 꽃게장, 보릿가루 깻잎튀김, 우렁회, 물천어 조림, 신선로, 대합찜, 조개젓, 자외젓(세화젓), 황가 오리찜, 모치젓, 황실이젓, 숭어젓, 고추장 굴비, 마른 조기, 안주 백새우젓 무침, 장(석박)김치 등

2) 현대음식

• 광주 한정식

원래 한정식은 양반가의 음식으로 격식이 복잡하고 맵시를 부린 음식이 많아 사치스러운 특징을 가지고 있다. 밥상에 오르는 반찬의 가짓수가 많으며 한 가지 양념이라도 여러 재료를 복합적으로 사용하여 양념도 갖가지를 넣어 다양한 음식 맛을 낸다.

특히 광주의 한정식은 한 상에 올라오는 음식의 가짓수가 매우 많아 상다리가 휠 정도라는 표현이 무색치 않다. 전라도가 자랑하는 밑반찬은 갖가지 젓갈류와 김치류를 위시하여 육류며 생선류 등 여러 가지 산해진미가 푸짐하다. 음식의 맛을 일일이 설명할 수는 없지만, 한 예로 물김치를 들면 산악지대에서 난 배추를 엄선하고 국물은 바닷게와 왕새우를 넣고 끓인 것에 배, 사과, 잣, 미나리를 넣고 담궈 여름 내내 독에 넣고 묻어 둔 것을 꺼내 놓는다.

광주송정리와 담양의 떡갈비도 향토음식으로 유명하다.

• 목포 낙지연포

낙지연포는 쫄깃쫄깃하면서도 입 안에 착 감기는 낙지 고유의 맛을 살리기 위해 양념을 되도록 적게 사용한 음식이다.

• 여수 노래미탕 · 서대회

산뜻한 국물맛이 자랑인 노래미탕은 여수의 대표적인 향토음식 중 하나이다. 단백질과 지방질이 풍부한 노래미를 주재료로 하여 해장국으로 좋다. 노래미 중에서도 보리가 익을 무렵 잡은 보리 노래미의 맛이 최고이다.

• 순천 표고무침 · 빈대떡 · 더덕구이 · 파전

향토의 서정이 짙게 깔린 낙안읍성 민속마을에서 찹쌀 동동주나 사삼주잔을 기울이며 즐기는 전통음식이다.

• 나주곰탕

나주곰탕은 24시간 무쇠솥에서 고아내는 한우 사골의 진한 국물이 일품이다. 양지머리 사태 등 고기맛도 뛰어나다. 나주군청 맞은편에 위치한 '하얀집'은 3대째 1백년의 전통을 잇고 있다. 예전부터 나주 5일시장에서 장꾼들이 즐기기 시작해 오늘에 이르렀다. 반찬으로 나오는 깍두기와 김치는 맛을 배가시켜 준다.

• 광양 재첩국

섬진강 일대의 특산품으로 알려진 재첩은 예부터 황달에 특효약으로 유명하며, 간에도 효능있는 음식이다.

• 영암 짱뚱어탕

어종 가운데 현재까지 인공양식이 불가능한 짱뚱어는 갯벌에서만 서식하는 특이한 어종이다. 이 탕은 텁텁한 맛이 일품이며 비리지 않고 구수한 느낌을 준다.

• 무안 돼지고기 짚불구이

돼지고기를 굽는 방법은 여러 가지가 있지만, 볏짚을 이용한 구이는 전국적으로 찾아보기 힘들다. 짚불구이는 냄새가 없고 짚 특유의 향까지 스며들어 고기맛이 훨씬 좋다.

• 신안 홍어

잔칫집 음식상에는 반드시 홍어가 올라야 한다는 불문율이 있을 만큼 유명한 생선이다.

흑산도 홍어는 요즘 서울 등 대도시에서 좀처럼 구경하기 힘들 정도로 희귀생선이 되었다. 홍어찜은 담백하면서도 코 끝을 톡 쏘는 맛이 특징이다.

• 섬진강 은어구이

섬진강에서 갓 잡아낸 은어로 만드는 여름철의 별미이다. 은어요리 전문음식점은 섬진강 유원지 주변에 몰려 있다. 은어구이는 양념장을 발라 숯불에 구워 먹는다. 은어회는 담백한 맛에 수박향이 나며 은어튀김도 별미이다.

• 장흥 바지락회

광주에서 1시간 거리인 장흥에 가면 새콤한 바지락회를 맛볼 수 있다. 바지락회는 장흥 앞바다 득량만 갯벌에서 채취한 싱싱한 바지락을 살짝 데친 뒤 식초와 고추장을 넣고 버무린 이 지역의 전통음식이다. 칼슘, 인, 철, 비타민이 풍부하며 닭고기 못지 않은 양질의 단백질이 함유되어 있어 건강식으로 좋다.

• 보성 전어회

고기맛이 좋아 사는 사람이 돈을 생각하지 않기 때문에 전어(錢魚)라 불렀다 한다. 찬바람이 나기 시작하면 살이 올라 9월 중순부터 제철이다.

4. 주요 관광지

1) 국립아시아문화전당

아시아문화중심도시 사업 일환으로 2015년 10월 개장된 종합문화복합시설이다. 주요시설인 아시아예술극장은 아시아공연예술의 제작·실연·유통이 동시에 이루어지는 상설제작시장(Factory shop) 개념의 공간분할형복합예술공간이다.

문화창조원은 문화예술콘텐츠의 창작발전소로 새로운 문화콘텐츠를 만들어 보여주고 체험할 수 있다. 민주평화교류원은 5·18민주화운동에 관련된 내용이 전시되며 아시아문화정보원은 아시아문화자원을 조사연구·수집하여 문화산업과 창작에 원천소재를 제공하고, 아시아 관련 전시회가 상시기획으로 열려 특별한 볼거리가 많다. 어린이문화원은 어린이의 감성과 창의성을 키우는 미래형복합공간이다.

2) 광주 비엔날레(Kwangju Biennale)

매 짝수연도 가을에 주로 개최된다. 세계적인 관심 속에 개막된 1995년도 제1회 광주 비엔날레에는 '경계를 넘어'라는 주제로 세계 80여 국가에서 약 600여명의 작가가 참여하여 현대미술의 다양한 흐름을 보여 주었다.

비엔날레는 사상과 인종을 초월, 세계 각 지역의 작가들이 폭넓게 참여함으로써 국제적인 예술축제로 발전되고 있다. 비엔날레 전시관 중 하나인 광주시립미술관에는 남도의 전통화, 한국의 대표작뿐만 아니라 피카소, 칸딘스키 등 세계적인 작가들의 작품이 소장되어 있다.

(1) 김치축제(Kimchi Festival)

대표적인 한국 음식인 김치를 테마로 하는 광주 김치축제가 해마다 10월경에 광주에서 열린다.

전시행사로는 김치역사의 발자취가 시대별·항목별로 전시되며, 다양한 김치요리와 옹기들이 역사별·모형별·지방별로 구분되어 사진 및 실물로 선보이게 된다.

또한 전국 8도를 15개 지역으로 나누어 김치지도와 함께 팔도 명물 김치가 소개되고, 수천년 동안 전해 내려오는 사찰 김치와 각종 음식도 전시된다.

특히 이 축제에는 외국 관광객과 국내 거주 외국인을 위하여 '김치 칼리지'를 개설해서 김치축제와 대학 그리고 김치생산업체를 연계, 김치 만드는 방법을 쉽게 배울 수 있도록 했다.

아울러 행사 현장에서 배운 방법으로 김치를 직접 담근 후 준비된 용기에 담아 가져갈 수 있도록 하고 있다.

(2) 국립광주박물관(國立光州博物館, National Kwangju Museum)

국립광주박물관(國立光州博物館)은 광주지역을 중심으로 한 호남문화의 유물과 신안 해저유물이 담겨 있는 곳이다. 널따란 야외 전시장도 독특한 아름다움을 자아낸다.

이 박물관은 고려청자, 조선백자, 분청사기 등을 풍부하게 소장하고 있으며, 중국 송나라, 원나라 시대의 각종 도자기인 신안 앞바다에서 발굴한 해저유물과 지방의 향토유물이 전시되어 있다.

또한 한국화의 본향답게 이 지역회화의 전통을 보여주는 회화실도 갖추고 있어, 윤두서를 비롯하여 한국화의 기둥인 소치 허련, 의제 허백련 등의 그림이 소장되어 있다.

1층에 선사·고대문화실, 농경문화실이 있고, 2층에는 불교미술실, 도자, 유교문화, 서화작품들이 있다.

電 062)570-7000   所 북구 하서로 110

(3) 광주 시립민속박물관
(光州 市立民俗博物館, Kwangju City Folk Museum)

광주남부지방의 민속을 한눈에 볼 수 있는 이 박물관의 1층은 물질문화 전시실로 의·식·주, 생업, 민속공예 등의 자료를 전시하고 있으며, 2층은 정신문화 전시실로 한 사람의 일생을 중심 주제로 하여 민속놀이, 세시풍속, 민간신앙 등을 체계적으로 전시하고 있다. 특히 우리나라에서 가장 화려한

▲ 오줌싸개 소금받이 풍속

상여가 많은 사람들의 관심을 끌고 있다.

주생활 공간에는 마을 어귀, 모듬살이, 여러 가지 주택모형, 안방, 건넌방, 작은방 대청, 생활소품 등이 전시되어 있는데, 우리 민족의 가옥형태는 지역에 따라 ㅁ자형, ㄷ자형, ㄱ자형, ㅡ자형 등이 있으나, 남부지역은 일자형의 집이 많다.

가옥의 바닥은 북방요소인 온돌과 남방요소인 마루가 공존하지만, 이 지방은 온돌보다는 마루가 더 발달해 있다. 집을 짓는 재료로는 목재, 돌, 흙이 주로 사용되었으며, 지붕은 초가지붕과 기와지붕이 대부분이다. 장, 종, 반닫이, 함 등 방안 물품과 여러 가지 생활용품들은 평좌식 생활습관에 맞게 발달하였다.

식생활 공간에서는 그릇, 수저, 부엌, 식생활 용품, 조리도구, 주·부식과 기호음식, 향토음식, 장독대 등을 볼 수 있는데, 남부지방은 기름진 나주평야와 서남해안에서 나는 풍부한 자원을 바탕으로 다양한 조리법과 가공법이 발달하였고, 어패류나 해조류를 가미한 음식이 많아 일찍부터 맛의 고장으로 이름이 높다.

멸치젓국을 이용하여 담근 김치는 진하면서도 감칠맛이 있으며 어류를 소금에 절여 가공한 젓갈은 독특한 미각을 자랑한다. 이 지방 식사 대접의 관습은 음식을 푸짐하게 차리는 것을 미덕으로 여겼으며, 향토음식으로는 광주의 애저, 영광의 굴비, 흑산도의 홍어회 등이 유명하다.

의생활면에서 이 고장은 국가 지정 중요무형문화재로 나주의 샛골나이 무명베(제28호)와 곡성의 돌실나이 삼베(제32호)가 지정되어 전승되고 있다. 길쌈, 다듬이질, 남자·여자의 옷차림, 남녀의 머리꾸밈, 화장, 장신구, 바느질 도구, 신발 등의 전시품을 볼 수 있다.

생업공간은 봄철 농사, 여름철 농사, 가을철 농사, 겨울철 부업, 헛간, 낫, 호미 등 계절별 농사모습을 생생하게 보여준다.

어업은 남부지방의 특색이 가장 잘 나타나는 것으로 해안선과 2,000여 개의 섬들이 펼쳐져 있는 남도지방은 칠산의 조기어장, 흑산도의 홍어어장, 신안의 새우잡이, 완도의 김과 진도의 미역 등 예부터 수산자원의 보고로 이름이 높다. 고기잡이 방법으로는 고기는 잘 다니는 곳에 나무나 돌로 막거나 그물을 치는 독살, 개맥이, 덤장 등이 있고, 낚시나 주낙도 발달하였으며 연안에서는 고막, 바지락 등 조개류가 많이 잡힌다. 원시적인 어법의 하나인 들망배(활배)는 영산강 하류에서 발달하였으며, 신안지역이 국내 최대 생산지인 소금은 전통적으로 농축시킨 염수를 가열해 소금을 얻는 화염법을 썼으나, 한국전쟁 후 천일염법이 일반화되었다.

민속공예공간에는 목공예, 죽세공예, 자리공예, 옹기공예, 자수공예, 도자공예, 대장간 등이 전시되어 있다. 예향으로 이름 높은 이 고장의 선인들은 뛰어난 예술적 감각과 풍부한 산물을 바탕으로 수준높은 민속공예를 발달시켜 왔다. 인두로 대나무의 표피에 그림을 새기는 낙죽(烙竹)과 얇게 떠낸 대올에 색색의 물을 들여 비단을 짜듯 엮는 채상(彩箱) 등 담양의 죽세공예품, 나무결의 아름다움과 실용성을 겸비한 곡성 장롱과 영광 반닫이, 강화 화문석과 쌍벽을 이루는 보성의 용문석, 배가 불러 넉넉해 보이는 옹기, 정절의 상징인 광양의 패도, 강진의 도자기공예 등이 유명하다.

세시풍속·민속놀이에는 세시풍속의 사진자료를 비롯해 성인의 놀이기구, 민속놀이 미니어처, 환갑풍경 등이 전시되어 있다. 이 지방의 대표적인 민속놀이로는 고싸움놀이, 강강술래, 줄다리기 등이 있으며, 방안놀이로는 바둑, 장기, 투전, 쌍륙, 승경도놀이 등이 있다.

민간 신앙공간에서는 당산제와 민간신앙의 모습이 재현되어 있는데, 민간신앙은 신의 초자연적인 힘을 빌어 자연에의 두려움과 자연과의 갈등을 해소하기 위해 민중에 의해 창출되고 유지·전승된 신앙체계의 하나로 꾸준히 전승되어 왔다.

고대의 집단제의에서 연원을 찾는 동신신앙은 수호신에게 마을의 안녕을 빌며, 마을 어귀에는 장승과 솟대가 잡귀의 침입을 막는다.

무속은 신과 대화능력이 있는 무당이나 단골을 매개로 하는 것으로 이 지방에서는 세습무가 주를 이루고 있으며 죽은 넋을 위로하는 흉사굿과 앞날을 축원하는 영화굿을 행한다. 그 외 사람의 운명을 예견하는 점쟁이, 잡귀를 물리치는 독경쟁이도 있다.

남도 음악은 광주 민속박물관에서만 볼 수 있는 특수한 공간으로 소리방, 승무, 민속악기가 전시되어 있다. 이 지방은 예부터 예술의 고장으로 이름이 높아 남도 창으로 알려진 판소리를 비롯하여 줄풍류, 단가, 민요, 농악 등이 크게 발달하였다.

전라도 무가(巫歌)에서 연원을 찾는 판소리는 선천적으로 타고난 풍부한 성량을 바탕으로 빠른 템포로 몰아가는 섬진강 주변의 동편제 소리와 후천적인 수식과 기교에 의존하며 템포가 조금 늦고 발림이 풍부한 영산강 주변의 서편제 소리로 나뉜다.

서민들에게 즐거움과 힘을 주는 농악은 농사일을 할 때나 축제 때 누구나 참여하여 한마당 놀이판을 벌일 수 있는 서민음악이다. 이 지방은 가락이 느리고 집단놀이에 치중하는 우도농악과 가락이 빠르고 개인놀이가 발달한 좌도 농악으로 나뉜다.

한 사람의 일생 중 죽음과 저승길을 나타내는 공간에는 상여, 상청, 명기, 기제상, 씻김굿, 민속불교, 전남의 명당도 등이 전시되어 있다. 특히 전라도 장흥지역에서 사용된 상여는 그 화려하고 웅장함이 전국 최고수준이어서 노인들이 그 상여만 탈 수 있다면 저승 가는 것이 두렵지 않다고 할 정도이다. 이 지방에는 상주의 슬픔을 달래주기 위한 소극(笑劇) '다시래기'와 이승에서 맺힌 한을 풀어 주고 저승길을 인도하는 '진도 씻김굿'이 지금까지 전해져 오고 있다.

광주 시립민속박물관이 위치해 있는 광주광역시 중외공원은 매 2년마다 광주 비엔날레가 개최되고 있다.

電 062)613-5337　　　　　所 북구 서하로 48-25
주변관광지 : 비엔날레전시관 · 시립미술관 · 국립박물관

(4) 양림동

100년전 근대문화 유산들이 옛 한국동네 속에 잘 보존된 곳이다. 전통가옥으로 이장우 가옥, 최승효 가옥이 있다. 이장우 가옥은 1899년에 'ㄱ'자 구조로 한양의 양식이고 솟을 대문과 일본식 정원과 사랑채를 가지고 있다.

최승효 가옥은 1920년 최상현이 지어 요정으로 운영하면서 독립자금을

조달하고 독립운동가들의 은신처로
사용했다. 지금은 최승효의 아들 최
인준이 설치미술가로 전통과 현대의
조화를 이루기 위해 노력하고 있다.
시인 김현승의 흔적도 많은 사람들의
관심이다.

▲ 양림동 이장우 가옥(한국관광공사 제공)

양림동의 백미는 100년전 서양선
교사들의 흔적과 활동이다. 광주 최초의 양림교회는 1904년 미국선교사 배
유지(Eugene Bell, 1858~1925)가 자신의 사택에서 시작하였다. 현재 건물
은 1954년도에 건축되었으며 근처에 오웬기념관, 우일선 선교사 사택과 선
교사 묘원들이 있다. 수피아 여중·고 안에는 수피아홀, 배유지 기념예배당,
윈스브로우홀이 있으며 모두 문화재청등록문화재이다. 선교사 묘원에 잠들
어 있는 서서평 독일인 간호사는 평생 독신으로 온 몸을 다바쳐 부랑아, 병
자를 돌보아 왔고 담요 반장이 유일하게 남은 자산이었다. 이곳에서 선교봉
사를 한 많은 사람의 사랑과 헌신에 관한 이야기가 많다.

電 062)676-4486   所 광주시 양림동

3) 무등산(無等山, Moodeungsan Mountain)국립공원

국립공원 무등산은 광주광역시의 동쪽에 솟은 全南의 진산(眞山)으로 산세
(山勢)가 유순하여 동서남북 어디서 보나 그 모습이 한결같아 보는 이로 하
여금 믿음직스럽고 덕스러운 느낌을 갖게 하며, 정상(頂上)인 천왕봉을 중심
으로 규봉암·입석대·서석대 등의 웅장한 암석미를 감상할 수 있다. 1972
년 5월 22일 도립공원(면적 30.230km²)으로 지정되었고, 그후 2012년 12월
27일 국립공원으로 지정되었다.

육당 최남선은 무등산의 3명소를 일컬어 "세계적으로 이름난 금강산에도
부분적으로 여기에 비길 만한 경승(景勝)이 없으며, 특히 서석대(瑞石臺)는 마
치 해금강의 한 쪽을 산위에 옮겨 놓은 것 같다"고 묘사했다.

높낮이 등급이 없다는 뜻으로 해석할 수 있는 무등산은 높이가 1,187m로 웅대하면서도 어머니의 앞가슴과도 같이 포근한 산이다. 그러나 막상 산에 오르면 천왕봉 등 산꼭대기들이 기기묘묘하여 신비한 느낌을 가지게 한다. 특히 입석대와 서석대는 전국의 많은 사진작가들의 플래시 세례를 가장 많이 받았을 만큼 바위들의 자태가 압권이다.

〈그림 21〉 무등산국립공원 위치도

　무등산의 대표적인 사찰은 증심사(證心寺)를 들 수 있다. 신라시대인 9세기 중엽 철감선사(澈鑑禪師)가 창건하였으며 4차례의 중수를 거쳐서 지금의 건물은 1970년에 지어졌다. 증심사에 남아 있는 유물로는 9세기쯤에 만든 철조비로자나불좌상(보물 제131호)으로 이 지방에 비로자나불을 섬기는 신앙이 있었음을 알 수 있게 한다.

　무등산의 자랑인 무등산 수박은 추석이나 음력 8월에 생산되는데, 대개 20kg을 넘는 것이 많아서 과일 중의 왕이라 할 수 있다.

무등산(無等山) : 만인평등을 뜻하는 무등

　무등산의 무등은 불교의 '무유등등(無有等等)' 즉 부처님은 모든 중생과 같지 않다는 데서, 또는 '무등등(無等等)' 즉 부처는 가장 높은 곳에 있어서 견줄 것이 없다는 뜻에서 유래되었다고도 하며, 만인평등을 뜻하는 무등(無等)에서 유래했다고 풀이하기도 한다. 무등산은 조선의 이태조가 집권하자 전국에 가뭄이 계속되므로 왕명에 의해 이 산에서 기우제를 지내게 하였으나 비가 내리지 않으므로 이 산의 산신령을 다른 산으로 귀양보내는 산 이름을 '무정하다'는 뜻에서 무정산이라 하였다는 것이다. 또 무당산이라는 이름은 이 산이 옛 마한의 진산으로 지금도 마을에 당산이 있는 것처럼 옛날 자연숭배의 구실을 했던 무당에서 비롯되었다고도 하며, 산이 마치 무덤처럼 둥글넙적하여 사방 어디에서 바라보든지 그 등성이가 변함이 없으므로 무덤산이라 하였다고 한다.

서석산(瑞石山)이라는 이름은 입석대(立石臺), 규봉 등 무등산에 있는 웅장한 암석군을 상징하는 이름으로 '선돌'의 뜻을 빌리면 입석(立石)이 된다. 노산 이은상 선생은 이를 수정병풍에 비유하였다. 또 육당은 입석대를 '천연의 신전'으로 보고 이 곳이 호남지방의 종교적 중심지라고 밝히기도 하였다.

(한국의 지명유래, 땅이름으로 본 한국향토사, 김기빈)

電 062)223-1186
所 광주광역시 동구 중심사길 71 무등산국립공원 탐방안내소

(1) 가사문학권 · 소쇄원(歌詞文學圈 · 瀟灑園)

송강정, 식영정, 면앙정, 소쇄원이 광주 근교에 위치한 시가문학권에 자리잡고 있어 유명하다. 가사문학을 종합적으로 소개하는 가사문학관이 있다.

담양 고서에서 남면으로 달리는 도로가의 벼랑 위에 우뚝 솟은 정자가 식영정이다. 낙향살이 4년 동안 정송강을 사로잡았던 곳이다. 송강은 이 곳을 비롯한 이웃의 여러 정자에서 시상을 가다듬고, 수많은 명작들을 후세에 남겼다.

대사헌 벼슬을 동인들의 성화에 못 이겨 내팽개치고 조상의 고향으로 돌아왔던 송강 정철이 임금에 대한 그리운 정을 남녀간의 사랑으로 빗대어 읊은 사미인곡도 이 곳에서 지었다고 한다.

면앙정의 주인공 송순(호는 면앙)은 조선 성종 24년 담양군 고서면에서 출생하여, 대사헌을 지냈다. 그의 관직생활 중에는 기묘사화 등 많은 우여곡절을 겪었으나, 무난하게 정계생활을 마쳤음은 그의 군자다운 인품과 고매하고 원만한 대인적 기품을 짐작케 해준다. 그의 본격적인 문학생활은 귀향 이후부터 시작되었던 것이며 면앙정 또한 이 무렵에 세워진 것이라 추정된다. 그는 면앙정가를 비롯하여 많은 작품을 남겼다.

• 소쇄원(명승 제40호)

한국의 대표적인 민간 전통정원으로 유명하며, 건축·조경·국문학과 학생들의 필수 순례지이다.

소쇄원은 조선 중종 때 사람인 양산보의 별서정원이다. '소쇄'란 본래 공덕장의 '북산이문'에 나온 말로 깨끗하고 시원함을 의미한다. 양산보는 그 뜻을 따서 정원의 이름을 붙이고, 그 주인이라는 뜻에서 자신의 호를 소쇄옹이라 했다.

별서(別墅)란 살림집에서 떨어져 산수가 좋은 곳에 마련

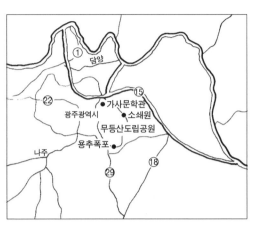

〈그림 22〉 가사문학권 위치도

된 주거공간을 말하며, 이 곳에 정자와 더불어 조성되는 정원을 별서정원이라고 한다.

소쇄원은 양산보가 1527년에 조성하여 그 후로 3대가 70여년에 걸쳐 완성한 것이라 하며, 이때 면앙정을 지었던 송순과 김인후가 도움을 주었다고 한다.

예전부터 담양땅에는 큰 지주가 많았고, 그 경제력을 바탕으로 봉건시대의 식자층이 꽤 두텁게 형성되었다. 중앙 정계로 나아갔던 그들은 나이 들어 벼슬에서 물러나거나, 더 흔하게는 16세기 조선사회를 뒤흔들었던 사화의 와중에 권력에서 물러나 고향으로 돌아와서는 각자의 연고에 따라 이곳 저곳에 정자와 원림을 꾸미고 자연에 묻혀 한세월을 보냈다. 담양군 일대에 점점이 흩어진 면앙정, 송강정, 명옥헌, 식영정, 소쇄원, 독수정 등 그들이 이룩해 놓은 정자와 원림, 별서들은 잇닿은 무등산 북쪽 자락의 취가정, 환벽당, 풍암정과 더불어 일대 정자문화권을 이룬다.

소쇄원은 조선시대 민간 정원의 백미를 비교적 원형 그대로 볼 수 있는 곳이다. 이 곳은 자연 그대로를 살리면서 꼭 필요한 부분에 적절하게 인공을 가하였다고 한다. 또한 광풍각에 걸린 소쇄원도는 소쇄원의 원래 모습을 알 수 있게 할 뿐만 아니라, 조선시대의 정원을 연구하는데 중요한 자료가 된다. 소쇄원은 1983년에 사적 제403호로 지정되었고 이후 2008년 5월 명승 제40호로 지정되었다.

所 담양군 남면 지곡리 123　　　　주변관광지 : 5·18공원묘지

가사(歌辭)란?

한국 시가의 한 형식이다. 고려말에 발생하여 조선초기 사대부층에 의해 확고한 문학 형식으로 자리잡았다. 3·4조 또는 4·4조를 기본으로 하며 행수(行數)에는 제한이 없다. 조선 초기 양반가사의 대표적인 작가는 정극인, 정철, 박인로 등인데, 이들은 벼슬에서 물러나 자연 속에 사는 생활을 가사로 나타냈다. 특히 정철(호는 송강)의 가사는 자연과 융화를 이루고자 하면서도 세속적인 출세욕을 은유와 상징으로 노래했다.

4) 화순 운주사(雲住寺, Unjusa Temple)

운주사의 탑과 불상의 모습은 그 위치만큼이나 매우 특이한 것으로 유명하다. 호남에 산이 적어 도선국사가 천불천탑을 조성했다는 운주사에는 현재 70여기의 불상과 16기의 석탑이 남아 있다. 절 주변은 사적 제312호로 지정되어 있으며, 구층석탑과 석불감쌍배불좌상, 원형 다층석탑이 각각 보물로 지정되어 있다.

대부분 자연적인 바위를 기단삼아 세워진 탑들은 층수가 다양하고, 모양도 완전히 정형을 벗어난 원반이나 항아리 모양의 돌을 쌓아올린 것도 있다. 심지어 입구쪽 오른편 산등성이에는 다듬지 않은 돌덩이를 크기대로 올려놓은 것만으로 이루어진 탑도 있다.

불상과 탑들은 그 양식으로 보아 대체로 12~13세기 고려시대에 제작되었을 것으로 여겨진다. 고려시대에는 불상에 있어서 운주사 불상들과 유사한 형태의 지방화된 양식들이 대거 출현했으며, 또 탑에 있어서도 기존의 틀을 벗어나 육각이나 팔각 또는 원형 탑들이 건립되었다.

전설에 의하면 도선이 이 곳에 절을 세우기 위해 머슴을 데리고 와서 천상의 석공들을 불러 용강리 중장터에 모아 놓고 단 하루 사이에 천불천탑을 완성하고 새벽닭이 울면 가도록 일렀다. 천상에서 내려온 석공들은 절 뒤의 공사바위에서 돌을 깨어 일을 열심히 했으나, 도선이 보기에 하루 사이에 끝내지 못할 듯싶으므로 이 곳에서 8km쯤 거리에 있는 일괘봉에 해를 잡아

놓고 일을 시켰다. 해가 저물고 밤이 깊어 천상의 석공들은 열심이었으나, 이들의 일손을 거들어 주는 도선의 머슴들이 지쳐 꾀를 생각해 냈다. 어두운 곳에 숨어 닭우는 소리를 흉내냈다.

일을 하던 석공들은 이 가짜 닭소리를 듣고 모두 하늘로 올라가 버렸다. 이 때문에 미처 세우지 못한 와불이 생겼고, 도암 하수락마을 일대 돌들은 천상의 석공들이 이 곳으로 돌을 끌어오다 내버려두고 가 버려 이 곳 일대 돌들은 운주사로 끌려오다 중지된 형국을 하고 있다는 것이다.

電 061)374-0660　　　　　　　所 화순군 도암면 천태로 91-44

(1) 쌍봉사

우리나라에서 가장 아름다운 사리탑을 볼 수 있다. 화순군 이양면 증리에 있는 쌍봉사는 신라 경운왕때 철감선사 도윤(道允 798~868)이 당나라에서 귀국하여 이곳 계당산에 창건했다. 철감선사 도호가 쌍봉이라 절 이름을 쌍봉사(雙峰寺)라 하였다. 국보 제57호인 철감선사탑(부도)은 섬세하고 아름다운 조각과 자태가 우리나라 최고이며, 보물 제170호인 철감선사탑비는 탑신이 분실되고 귀부와 이수만 남아있는데 전체적인 조각기법이 당대를 대표하고 있다. 보물 제163호였던 3층 목탑형식의 대웅전은 1984년 4월 불타버리고 현재 건물은 당시 건물을 그대로 복원한 것이다.

5) 담양죽녹원

담양읍 향교리에 있는 대숲을 죽녹원이라고 한다. 2005년 3월 약 31만m²의 공간에 전망대, 쉼터, 정자, 다양한 조형물을 비롯하여 영화·CF촬영지와 다양한 생태문화관광시설을 갖추었다.

죽녹원 단지내에는 한옥숙박시설이 있어 대숲의 넉넉한 공간에서 하루밤을

▲ 담양 죽녹원(한국관광공사 제공)

보낼 수 있다.

죽녹원은 영산강 상류변에 위치하여 바로 곁에 영상강 탐방로와 관방림 제방숲길을 걸어 메타프로방스가 있는 메타세콰이어길로 이어진다.

(1) 메타세콰이어길

메타세콰이어 나무는 '영웅'의 뜻을 가진 미국 체로키 인디언 지도자 '세쿼이아'에서 유래한다. 1년에 1m자란다고하여 메타세콰이어라 부른다. 이 길은 원래 순창과 담양을 연결하는 국도변에 심은 가로수인데 잘 보존해서 유명한 관광지로 바뀌었고 주변에 프랑스 건물양식으로 지은 메타프로방스가 있다. 숙박, 음식, 카페 등 즐거운 공간으로 구성되어 있다.

(2) 창평슬로 시티

담양군 창평면 소재지의 삼지천 마을이다. 슬로시티란 1999년 이탈리아의 작은도시 인구 1만 4천명인 그레베 당시 시장이던 파올로사투르니니씨가 마을사람들과 세계를 향해 "느리게 살자"라고 호소하여 시작되었다.

'슬로'라는 것이 느려서 불편한 것이 아니라 자연에 대한 인간의 기다림이라는 사실이다. 슬로시티는 슬로푸드(Slow Food)에서 시작되었다.

삼지천은 3개의 냇물이 모이는 곳에서 유래하고 이곳에는 고재선·고재환·고정주 고택 등 아름다운 옛 돌담장이 마을을 둘러싸고 마을 중심에는 작은 물길이 흐른다. 한말 근대교육 발상지인 창평의숙은 창평초교의 전신이고 창평현의 객사 용주관(현 도서관), 창평시장의 국밥이 유명하다.

이곳은 한과명인, 쌀엿명인, 간장명인이 나올만큼 전통있는 고씨 마을이다.

6) 지리산(智異山, Chirisan Mountain)국립공원

지리산은 1967년 12월 29일 한국 최초의 국립공원 제1호로 지정됐는데, 면적은 440.485km²로서 전라남도 구례군과 전라북도 남원시, 경상남도 산청군·하동군·함양군 등 3개 道 5개郡에 걸쳐 있는 광대한 山이다. 육지의 국립

〈그림 23〉 지리산 위치도

▲ 지리산 설경

공원으로는 남한 최대규모를 자랑하는 지리산국립공원은 예로부터 백두산 · 금강산과 더불어 백두대간의 근간을 이루는 삼신산(三神山)의 하나이다.

해발 1,915m의 천왕봉을 주봉(主峰)으로 반야봉(1,751m)과 노고단(1,506m)이 3개 고봉(高峰)을 이루고, 1,500m 이상의 큰 봉우리가 10여개, 1,000m가 넘는 것이 20여 개이다.

지리산에는 신라 진흥왕 5년에 창건된 화엄사를 비롯하여 쌍계사 · 연곡사 등 17개소의 사찰과 국보 7점, 보물 25점 등 우리의 귀중한 문화재가 많을 뿐만 아니라 원시림이 잘 보존돼 있는 곳이다. 또한 1989년 12월에는 지리산의 소중한 자연자원을 보다 더 잘 보호하기 위하여 심원계곡과 피아골 일대를 자연생태계보전구역으로 지정하여 관리하고 있다.

지리산은 산세가 높아서 기후도 색다르다. 한랭한 고산지대와 온난한 산록지대가 함께 있어 800여 종이 넘는 수많은 한 · 온대식물의 보고이기도 한 지리산에는 백두산초와 여우꼬리풀, 나도옥잠화, 원추리, 누운 제비꽃과 같은 희귀식물도 자생하고 있다. 천연기념물 사향(麝香)노루, 하늘다람쥐, 반달가슴곰, 수달 등 많은 희귀야생동물이 서식하고 있다.

지리산의 10경 가운데 특히 '노고단의 운해', '피아골의 단풍', '반야봉의 낙조', '세석의 철쭉' 등이 절경이다.

電 구례 061)780-7700, 남원 063)630-8900, 산청 055)970-1000
所 전남 구례군, 전북 남원, 경남 산청 · 하동 · 함양

(1) 화엄사(華嚴寺, Hwaumsa Temple)

지리산국립공원의 중심에 위치하는 지리산은 한국 5대사찰의 하나로서, 화엄 10대사찰 가운데 제1위의 신라 고찰이다.

신라 진흥왕 5년(554년)에 연기대사(緣起大師)에 의하여 창건되었고, 임진왜란 때 병화를 입어 전소된 것을 인조 8년에 벽암사가 본사를 중건하고, 숙종 29년(1703년)에 지금의 각황전을 건립하였다고 한다.

화엄사에는 국보로 각황전 앞 석등(국보 제12호), 4사자3층석탑(국보 제35호), 각황전(국보 제67호) 등 3점과 보물로는 동오층탑(제132호), 서오층탑(제133호), 대웅전(제299호), 원통전 앞 사자탑(제300호) 등 4점이 보존되고 있고, 천연기념물과 비지정문화재 등도 많이 있다.

각황전 앞 석등(국보 제12호)은 통일신라 후기의 것으로 국내 현존하는 석등 가운데 가장 크고 걸작이다. 이 석등은 인도의 꽃 우담발화를 모방하여 의상대사가 만들었다고 한다. 우담발화는 성현이 출현할 때 핀다는 전설을 가진 신비의 꽃이다. 높이 6.36m, 기본형은 8각으로 그 형태가 비교적 완전하게 보존되어 있다. 차디찬 무생물 화강석을 더듬어서 생명이 부여된 여인의 살결을 느끼게 해주는 아름다운 조각품으로 변화시킨 것이다.

4사자3층석탑(국보 제35호)은 경내의 서북쪽 각황전(국보 제67호)과 동백꽃밭 사이에 난 108계단을 올라서면 다보탑과 쌍벽을 이룬다. 높이 5.5m의 이 탑은 신라 때 작품으로, 전하는 바로는 연기대사가 어머니의 은공을 갚기 위해 문수보살을 찬견하고 세웠다는 전설이 전해온다. 그래서 탑 앞에는 아들이 합장하고 선 효자탑인 석등이 함께 서 있다. 탑신을 받친 4마리의 사자는 희·노·애·락을 상징하며 각각 그 표정을 새겨 놓았다. 하층기단 면석에는 천인상을 양각하였는데 모두 보관과 영락으로 몸을 장식, 천의를 공중에 휘날린다. 연화대 위에 앉은 자세도 각양각태로 악기를 잡고 연주하고 혹은 팔을 벌려 춤을 추거나 꽃을 받쳐 공양하는 모습이다.

電 061)783-7600, 782-0019   所 구례군 마산면 화엄사로 539
交 화엄사 직행, 완행버스 수시 운행

(2) 지리산 온천 · 산수유마을

구례군 산동면의 산수유마을이 봄이면 노란 빛깔의 산수유 꽃이 한 폭의 수채화를 그려내는 곳으로 유명하다. 그리고 이곳은 온천휴양지로도 각광받고 있다.

원래 산동마을은 척박한 땅에 농사짓기가 힘들어서 산수유를 재배하기 시작한 것이 이제는 전국 산수유 생산량의 70% 이상을 점유한다. 9월의 햇살과 일조 조건은 전국 최우량 산수유를 생산할 수 있는 지리적 잇점이다. 산수유마을 입구에는 천연게르마늄 온천수가 나오는 지리산 온천이 개발되어 지리산 온천랜드, 지리산가족호텔 등 휴양시설도 갖추어진 관광특구이다.

所 구례군 산동면 위안리
주변관광지 : 천은사, 실상사, 연곡사, 쌍계사, 섬진강 매화마을

7) 보성녹차밭

▲ 보성다원(한국관광공사 제공)

남해바다에 접한 남쪽구릉 150여 만평에 조성된 차(茶)관광농원이다. 국내에서 가장 오래된 차밭을 배경으로 농원이 위치하고 있다.

대한다업관광농원이 1957년부터 이곳에 차재배를 시작했다. 특히 봄·여름·가을·겨울 4계절 내내 뛰어난 풍경을 감상할 수 있다. 특히 연말 빛 축제에서는 겨울을 상징화한 조명이 차문화공원에 넓게 설치되어 축제장의 밤을 아름답게 한다. 마을 전하는 이벤트, 에어돔 쉼터, 소망등달기, 천문관측, 천체투영관체험 등 다양한 이벤트가 전개된다.

단지내에 차문화 박물관과 시음장, 차만들기 체험장이 있고 가까이에 소리박물관과 봄이면 철쭉이 유명한 일림산이 있다. 해변가까이에는 녹차해수탕과 육포해수욕장이 있어 바다를 즐길 수 있다.

電 061)852-4540
주변관광지 : 대한다원

所 전남 보성군 보성읍 녹차로 763-65

8) 목포 · 유달산 · 해상케이블카

목포는 호남선의 종착지이며 다도해의 입구로 유달산이 북풍을 막고 고하도와 화원반도가 풍랑을 막아 천연적인 방파제로 좋은 항구이다. 신라 때는 면주, 고려 때는 무안, 서기 1897년 개항과 함께 목포가 되어 1913년 호남선의 개통으로 많은 발전을 보아 1949년 8월 15일 시로 승격되었다.

목포시와 다도해를 한눈 아래 굽어볼 수 있는 유달산은 목포 뒷산으로 기암절벽이 첩첩하여 호남의 명산으로 알려져 있다. 산정에는 두 개의 봉수대가 있어 예로부터 외적을 경계하였고, 임진왜란 때 이순신 장군이 군량을 쌓은 것처럼 가장하여 적을 속였다는 노적봉과 달성각, 대화루 등 5개의 정자가 있으며, 가요 팬의 심금을 울렸던 '목포의 눈물'을 불렀던 가수 이난영씨의 노래비가 세워져 있다. 유달산과 다도해 고하도를 바다위로 연결하는 해상케이블카가 2019년 4월 개통되어 다도해와 유달산을 조망할 수 있다.

(1) 국립해양유물전시관(國立海洋遺物展示館, National Maritime Museum)

목포의 남동쪽 갓바위문화타운은 목포 하당지구에 인접해 있으며 이곳에는 국립해양문화재연구소, 자연사박물관, 문예역사관, 도자기박물관, 목포문학관이 집단적으로 모여 있다.

이 가운데 국립해양문화재연구소의 해양유물전시관은 한국의 오랜 해양역사의 흔적을 밝히고 보존 · 전시하는 곳으로, 배와 바다 그리고 역사의 모든 것을 담고 있는 종합전시관이다.

이 전시관은 고려선실, 신안선실, 어촌민

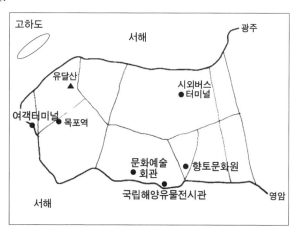

〈그림 24〉 목포 유달산 위치도

속실, 선박사실과 기획전시실 어린이해양문화체험관, 야외전시 등으로 구성 되어 있다.

고려선실 해저유물은 전라남도 완도군 앞바다에서 키조개 채취작업을 하던 어부가 청자 4점을 인양해 신고한 것이 계기가 되어, 지난 1983년 겨울과 1984년 3월~5월에 발굴한 것이다. 발굴된 유물은 고려시대의 목선 1척과 도자기를 비롯해 고려청자 3만여점, 잡유물 26점, 토제유물 2점, 철제유물 18점, 목제유물 9점, 석제유물 1점 그리고 선체 조각 81점 등 총 3만 701점이 인양되었다.

이를 근거로 배의 규모를 추정하여 복원한 결과 완도선은 선장 9m, 선폭 3.5m, 배깊이 1.7m, 적재 중량이 10톤으로 밝혀졌다.

도자기들은 조잡한 초벌구이 도자기 표면에 녹청색, 녹갈색의 거친 유약을 얇게 바른 질 낮은 청자로 대접, 접시가 대부분인데, 특히 이 도자기들은 그동안 발견된 고려 도자기들이 강진과 부안을 중심으로 제작된 특수 용도의 양질 청자인데 비하여 생활도자기라는 점에서 주목된다. 또 이들 유물은 그 제작지가 전남 해남군 진산리 녹청자 가마터로 밝혀져 발굴 유물의 성격을 파악하는 데 도움이 되었다.

신안선실에는 지난 1976년 10월부터 1984년 9월까지 총 10차례에 걸쳐 진행된 신안해저 발굴조사에서 건져 올린 다양한 유물들이 전시되어 있다.

인양된 유물은 총 2만 2007점으로 도자기·토기류가 2만 661점, 금속제품 729점, 돌제품 43점, 기타 574점, 자단목(紫檀木)이 1,017점이다. 신안침몰선은 일본으로 가던 중국의 무역선으로 추정되는데, 신안유물은 중국 원(元)대의 14세기 전반을 중심으로 한 유물이라는 점에서 학술적 가치가 매우 크다.

특히 대량으로 출토된 도자기는 세계 수중 고고학에서 유래가 없는 것으로, 편년과 생산지 등을 밝힐 수 있다는 점에서 매우 중요하다. 또한 침몰선은 당시의 조선술을 알아 볼 수 있는 귀중한 자료이다.

선박사실에서는 원시적인 뗏목, 통나무배 등을 비롯해 고려시대 누선, 과선 등의 군선, 조선시대 전투 전용 군선인 판옥선과 거북선, 곡식을 실어 나른 조운선, 어염상선 등을 볼 수 있다.

(2) 목포 향토문화관(木浦 鄕土文化館, Mokpo Folk Culture Center)

1983년 개관한 향토문화관은 남종화가의 대가인 남농(南農), 허건(許楗)화백이 기증한 수석 1,800점과 운림산방 3대의 작품 및 생전에 수집한 전통 재래물품과 도자기가 있으며 화폐 등 다양한 볼거리들을 전시하고 있다.

희귀소장실에는 인류 최초의 돈으로 알려진 조개돈, 2,400여년 전 춘추시대에 통용되던 칼모양의 화폐 등 세계 157개국의 화폐 6,000여 점이 전시되어 있다.

이 밖에도 김성훈 교수가 기증한 세계 곳곳에서 수집한 꽃돌과 꽃조개 4,300여 점도 전시되고 있어 향토문화관은 명실상부한 문화관광명소로 각광을 받고 있으며, 1995년 1월에는 살아 있는 산호 등 세계 각처의 희귀산호 전시관이 개관되어 애호가들의 눈길을 끌고 있다.

電 061)276-0313   所 목포시 남농로 119
주변관광지 : 해양유물전시관, 목포자연사박물관, 목포문학관, 도자박물관, 갓바위, 바다분수, 유달산

9) 홍도(紅島, Hongdo Island)

홍도는 남해의 해금강이라고 할 정도로 도서(島嶼)경관이 아름다워 1965년에 섬으로서는 유일하게 섬 전체가 천연기념물 제170호로 지정되었으며, 다도해해상국립공원에 속해 있다. 면적 6.87km^2 크기의 홍도는 대부분이 규암(硅岩)으로 되어 있기 때문에 세월의 흐름 속에서 오랜 침식작용으로 인

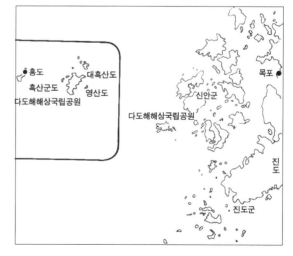

〈그림 25〉 홍도·흑산도 위치도

해 해식애(海蝕崖)가 발달되어 절경을 이루고 있다. 봄이면 붉은 동백꽃이 섬을 뒤덮고 적갈색의 암벽들이 석양에 물들어 더욱 붉게 보인다고 해서 '홍도'라는 이름이 붙여졌다고 한다.

해안선 일대에 숱하게 펼쳐져 있는 홍갈색의 크고 작은 무인도와 깎아지른 듯한 절벽들은 오랜 세월의 풍파로 아름다운 절경을 이루고 있다.

홍도의 낙조 또한 놓칠 수 없는 비경이며, 섬에는 270여 종의 상록수와 70여 종의 동물이 서식하고 있다. 홍도의 마을 전체가 민박시설을 갖추고 있다. 2019년 3월 신안군 암해도와 암해도를 연륙하는 7.2km의 해상연륙교 천사대교의 완공으로 홍도가는 뱃길이 크게 단축되었다.

電 061)246-2280　　　　　　　　所 신안군 흑산면 홍도리
交 목포여객선터미널(1666-0910)

(1) 신안증도

2007년 국제슬로시티연맹으로부터 '치타슬로' 인증을 받아 슬로시티로 지정됐다. 우리나라 단일염전 가운데 규모가 가장 큰 태평염전이 있으며 이 곳에서 염전체험을 할 수 있다. 염전 안에는 염전체험장과 염생식물원도 있어 아이들과 함께 생태학습을 할 수 있고, 엘도라도 리조트시설을 비롯해서 각종 숙박시설이 구비되어 여행을 즐기기에 좋은 곳이다.

電 061)240-8602(신안증도 슬로시티)　　　所 전남 신안군 증도면

10) 진도 영등제·모세의 기적

진도는 각종 민속 풍물들의 원형이 가장 잘 보존된 곳으로 유명하다. 한 폭의 산수화를 연상시키듯 아름다운 자연경관을 갖춘 진도에서는 매년 음력 3월 초, 회동리와 바다 건너 모도리 사이 2.8km 바닷물이 30m 정도의 폭으로 갈라지면서 신비의 바닷길이 열린다.

이름하여 한국판 모세의 기적이라 할 수 있다. 구약성서에 기록된 홍해의 기적처럼 바다가 양편으로 갈라져 그 사이로 하나의 길을 이루는 이 기이한

현상은 그래서 '신비의 바닷길'로 불린다. 이 바다 열림 현상은 평소 수심 5~6m에 이르는 회동 해안과 모도 사이의 바다에서 길이 2.8km, 폭 30m의 일정한 반월형의 길이 드러나는 것을 말한다.

진도 회동 해안이 이렇듯 유명세를 타기 시작한 것은 지난 1975년 주한 프랑스

▲ 진도 신비의 바닷길

대사 피에르 랑드씨가 이곳에서 바다열림 현장을 목격하고 귀국한 후 감격의 장면들을 신문 등에 기고하면서 전세계에 알려지게 되었다. 진도 회동 해안의 이같은 현상은 진도 특유의 지형적인 요인과 해와 달의 인력이 가장 강할 때 일어나는 해수 간만의 차이에서 비롯되는 현상이다. 매년 진도에서는 이에 맞춰 전통 향토문화축전행사를 벌이고 있는데, 진도 영등축제가 바로 그것이다.

진도 회동마을은 평소 호랑이가 자주 침입하여 '호동'이라 불렸다고 한다. 이것과 관련되어 '뽕할머니 전설'이 내려오고 있다.

조선 초기 손동지라는 학자가 제주도 유배중에 풍랑으로 배를 잃고 표류하면서 처음 이 곳에 정착하여 점차 마을을 이루었다 한다.

전설에 의하면 손동지의 후손들이 호랑이를 피해 맞은편 모도로 피신했는데, 이 때 경황 중에 뽕할머니를 남기고 떠났다는 것이다. 홀로 남은 뽕할머니는 이웃들을 만나게 해 달라며 용왕께 치성을 드리자 마침내 꿈속에서 용왕이 나타나 무지개 길을 내주겠다고 약속하고 사라졌다고 한다. 이 때부터 할머니는 모도를 바라보며 해안에서 기도를 하던 중 무지개 다리처럼 치등이 생기면서 바닷길이 열렸다는 것이다. 이를 본 모도의 주민들은 할머니를 맞기 위해 농악을 울리면서 호동으로 달려왔지만, 이미 지칠대로 지친 뽕할머니는 숨을 거두고 말았다고 한다.

이로부터 주민들은 영이 승천했다고 하여 영등살이라 부르며 제사를 매년 지내게 되었다는 것이다.

☎ 061)540-3407(진도 관광문화과)
所 진도군 고군면 회동리와 의신면 모도마을 사이

🌱 관광지식 4

진도 신비의 바닷길 현상

〈그림 A〉

태양 + 달의 합쳐진 인력으로 높은 파고 a

태양   달   b   지구

대조(大潮)는 a지역의 해수면이 가장 낮아진다.

〈그림 B〉

달

달 인력으로 높아진 파고

태양   지구

태양 인력으로 높아진 파고

소조(小潮)는 간만의 차가 적다.

썰물현상으로 바닷밑에 지면이 수면위로 드러나는 현상이다. 썰물과 밀물은 주로 지구를 끌어당기는 달의 인력 때문에 일어나는데, 태양도 약하지만 조수에 영향을 미친다. 따라서 그림 A처럼 태양·달·지구가 일직선상인 대조(大潮)에는 달과 직각을 이루는 지점(a)의 썰물현상이 매우 강해서 평소에는 드러나지 않던 5~6m 깊이의 해저 바닥(진도 회동과 모도섬을 연결하는 바닷속 구릉지대)이 수면위로 드러나 사람들이 걸을 수 있게 신비의 바닷길이 열린다.

무창포·제부도·여수 사도 등은 바다 길이가 얕아서 평시의 썰물때도 바닥이 드러난다.

---

11) 해남대흥사(大興寺, Taehungsa Temple)

대흥사는 해남군 두륜산 서쪽 계곡에 자리잡고 있는 절이다. 처음에는 대둔사(大屯寺)라 불렀다. 정관대사(靜觀大師)에 의하여 세워졌다고 하는데, 창건된 뒤로 일곱 차례의 중건을 거쳤던 대흥사에는 서산대사의 유물이 봉안

(奉安)되게 됨으로써 유명해졌
다. 선조 37년 청허자(淸虛子)
서산대사의 가사 유물이 이 곳
에 전수되면서 서산 대사의 법
맥을 대흥사에서 잇게 되었고
그 후 절의 규모도 커지게 되
었다.

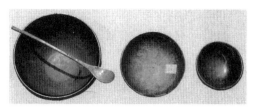

▲ 서산대사가 사용한 그릇(대흥사)

　이곳 대흥사에는 무려 10리 가까운 숲길을 나무 가운데 왕자라 할 수 있는
적송이 곳곳에 하늘을 찌를 듯 솟아 있고 느티나무, 참나무, 굴참나무 등 낙
엽 활엽수들이 나목이 된 채 거구를 자랑하고 있으며, 동백나무, 가시나무,
조록나무, 굴거리나무 등 상록 활엽수들이 낙엽진 잡목들 사이에서 푸름을
마음껏 뽐내며 길손을 맞이하고 있다. 그 길을 따라 올라가다 보면, 빽빽하게
들어찬 부도와 비석들이 서산대사 부도와 탑비를 중심으로 밀집해 있다.

　유물관에는 「도구록(道具錄)」에 기록된 서산대사의 유물을 비롯해서 표충서
원 보장록과 그 이후에 보충된 많은 성보들이 진열장 안에 밀집된 형태로
진열되어 있다.

　신위당과 허소치, 그리고 초의대사가 합심하여 추사 선생의 방면과 축수
를 위해 지었다는 대광명전은 조촐한 법당이지만, 단아한 모습을 자아낸다.
이 안에는 법보화 삼신불좌상과 후불탱화인 법신삼십칠존도가 봉안되어 있다.

　대흥사는 서산대사의 법을 받아 근세에 이르기까지 13분의 대종사와 13
분의 대강사를 배출하며, 선교 양종의 대도량으로 자리잡아 왔다.

電 061)534-5502　　　　　　　所 해남군 삼산면 대흥사길 400
주변관광지 : 녹우당, 두륜산 케이블카

(1) 녹우당(綠雨堂, Nogudang)

　녹우당은 해남 윤씨의 종가로 전라남도에 남아 있는 대표적 양반집이다.
대문 앞의 은행나무는 500년 정도 된 것이라 하며, 마을 뒤 비자숲(천연기념
물 제241호) 또한 500년 정도 된 것으로 추측되고 있다.

녹우당은 조선 중기의 학자이자 시조작가인 **고산 윤선도**와 그의 증손이며 선비 화가로 유명한 공재 윤두서를 배출한 해남 명문의 양반집이다. 지금은 윤씨 종가 전체를 녹우당이라 하고 있으나, 원래는 그 사랑채 이름이 녹우당 이다. 집 뒤 산자락에 우거진 비자숲이 바람에 흔들릴 때마다 쏴 하며 푸른 비가 내리는 듯하다 하여 그런 이름을 붙였다고 한다.

윤선도는 효종의 어린 시절 사부였다. 효종은 즉위한 후 그를 위해 수원 에 집을 지어 주었는데, 효종이 죽자 윤선도는 고향으로 내려오면서 수원 집 의 일부를 뜯어 옮겨 왔다. 그것이 지금의 녹우당인 사랑채이다.

현재 녹우당(사적 제167호)에는 윤선도의 14대손이 살고 있다. 형식과 규 모면에서 호남의 대표적인 양반집이다. 사랑채인 녹우당은 구경할 수 있으 며, 집 앞의 유물 전시관에도 볼거리는 충분하다. 전시물 대부분은 윤선도, 윤두서와 관련된 것들이다. 녹우당은 호남의 민가 중 독특하게 ㅁ자형으로 되어 있다.

'금쇄동집고', '산중신곡', '사은첩'들이 일괄하여 〈보물 제482호〉로 지정되 어 있으며, '지정 14년 노비문헌'(보물 제483호)은 고려 때의 것으로 이두문 (吏讀文)으로 쓰여 있으며, 순천 송광사 노비첩과 함께 희귀한 고려시대의 문 서이다.

'해남 윤씨 가전 고화첩'은 윤두서의 **작품**들을 모은 것으로 보물 제481호 로 지정되어 있으며, 윤두서의 대표작이자 우리나라 회화사상 최고의 초상화 로 꼽히는 그의 자화상(국보 제240호)을 비롯하여 윤씨 가보라는 화첩 두 권 과 가전 유물이라는 서첩 세 권으로 되어 있다.

그의 자화상에서 눈여겨볼 것은 귀가 그려지지 않았다는 것과 눈동자가 어느 방향에서 보건 자신을 쳐다보는 듯한 느낌을 준다는 점이다. 또한 '나 물캐는 여인', '목기깎기', '산수 인물도' 등도 이 화첩에 실려 있다.

윤두서가 직접 그린 별자리 그림, 동국여지도와 일본여도, 기하책, 천문학 책 등은 그의 실학적 취향을 보여주는 유물이다.

(2) 땅끝

북위 34도 17분 21초의 전라남도 해남군 송지면 갈두산 사자봉 끝은 한반도 최남단 땅끝이다. 사자봉 아래 갈두마을은 땅끝마을로 더 잘 알려져 있다. 타오르는 횃불의 이미지를 형상화한 40m 높이의 땅끝 전망대에 오르면 흑일도, 백일도, 보길도, 노화도 등 섬과 바다가 어울린 다도해의 풍광이 한눈에 들어오고 날씨가 좋으면 제주도 한라산까지 볼 수 있다. 일출과 일몰을 모두 볼 수 있어 매년 해넘이, 해맞이축제가 열리기도 하는 곳이다.

所 전남 해남군 송지면 땅끝마을길 42

(3) 다산초당·다산기념관

다산 정약용 선생이 손수 차를 끓이고 목민심서를 집필한 곳이다.

강진읍에서 해안도로를 타고 10리쯤 지나면 귤동마을이 나오고, 그 뒷산에 다산초당이 있다. 귤동마을을 지나 대밭과 솔밭이 우거진 조금은 긴 비탈길을 오르다 보면 길 한쪽 제법 펑퍼짐한 곳에 묘소가 하나 있는데, 이것은 정다산을 귤동으로 옮기게 한 윤종진의 묘로 그 앞에는 현대적 조형감각이 살아 있는 동자석이 눈길을 끈다.

다시 가파른 길을 오르면, 이내 다산 초당이 보인다. 이름은 초당이나 집은 툇마루가 넓고 길며, 방도 큼직하여 도저히 유배객이 살던 집이라는 느낌이 들지 않는다. 사실 지금의 다산 초당은 다산 유적보존회가 지은 것이고, 원래는 조그마한 초당이었으나, 무너져 폐가가 되었었다고 한다.

다산 초당은 남향집이지만 주변에 동백숲과 잡목이 우거져 언제나 어둠침침하다. 뜰 앞에는 널찍한 바위가 있는데 '다조'라 해서 차를 달였던 곳이며, 왼쪽에는 정약용이 만들었다는 연못이 있고, 정다산이 손수 쓰고 새긴 '정석'이라는 바위만이 정약용의 유배시절을 말해 준다. 다산 초당 연못 옆으로는 다산동암이 자리하고 있다. 다산동암 바로 옆에는 '천일각'이 있다. 정약용의 유배시절 당시에는 없던 건물인데, 이 곳에서는 멀리 강진만이 시원스럽게 보인다.

다산 초당은 원래 귤림처사 윤단의 산정이었던 곳으로 다산의 외가인 해남 윤씨 일가의 호의로 다산이 이 곳으로 와서 동서암을 짓고, 제자들을 가르치며 저술활동에 몰두했던 곳이다. 이 곳은 차나무가 자생하고 있어 다산 동이라고 불리었으며, 다산이란 호도 지명에서 유래하였다 한다.

다산의 18년 유배생활이 모두 이 곳에서 이루어진 것은 아니고, 동문 밖 주막에서 4년, 백련사 암자인 '보은산방'에서 2년을 보낸 뒤 1808년 이 초당 에서 기거하기 시작했다.

다산 정약용은 1801년부터 무려 18년 동안 강진에 유배되어 살면서 그의 실학사상이 집약되어 있는 1표 2서, 즉 경세유표, 목민심서, 흠흠심서를 비 롯한 500여권을 저술하였다.

'다산 초당'의 현판 글씨와 '보정산방'은 추사 김정희의 글씨이며, '다산동 암'은 정약용의 글씨를 집자한 현판이다.

☎ 061)430-3915(기념관)　　　　　　所 강진군 도암면 다산로 766-20

12) 월출산(月出山, Wolch'ul Mountain)

월출산은 전라남도 영암군에 소재하는 산으로, 1973년 3월 6일 도립공원 으로 지정된 바 있으나, 그 경치가 뛰어나 1988년 6월 11일 우리나라의 20 번째 국립공원으로 지정되었다.

소백산맥의 한 자락이 목포 앞바다에 찾아들다 말고 마지막 몸부림이나 하듯 황야에 봉우리 하나가 솟구쳤으니 이것이 바로 월출산이다. 거대한 바위 병풍 을 둘러쳐 놓은 듯한 기암괴석들이 달 아래 도열해 있는 모습은 무한한 신비감 과 동경심을 불러일으킨다. 억겁을 비바람에 씻긴 월출산의 모습은 나쁘게 말 해 악산이요 좋게 말해 소금강이란 별명을 얻을 만큼 절경을 이루고 있다.

월출산의 주봉은 **천황봉**(809m)으로 산록에는 도갑사·무위사·천황사 등 고찰(古刹)을 비롯하여 구절폭포·용추폭포와 도갑사계곡·무위사계곡·칼바 위·귀뜰바위 등 명찰(名刹)과 기암괴석이 절경을 이루며 위압감을 불러일으 키고 있다. 천황봉에 올라서면 북서쪽으로 앞이 확 트인 전남평야가 잔잔하 게 전개되며 북동쪽은 멀리 지리산을 내닫는 산줄기들이 아득하다. 월출산 은 동북방향인 사자봉 말단이 가장 심한 경사를 이루는데, 해발 200m의 천 황사 부근에서부터 정상에 이르는 길은 경사가 30도에 달해 고층 피라미드 를 방불케 한다.

일본에 학문을 건네준 박사 왕인과 유명한 도선국사의 유적을 더듬으며
구림(鳩林)에서 4km쯤 오르면 월출산 등산의 관문이라고 할 수 있는 도갑사
가 나온다. 도갑사에는 국보 제50호인 도갑사 해탈문이 있으며, 또한 보물
제89호인 도갑사 석조여래좌상이 있고, 절에서 5km 더 오르면 **구정봉과 국
보 144호 마애여래좌상**을 만날 수 있다.

천황봉 일대는 월출산에서 가장 기암괴석이 많은 곳으로 창, 칼, 짐승의
형상을 하고 있다. 구정봉에서 나주평야와 강진쪽 구릉을 내려다보며 걷는
3km의 능선은 쾌적한 등산로이다. 이 월출산은 예로부터 달과 인연이 있었
는지 신라 때는 월종악(月宗岳), 고려 때는 월생산(月生山), 조선시대에서야
월출산(月出山)으로 이름붙여졌다.

電 061)473-5210   所 영암군, 강진군

(1) **영암 왕인박사유적지**(王仁博士遺跡址, Dr. Wang-In's Birthplace)

월출산은 정상에서 바라보는 일출과 서해의 일몰 광경이 빼어나게 아름답
다. 도갑사를 둘러싼 산의 풍치가 월출산의 경치 중 으뜸이며 인접한 왕인
박사유적지의 춘계대제 및 벚꽃축제가 열린다.

왕인은 백제의 대학자이다. 일본 오진왕(應神王)의 초빙을 받아 구수왕(仇
首王)의 문화사절로 「논어」 10권과 「천자문」 1권을 가지고 일본에 건너가
일본 태자의 사부가 되었다. 일본 조정에서 일본인들에게 학문을 가르치고
데려간 기술자를 통해 여러 가지 기술도 전했다고 한다. 왕인박사가 공부했
다는 책굴(冊窟)과 당인을 기린 석인상(石人像), 일본으로 출항한 상대포 유적
이 남아있다.

電 061)470-2561   所 영암군 군서면 왕인로 440

13) **장성 백양사**

아기단풍으로 유명하여 내장산 남쪽 백암산 자락에 있다. 632년 백제 무
왕때 백암사라 하였는데, 조선 선조때 지완스님이 영천굴에서 설법을 할때

흰 양이 자신의 죄를 용서받고 천상으로 올라갔다는 전설에 의해 백양사로 개칭하였다.

경내의 소요대사 부도가 보물로 지정되었으며 극락보전, 대웅전, 사천왕문 등의 건조물 문화재와 비자나무숲과 고불매 등이 천연기념물로 지정되어 있다. 백양사가 있는 백암산 백학봉 일원이 명승으로 지정된 총림사찰이다.

(1) 축령산 편백숲

전남 장성군에 있는 325만m² 넓이를 가진 인공조림숲이다. 삼림욕을 통해서 피톤치드를 마시면 스트레스가 해소되고 장과 심폐기능이 강화되며 살균작용이 있다하여 힐링을 위해 전국에서 찾아오는 산림명소이다. 국가에서 장성편백힐링특구로 2016년 지정되었다.

독립가 임종국 선생이 1956년부터 21년간 조림한 곳이다.

축령산 입구에는 민박촌과 관광농원이 있으며 산중턱에는 40여 명의 동자승들이 수도하는 해인사, 산아래는 통나무집과 팬션이 있어 숙박체류할 수 있고 휴양림을 관통하는 임도를 지나면 내마음의 풍금 등 영화를 촬영한 금곡영화촌이 있다. 가까운 곳에 필암서원, 홍길동테마파크가 있다.

14) 순천 낙안읍성

한국의 서남부 끝자락에 위치한 전라남도 낙안읍성은 한국에서는 유일하게 평지에 세워진 막돌성곽으로 1984년 12월 마을 전체가 중요민속자료 제189호로 지정된 민속마을이다.

낙안읍성은 동내, 서내, 남내 등 3개 마을로 이루어져 있다. 이 곳에는 지금도 실제 주민들이 거주하고 있으며 길이 1400m의

〈그림 26〉 송광사 선암사 위치도

성에 동헌객사향교, 동문, 남문 및 임
경업 장군의 위패와 영전을 모신 사
당인 충민사와 낙민루 등 유서깊은
건축물과 초가집, 돌담 등이 원형 그
대로 보존되고 있다.

낙안읍성은 대부분의 우리나라 섬
들의 산이나 강을 끼고 있는데 비해

▲순천 낙안읍성(한국관광공사 제공)

야성이다. 낙안읍성(사적 제302호)은 총길이 1,410m, 넓이 6,490평으로 이
지역 출신 김길빈 장군이 왜구의 침입을 막기 위해 조선 태조 6년에 쌓은
토성이며, 인조 4년에 이 곳 군수로 부임한 명장 임경업 장군이 3년에 걸쳐
다시 석성으로 쌓았다고 전해진다.

이 곳은 선조들의 주거공간과 삶의 과정을 직접 보고 느낄 수 있는 역사
의 배움터이다.

민속자료로는 중요민속가옥 제95호로 지정된 '김대자 가옥' 등 9개 동이
있다. 19세기 초에 건축된 것으로 보이는 이 가옥들은 중부지방의 오래된
민가들로 대부분 토담으로 둘러쳐져 있다. 또한 임장군의 나라사랑 선정을
기리기 위한 선정비가 문화재 제47호로 지정되어 있다. 현재 성내에는 70여
가구가 거주하고 있으며, TV나 영화의 촬영장소로도 많이 이용되고 있다.

電 061)749-8831   所 순천시 낙안면 충민길 30
주변관광지 : 송광사, 선암사, 벌교, 태백산문화관

(1) 송광사(松廣寺, Songgwangsa Temple)

송광사는 전라남도 순천시 송광면 조계산에 있는 절로서 일명 대길상사
(大吉祥寺) 또는 수선사(修禪寺)라고 부르기도 하는데, 신라말기에 혜린선사(慧
璘禪師)에 의하여 창건되었다고 전한다. 처음에는 길상사라고 불렀으나, 고려
명종때 보조국사(普照國師)에 의하여 크게 중창하면서 1208년(희종 4년)에 임
금의 명명으로 송광사라 부르게 되었다고 한다.

송광사에는 본래 80여동의 가람이 연이어 있어서 우중에도 비를 맞지 않

▲ 송광사

고 경내를 다닐 정도였다고 하며 현재에도 50여동의 가람이 즐비하게 늘어서 있어 이를 일컬어 **천하삼보**(天下三寶) 즉 불(佛)의 **통도사**, 법(法)의 해인사, 승(僧)의 송광사라 불러 유명하다. 우리나라 3대사찰 중의 하나로 일컬어지는 이유도 여기에 있다.

또 송광사에는 보조국사 이후 15국사(國師)가 계속 배출되었기 때문에 승보종찰(僧寶宗刹)이라고도 부르며, 국보 제42호인 목조삼존불감, 국보 제43호 고려고종제서, 국보 제56 국사전(16국사의 영정보관) 등 국보 3점과 보물 12점 및 천연기념물 1점, 지방문화재 8점 등 숱한 보물 외에도 추사의 서첩, 조선 제12대 영조의 어필, 대원군의 난초 족자 등 수많은 문화재들이 자체 박물관에 전시되어 관람객을 반기고 있다.

목조삼존불감(木彫三尊佛龕)(국보 제42호)은 전래의 유물 가운데 만든 방법과 구조양식으로 보아 이국적인 취향을 보여주고 있다. 정교한 목조예술의 정화라 할 것이다. 섬세한 조형수법은 말할 것도 없고 그 조형의 착상이 뛰어난다. 불감(佛龕)은 나무로 만든 전개식 3면 불감인 까닭에 닫아 놓으면 원두의 원통형이 되고 열어 놓으면 삼존불감이 드러나는데 높이는 불과 13.9cm, 폭 7cm의 소형이다. 중앙에는 보존 석가여래상과 합장한 승상과 보살, 동자상, 사자상 등을 연화좌위에 배치시키고 있다. 14cm도 못되는 크기 속에 총 22구의 불상이 조각되어 있어 인간의 작품이 아닌 신의 작품이라 부르기도 한다.

국사전(국보 제56호)은 조선 초기의 건물로 추정되는 정면 4칸, 측면 3칸에 단층맞배지붕, 주심포집이다. 이 건물의 특징은 건물 내부 전체에 걸쳐 우물정(井)자 천장이 가설된 것이며 이것은 주심포식 집의 원래 양식에는 없는 것으로, 또 주두 위에서 벽면으로 뻗는 행공 첨자의 형태가 다포집 양식의 그것과 꼭 같은 양식으로 된 점들이다. 국사전이야말로 승보사찰(僧寶寺刹)

송광사의 상징적 건물이다. 사찰은 단순히 스님이 있어 사찰이 아니라 수도하는 고승대덕이 있음으로 해서 더욱 빛나는 것이다.

　이밖에 조계산 마루 천자암 뒷뜰에서 있는 곱향나무인 **쌍향수(雙香樹)**는 천연기념물 제88호로 지정되어 있다. 조계산의 천자용을 짓고 수도하던 보조국사와 왕자의 몸으로 보조(普照)의 제자가 된 담당이 중국서 올 때 짚고 온 지팡이를 꼽은 것이 자란 것이라는 전설이 있으며, 수령 700여년의 나무로 묘하게 뒤틀리며 꼬여 올라간 것이 신비롭다.

電 061)755-0107　　　　　　　　所 순천시 송광면 송광사안길 100

(2) **선암사(仙岩寺, Sonamsa Temple)**

선암사는 전라남도 순천시 승주에 있는 우리나라 31本山의 하나이며, 운암사, 용암사와 더불어 호남 3암사(岩寺)의 하나로 유명한데, 순천에서 약 20km 지점의 조계산을 사이에 두고 송광사(松廣寺)와 동서로 갈라져 자리잡고 있다. 백제 성왕 7년(529년)에 아도화상(阿道和尙)이 개산(開山)하여 비로암(毘盧庵)이라 부르다가 신라말기에 도선(道詵)이 창건하면서 선암사라 불렀다고 한다.

▲ 선암사 정종추대식

　선암사는 사찰의 전통문화가 가장 많이 남아 있는 절의 하나로 보물 7점 외에도 장엄하고 화려한 대웅전, 팔상전, 원통전, 금동향로, 일주문 등 지방문화재 12점이 있고 선암사 본찰 왼편으로 난 등산로를 따라 오르면 높이 17m, 넓이 2m에 이르는 거대한 바위에 조각된 마애불을 볼 수 있다. 특히 대웅전 앞 좌우에 서 있는 3층석탑(보물 제395호)은 유달리 관광객의 시선을 끌고 있다.

선암사 주위로는 수백년 된 상수리, 동백, 단풍, 밤나무 등이 울창하고 특히 가을단풍이 유명하다. 또한 절 앞에는 선녀들이 목욕을 하고 하늘을 향해 날아가는 아취형의 승선교(昇仙橋 ; 보물 제400호)가 있는데, 지반이 자연암반으로 되어 있어 견고하며, 중앙부의 용머리가 매우 신비롭다. 800년 전통을 지닌 자생다원, 송광사에서 선암사를 잇는 조계산 등산로, 수정같은 계곡물, 울창한 수목과 가을단풍이 이 곳의 멋을 더해 준다.

또한 선암사 인근에는 지리산과 광양 백운산과 마찬가지로 고로쇠나무가 자생하고 있어 매년 경칩을 전후하여 약수를 채취할 수 있다.

電 061)754-6250(템플스테이)   所 순천시 승주읍 선암사길 450

(3) 순천만국가정원

2013년 국제정원박람회 이후 그 박람회장을 개조하여 조성하였고, 2015년도에 우리나라에서 처음으로 시행한 **국가정원 제1호**이다. 순천시내에서 8km 정도 떨어져 있는데 각국의 정원, 갯벌과 갈대꽃, 붉은색의 칠면조, 희귀 철새군락이 어우러져 자연관찰과 탐조를 위한 자연학습장과 국제적 학술연구장소로 부각되고 있다.

연간 방문객이 최고 500만명을 초과할 때도 있으며 공공기관이 운영하는 입장료 수입이 연간 150억원으로 전국에서 가장 높다. 생태관광자원으로 가장 성공적인 모델이다.

15) 여수 해양공원 · 오동도(梧桐島, Odongdo Island)

2012년 여수엑스포전시장이 오동도와 바로 인접해 있다. 2012년 5월부터 약 3개월간 개최된 엑스포는 '살아 있는 바다, 숨 쉬는 연안'이라는 주제하에 약 80여 개국 이상이 참가했다.

주요시설은 빅오(BIG-O), 스카이타워

▲ 여수엑스포해양공원(한국관광공사 제공)

전망대, 기념관, 디지털갤러리, 게스트하우스, 스카이플라이, 투어전기차, 해양레저스포츠체험교실 등이다.

해양공원에 인접한 오동도는 3월 중순쯤 동백꽃이 연상될 정도로 동백꽃이 유명하다. 한려해상국립공원의 기점이자 종점이다.

3만 6천여 평의 작은 섬으로 동백나무, 대나무

〈그림 27〉 여수해양공원 위치도

등 200여 종의 수종으로 이뤄진 울창한 상록수림이 하늘을 가릴 정도이다. 섬 전체를 덮은 동백나무에서는 이르면 11월부터 한 송이씩 꽃이 피기 시작해 겨울에도 붉은 **동백꽃**을 볼 수 있으며, 2월 중순경에는 약 30% 정도 개화되다가 3월 중순경에 절정을 이룬다. 오동도 입구에서 안으로 들어가는 길은 방파제(768m)를 이용하는데, 좀더 운치를 즐기려면 약 15분 코스의 동백열차 또는 오동도 유람선을 이용할 수 있다.

電 1599-2012(여수세계박람회재단)　　　所 여수시 박람회길 1

(1) 진남관 · 진남제(鎭南祭, Chinnam Festival)

이순신 장군이 전라 좌수영의 본영 지휘소로 삼았던 진해루(鎭海樓)터 자리에 세운 수군의 중심기지가 진남관이다. 이순신 후임 이시언이 정유재란때 불타버린 진해루터에 75칸의 객사를 세우고 남쪽 왜구를 진압하여 나라를 평안하게 한다는 의미에서 진남관(鎭南館)이라고 이름 지었다. 진남관은 현존 국내 최대의 조선시대 단층목조건물(국보 304호)이다. 현재 건물은 1718년 전라 좌수사 이제면이 중창했다.

여수시는 매년 5월에 진남제로 이충무공(李忠武公)의 애국정신을 재현하고 있다. 주요 행사를 살펴보면 제식, 용줄다리기, 소동패놀이, 전국 민속씨름대회, 전국 국악명창대회, 영당풍어제, 한시백일장, 가장행렬 등 다채로운 행사가 펼쳐진다.

여수시 소라면 현천마을은 여수에서 북서로 12km 거리에 위치한 고색 짙은 농촌마을로서 소동패놀이가 전승되어 오고 있다. 이 고장의 용줄다리기는 임진왜란에 임하여 전란에 시달린 관민들의 사기를 진작시키기 위한 대동놀이로부터 시작되었다는 주민들의 이야기가 전해지고 있다.

(2) 향일암(向日庵, Hyangilam)

전국 4대 관음기도처 중 한 곳으로 644년 백제 의자왕 4년에 신라 원효대사가 원통암으로 창건했다. 매월 1월 1일 전국 각지에서 많은 사업가들이 이 곳의 해맞이를 위해 찾아온다. 저마다 소망을 기원하며 자연이 전해주는 희망의 메시지를 온 몸으로 맞이하고자 정갈한 마음으로 새벽 일출과 마주하는 모습은 장엄한 의식이기도 하다.

평시에도 일상적인 삶에 활기를 불어넣으려면 이 곳에 와서 새로운 자극과 감동을 얻어 가곤 한다. 이 향일암은 여수에서 돌산대교를 거쳐 남동쪽으로 25km쯤 떨어진 임포마을에 있다. 가는 길도 매우 낭만적이고 마을에 도착해서는 바다와 마주서는 순간의 탁 트인 기분을 향일암 암자에서 표현할 수 없는 기쁨으로 만끽할 수 있다.

기암절벽과 동백나무를 비롯한 아열대 식물의 울창한 수림이 장관을 이룬 마을 뒤편 금오산은 멀리서 바라보면 거북의 형상을 쏙 닮았다. 2009년 향일암 대웅전이 화재로 소실되어 2012년 5월에 복원하였다.

電 061)644-4742   所 여수시 돌산읍 율림리 산 7

(3) 손양원목사 기념관

1948년 여순 10·19사건 때 손양원목사는 두 아들을 살해한 원수를 사형장에서 구해주고 죽은 아들 대신 양자로 삼았다. 1950년 한국전쟁 때 주민

을 위해 피난길을 포기하고 공산군에게 총살
을 당한 순교자로서 그 분의 깊은 신앙과 사
랑을 되새기기 위해 유품 및 사진 등이 진열
되어 있고, 기념관 앞에는 기념비 및 3父子의
묘지가 있으며, 모교로 목회했던 성산교회가
있어 해마다 수많은 기독교인이 다녀간다.

▲ 손양원목사 기념관

電 061)682-9534   所 여수시 율촌면 산돌길 148

(4) 백도 · 거문도

"수십 개의 바위들이 형제처럼, 자
매처럼 어깨를 마주대고 앉아 침묵의
푸른 역사를 망망대해 비단물결로 수
놓는 그 자태를 두고 우리는 충격으
로 뛰는 가슴을 가라앉히지 못한다"
고 어느 작가는 가슴으로 웅얼거렸다.

서해의 홍도에 비견되는 백도의 기
기묘묘한 경치는 처음 이 곳을 찾는
관광객들에게 충격을 안겨 줄 만큼
빼어나다. 39개의 크고 작은 무인도

▲ 여수 백도

로 이루어진 이 섬은 아직도 자연 그대로의 모습을 간직한 채 태고의 신비
스러움을 맛보게 해주는데, 상백도와 하백도 곳곳에는 전설을 간직한 기암절
벽이 널려 있다. 전남 여수시 삼산면 거문리에 있는 백도는 1981년 다도해국
립공원으로 지정되었으며 섬 안에는 흑비둘기(천연기념물 제215호)를 비롯해
휘파람새, 팔색조 등 육지에서는 보기 힘든 30여 종의 조류와 120여 종의 희
귀동물, 소엽풍란과 눈향나무 등 40여 종의 야생식물과 들꽃이 서식하고 있다.

전해 오는 이야기에 의하면 백도(白島)라는 이름은 일찍이 섬의 봉우리가
백(百)개에서 하나가 모자라 백(白)이라 썼다는 설과 멀리서 바라보면 섬 전

체가 흰빛을 띠고 있다는 형상에서 백도라 불렀다는 설이 있다. 이와 함께 태초에 옥황상제의 아들이 아버지의 노여움을 받아 귀양왔다가 용왕님의 딸과 눈이 맞아 바다에서 풍류를 즐기며 세월을 보내고 있는데, 옥황상제는 비록 아들을 뉘우치게 하기 위하여 인간세상에 귀양보내기는 하였으나 세월이 흐르면서 몹시 보고 싶어져 신하들을 내려보내 데려오게 하였지만 보낸 100명의 신하들마저 돌아오지 않으니 이들을 모두 벌주어 크고 작은 섬이 되게 하여 백도라는 이름을 얻게 되었다는 전설도 있다.

백도는 거문도섬에서 출발하는데 거문도에는 100년 이상된 거문도 등대와 우리나라에 상륙한 유럽군대중 맨처음이었던 영국군 주둔유적과 묘지가 있다.

電 1666-0920	所 여수시 삼산면 거문리

16) 광양 매화마을

매년 3월 중순부터 3월말까지 섬진강 하류의 다압면 일대에 흰매화꽃이 눈이 내린 것처럼 산비탈을 덮고 있다.

광양매실농장의 시작은 1931년 김오천씨가 일본에서 5,000주의 매실묘목을 가져와 심기 시작했다. 수년간 몇 차례 일본을 왕래하면서 재배기술과 돈버는 기술을 배웠고, 이후에는 밀양태생 홍쌍리 며느리가 매실을 가꾸는 기술부터 국내외적으로 상품화하는 각고의 노력 끝에 70여년 매실명인가가 되었다.

청매실 밭과 300여개의 장독들이 섬진강과 어우러진다. 이때는 섬진강과 쌍계사 벚꽃철이 어우러져 전국 각지에서 여행객들이 찾아온다.

(1) 광양제철(POSCO)

자동차강판전문제철소로서 조강생산량이 세계최대규모이다. 1985년 제1기 공장 착공을 하여 마그네슘판재공장, 2010년 200만톤 규모의 후판공장이 준공되었다.

관람신청은 단체(월~금)와 개인(일요일 오전 10시, 복지센터)으로 구분하고 최소 4일 이전에 신청(061-790-1602)해야 하며, 외국인 견학은 불가하다.

(2) 이순신대교

왕복 4차선 2,260m 길이이며 주교각간 거리 1,545m는 이순신장군 탄생해인 1545년을 상징한다. 현재 세계 4위의 주탑높이는 270m로 현수교 콘크리트 주탑 높이로는 세계최고 높이이다.

이순신대교에서 바라보는 광양제철과 여수국가산단은 주간과 야간 모두 장대하고 아름답다. 산업관광지역으로 국제적 경관을 보여준다.

인근의 구봉산전망대(광양시 용장길 369번지 155, 061-797-2731)에서는 광양만과 순천·남해 일대를 조망할 수 있다.

5. 레포츠

1) 드라이브 코스

• 섬진강변(곡성군 압록~경남 하동)

전남 곡성군에서 시작되어 경남 하동까지 이어지는 28km 국도구간은 섬진강을 끼고 달리는 국내에서 손꼽히는 드라이브 코스이다. 일부 구간에서는 급류가 출렁이고 다른 구간에서는 멈춘 듯 잔잔하게 흐르는 섬진강을 보며 달릴 수 있다. 호남고속도로에서 곡성IC로 진입, 곡성읍을 지나 20분 정도 달리면 확 트인 압록유원지에 도착한다. 전라선 철도와 17번 국도가 지나는 이 곳은 강폭이 넓지만 유속이 느려서 가족단위 물놀이에는 안성맞춤이다. 강변에는 3만평에 달하는 은빛 백사장이 있어 야영하기에도 좋다. 이 곳에서 17번 국도를 따라 구례방면으로 6km 정도 가면 3백년 이상된 송림으로 뒤덮인 송림유원지가 나온다. 구례 푯말을 따라 경남 하동방면 19번 국도에 들어서면 원송 백사장이 나온다. 이 곳은 물이 깨끗하고 수심이 얕아 다슬기를 잡고 천렵도 즐길 수 있다.

섬진강 이야기

두꺼비와 관련된 전설이 있다. 임진왜란 당시 왜선이 섬진강 나루터에 도착하자 괴변이 일어났다. 나루터 일대에 수십만 마리의 두꺼비 떼가 새까맣게 몰려들어 울부짖었다. 너무나 무서운 광경이라 왜병들이 퇴각해버리고 그 뒤부터 두치강(豆恥江)을 섬진강(蟾津江)으로 바꾸어 부르게 되었다고 한다.

2) 영산강 자전거길

담양댐에서 목포까지 약 85km 연결되는 영산강 자전거길은 한국 CNN이 선정한 한국의 명소 50곳 중 하나인 영산강을 따라 펼쳐진다. 강 안쪽의 야생화는 호남의 넓은 들녘과 어울려 한 폭의 그림이다.

3) 광대한 '갯벌 드라이브코스' 영광 갯벌

영광군 염산면 두우리 앞 갯벌은 전북 곰소만, 신안 지도읍 등과 함께 넓은 갯벌지대로 손꼽히는 곳이다. 아울러 대개 갯벌은 발이 푹푹 빠지는 물렁한 상태지만, 이곳 두우리 마을 앞 일대는 매우 단단하여 마음껏 차를 몰고 누비는 낭만을 구가할 수 있는 곳이다. 또한 천일염의 40%를 차지할 만큼 염전의 최적지다.

물기가 질척하게 남아 있는 곳에서는 아주머니들이 백합을 잡고 있다. 5월이면 외지인도 백합을 쉽게 채취할 수 있다.

단 한점의 티끌도 없는 백지 상태의 눈이 가물가물 감기도록 끝을 가늠하기 어려운 갯벌-수평선을 바라 볼 때보다 더한 막막함이 거기서 느껴지는 것은, 물 아닌 땅임을 인식하고 바라보기 때문일 것이다.

4) 산수유(山茱萸)마을 특별한 여행

매년 봄이면 온 동네가 노란 비단 보자기를 씌운 듯 수만 그루의 산수유나무가 일제히 꽃을 피워 온 골짜기가 노란색으로 뒤덮이는 곳이다. 서울에서 호남고속도로를 타고 전주까지 간 다음 남원을 지나 구례방면으로 가다 보면 왼쪽으로 지리산 온천랜드 입구가 나오는데, 이곳이 곧 산동면으로 드는 길목이다.

산수유(山茱萸)나무는 층층나무과에 딸린 낙엽 교목으로 키가 7m정도까지 자란다. 원산지는 중국이라 하지만, 산동처럼 군락을 이룬 곳은 드문 편이다. 지리산 온천랜드 북쪽 약 1km지점에서부터 2km 되는 곳까지의 개천변을 따라 자연적으로 수많은 산수유나무가 노란 꽃을 피워 올린다. 산수유나무는 하나의 줄기가 계속 굵어지는 것이 아니고 한 뿌리에서 가지를 여러 개 뻗는 방식으로 자라나므로 고목들도 하늘로 뻗은 가지들은 가는 편이다. 또한 꽃에서는 향긋한 향기가 진동한다.

산동골 산수유군락은 널찍한 개천을 끼고 늘어서 있어 산수유 풍치가 압권이고, 사진작가들이 많이 찾는 곳이다. 그 외 마을마다 삼각대며 대형 렌즈 등, 갖가지 촬영장비를 챙겨들고 돌아다니는 사람들이 주민들보다 더 많을 만큼 봄의 산동골 산수유 풍광은 뛰어나다.

마을 입구가 구례온천 관광특구지역이라 숙박·음식시설이 잘 갖추어져 있다.

경북

대구

경북 · 대구 09

경상북도
대구

철암역

성류굴 울진

부석사 백두협곡열차

봉화분천역

영주

문경새제 백암온천

영덕

안동하회마을 주왕산 울릉도

봉정사

김천
직지사 팔공산
동화사 포항제철소 봉대박물관

대구 경주

국립박물관·석굴암·불국사

고령대가야고분

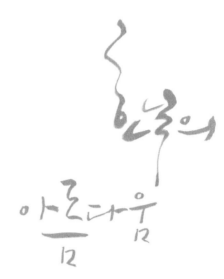

한국의

아름다움

축제 · 행사

• 대구시

컬러풀대구페스티벌(5월), 약령시한방문화축제(5월), 국제바디페인팅페스티벌(8월), 국제오페라축제(10월), 비슬산참꽃축제(4월)

• 경상북도

울릉눈꽃축제(1월), 영덕게축제(3월), 청도소싸움축제(3월), 고령대가야체험축제(4월), 경주술과떡잔치(4월), 문경전통찻사발축제(5월), 영양일월산산나물축제(5월), 성주참외축제(5월), 포항국제불빛축제(7월), 영천보현산별빛축제(8월), 울릉오징어축제(8월), 봉화송이축제(9월), 안동국제탈춤페스티벌(9월), 상주동화나라이야기축제(10월), 영천한약축제(10월), 영주풍기인삼축제(10월), 청송사과축제(10월), 경주신라문화제(10월) 등이다.

▲ 대구국제바디페인팅축제(대구시청 제공)

▲ 경북안동국제탈춤축제

1. 지역 개관

경북과 대구의 인기관광지는 경주 불국사와 석굴암, 경주동궁과 월지, 안동 하회마을, 영주 부석사, 고령대가야 고분군, 문경새재도립공원, 백두대간 협곡열차, 대구의 근대골목, 병천시장과 김광석 다시그리기길, 대구 안지랑 곱창골목 등이다.

• 지리적 환경

경북과 대구광역시는 태백산맥의 태백산에서 갈라져 나온 소백산맥이 남서로 뻗어내려 강원도·충청북도·전라북도와 자연적 장벽에 의해 도 경계를 이룬다. 동해안은 태백산맥의 여맥이 해안선과 평행하게 달리고 있다. 또 남부의 경상남도와는 가야산(1,430m)·비슬산(1,084m)·운문산(1,190m)·가지산(1,240m) 등의 산들이 가로막아 지형 상 하나의 큰 분지를 형성하고 있다. 이 분지의 중앙은 **낙동강**이 여러 지류를 합류해 남쪽으로 관류하면서 평야를 형성하고 있다. 이러한 지형은 대체로 서부산지·동부산지·중앙저지·해안평야 네 지형구로 구분할 수 있다. 대표적인 산은 **태백산**(1,567m)·**소백산**(1,421m)·도솔산(1,314m)·문수산(1,162m)·주흘산(1,106m)·조령산(1,017m)·속리산(1,058m) 등이며 1,000m가 넘는다. 이러한 산지는 옛날부터 남북 또는 동서 교통의 장애가 되었다. 따라서 비교적 낮은 고개인 죽령(689m)·조령(642m)·이화령(548m)·추풍령(221m) 등이 주요 교통로 이용되었다.

낙동강 양안에는 충적평야가 발달해 있고, 충적층의 두께는 10m 이하로 얇다. 그 중 넓은 평야는 안동에서 상주에 이르는 상류분지와 금호강 유역의 대구분지이다. 충적평야 이외에 대부분의 지역은 저산성 구릉지와 산록 완사면으로 이뤄져 주요 경작지를 형성하고 있다.

해안평야는 동해안에 치우쳐 있고, 또 후빙기의 해면상승으로 인해 평야의 발달이 미약하다. 이것은 산지에서 표고 200m 부근을 경계로 경사가 급히 완만해져, 이 완만한 구릉지가 해안까지 닿아 있다.

대구시의 지형은 분지(盆地)적 지형으로서 남부 산지, 북부 산지, 중앙부와 서남부 저지(低地)로 이뤄져 있다. 대구는 북동부와 남부는 산지로 둘러싸여 있고, 서부가 상대적으로 개방되어 있다. 겨울에는 춥고 여름은 무더운 내륙분지형 기후의 특성을 가진다. 최근에는 도시에 나무를 많이 심는 녹화사업으로 도시의 여름철 평균기온이 낮아졌다.

• 역사적 배경

이 지역은 삼한시대에는 진한의 땅이었다. 삼국시대에는 신라의 중심지였으며, 삼국통일 후 한반도의 정치와 상업의 중심지로 그 영향은 오늘날까지 남아있다. 신라가 삼국을 통일한 뒤에 오늘의 경북지역은 상주와 양주(良州: 지금의 양산)로 나뉘어 통치되었다.

고려 태조 때 동남도(東南道)로 되었다가 995년(성종 14)에 영남도(嶺南道)와 영동도(嶺東道)로 갈렸으며, 1106년(예종 1)에 경상진주도(慶尙晉州道)가 되었다. '경상도'라는 명칭이 확정된 것은 1314년(충숙왕 1)의 일이며, 조선왕조로 바뀌어서도 그대로 따랐다. 경상도(慶尙道)는 경주(慶州)와 상주(尙州)가 합해진 지명이다. 1519년(중종 14)에는 경상좌우도에 각기 감사를 두었으나, 다시 한 도로 합치고 오직 군사상 직제만 그대로 양도로 두었다. 임진왜란 때 상주에 우도감영을, 경주에 좌도감영을 설치했다가, 1594년(선조 26)에 다시 합쳐 성주(지금의 칠곡)에 감영을 두었다. 1596년에는 달성(지금의 대구)으로 옮겼다. 1599년에는 다시 안동으로 옮겼다가, 1601년에 오늘날의 대구로 이전하였다.

1896년에 전국을 13도로 개편함에 따라 경상좌우도를 경상남북도로 개칭하고, 경상북도는 대구에 관찰사를 두어 41군을 관할하게 했다.

1955년 경주읍이 인근의 일부 지역을 편입해 경주시가 되고 1963년에는 대구시에 구제(區制)가 실시되었다. 1981년 7월 대구시가 직할시로 되었고, 1995년에는 달성군이 대구광역시에 편입되었다.

• 관광자원

경북과 대구의 관광자원은 전국에서 보물을 가장 많이 보유하고 있다. 주요관광지역은 대구관광권·북부관광권·경주관광권·동해관광권으로 구분할 수 있다. 대구관광권은 도립공원인 팔공산의 갓바위와 동화사, 근대골목, 이월드, 허브힐즈, 서문시장, 약령시장, 동성로, 청도군의 운문사, 김천시의 직지사, 구미시의 금오산(1970년 6월 우리나라 최초의 도립공원), 고령군·성주군의 가야산국립공원, 군위군의 제2석굴암 등이 유명하다. 구미시는 한국 최대의 전자공단이 있다. 북부관광권은 문경시의 문경새재도립공원과 안동시의 도산서원 · 하회마을 · 병산서원, 봉정사, 청송군의 주왕산국립공원, 영주시의 부석사와 희방사, 봉화군의 청량산도립공원, 상주시의 속리산국립공원 등이 있다. 안동은 하회 별신굿과 차전놀이가 유명하다. 봉정사의 극락전(국보 15호)은 우리나라에서 가장 오래된 목조건축물이다.

경주관광권은 경주 도시 자체가 UNESCO지정 세계10대 문화유산도시이자 21개 국립공원 가운데 유일한 도시형 국립공원이다. 다른 20개의 국립공원은 산악형, 해양형이다. 경주에는 아사달과 아사녀의 전설을 가진 다보탑, 무구정광 다라니경(국보 126호, 세계 최초의 목판 인쇄물) 유물이 나온 무영탑이라 부르는 석가탑이 **불국사** 경내에 있다. 경주는 포석정지(사적 1호)가 김해 패총, 수원화성과 함께 사적 1, 2, 3호로 지정되어 있고, 이외에도 **석굴암**, **첨성대**(동양 최초의 천문대), **남산**, **천마총**(황남대총으로도 칭함), 금관총(신라 금관 최초 발굴고분) 등 수 만은 유적이 펼쳐진 야외 박물관 도시이다. 경주시 대왕암은 세계유일의 해중 수중릉이다. 경주에 지금은 모두 존재하지 않지만 신라 3보(寶)가 있었다. 즉 1장6척의 석가모니상 장육존불(丈六尊佛), 하늘에서 내렸다는 진평왕 옥대, 황룡사9층목탑이 신라3보이다. 황룡사탑은 선덕여왕때 자장율사가 백제 아비지 등 200여명을 동원하여 완성했으나 몽고병란으로 소실되었다. 경주에서는 매년 신라문화제가 열리고 보문 관광단지가 조성되어 있다. 동해관광권은 보경사 · **성류굴** · 백암온천 · 덕구온천 · 불영계곡이 유명하다. 동해의 화산섬인 울릉도와 독도가 절경지역이다. 우산국 또는 우릉이라는 옛 지명을 가진 울릉도 성인봉 일대는 천연기념물 원시림 명소이다.

2. 특산물

• 경주 교동법주

경주시 교동에서 56년간 교동법주를 빚어온 배영신 할머니가 있다. 배할머니는 중요무형문

화재로 지정된 교동법주의 기능보유자이며 교동법주의 향기로운 향취와 맛을 위해 배할머니댁의 뜰에 있는 샘물로만 술을 빚는다.

• 포항 과메기

음력 동짓날 겨울에 잡힌 꽁치를 두름으로 엮어 바람이 잘 통하는 곳에 걸어두고 충분한 시간을 두어 말린다. 과메기의 맛을 더하려면 생미역이나 실파 등을 곁들이는 것이 좋다.

• 영덕 대게

대게란 이름은 게의 다리가 대나무처럼 곧다 하여 붙여진 이름이다. 영덕 대게는 대게 중에서도 바다 밑바닥에 갯벌이 전혀 없고 깨끗한 모래로만 이루어진 영덕 군 강구면과 축산면사 앞바다에서 3~4월에 잡힌 것이 살이 차고 맛이 좋아 명성이 높다.

• 울릉도 오징어 · 호박엿

울릉도의 근해바다는 육지와 멀리 떨어져 있어 깊고 푸르며 물이 아주 맑다. 울릉도의 오징어는 울릉도 근해에서 저녁에 출어하여 잡은 것을 새벽에 맑은 물에 씻어 바람과 햇볕에 말린 것으로 맛이 달고 고소한 것이 특징이다.

울릉도 호박엿은 섬의 개척사와 함께 그 맥을 이어오면서 오늘날까지 명물로서 알려져 있다. 호박은 섬 개척당시 육지에서 이주해온 유민들이 호박 종자를 가져와 재배하여 번식시킨 것으로, 땅이 비옥하여 어느 곳에서나 심기만 하면 1개당 20kg 이상 되는 호박이 무수히 열렸는데, 이 호박을 부족한 식량으로 대용하면서 호박을 끓이고 졸여서 별식으로 종종 만들어 먹은 것이 호박엿의 유래로 전해지고 있다.

• 안동하회탈

한국의 많은 탈 가운데 유일하게 국보(제121호)로 지정된 귀중한 문화유산이다.

• 영양 고추

특히 영양은 전국 최고의 품질을 자랑하는 고추의 주산지이며, 일교차가 큰 천혜의 기후, 유기질이 풍부한 식양토에서 축적된 기술로 재배하여 맵고 향기로우며 과피가 두꺼워 가루가 많이 나는 것이 특색이다. 또 수확 후에는 맑은 물로 세척·건조하여 윤기가 나고 위생적이다.

• 봉화 송이

다른 지역 송이보다 수분함유량이 적고 향이 뛰어나다. 따라서 장기간 저장이 가능하고 쫄깃쫄깃하여 세계최고의 품질로 인정받고 있다.

• 청송 사과

청정지역에서 생산되는 청송 사과는 해발 250m 이상의 산간지형과 일교차 12℃ 이상이 이상적인 기후조건에서 생산되어 당도가 높고 과즙이 많으며 육질이 단단하고 신선도가 높아 세계로 수출하고 있다.

3. 별미음식

경북에는 가는 곳마다 먹거리가 풍부하다. 포항과 경주, 영덕, 울진 등 경북 동해안에는 횟집이 널려 있어 싱싱한 생선회를 종류별로 맛볼 수 있다. 대표적인 생선은 광어인데, 포항의 경우 죽도시장의 회타운과 송도 및 북부 해수욕장에서 먹을 수 있다. 뱃사람들의 해장국에서 비롯된 물회는 포항시청 앞 물횟집 등 시내 곳곳의 전문음식점과 바닷가에서 먹을 수 있다.

포항과 영덕의 경계지점 바닷가에 있는 식당의 전복물회는 특히 유명하다. 영덕과 울진에서는 탐스러운 대게를 맛볼 수 있다. 강구항과 후포항, 죽변항 인근에 대게 전문음식점이 늘어서 있다.

봉화읍에서 울진쪽으로 8km 정도 떨어진 더덕약수탕 부근에 있는 시가당에서는 산송이요리를 맛볼 수 있다. 또 이 곳에는 껍질이 얇고 당도가 높기로 유명한 '복(福)수박'이 있다.

청송 주왕산 입구 식당가에서는 산채정식과 도토리묵을, 달기 약수탕 식당및 여관에서는 닭백숙을 먹을 수 있다.

예천에서는 특허청에 상표등록을 한 '예천참우' 쇠고기를 구입할 수 있다.

거세된 송아지에게 사료를 먹여 사육한 쇠고기는 맛이 탁월하다.

이 밖에도 안동과 영주, 청송, 의성 등지에서는 햇사과를, 청도와 영덕에서는 당도가 높은 복숭아를 맛볼 수 있다.

•대구의 따로국밥

해방직후 거리에서 국에 밥을 말아 팔던 국밥이 '국일관'이라는 건물 내로 옮기면서 음식수준의 향상과 손님들의 요구에 따라 밥과 국을 따로 내놓은 데서 '따로국밥'으로 불리어지게 되었는데, 덥고 추운 대구지방의 풍토와 기후에 가장 적절한 전통음식으로 얼큰한 국물맛이 일품이며, 당초에는 육개장이 주였으나 근래에는 손님의 기호에 따라 선지국이 보편화되었다.

•안동의 헛제사밥

안동의 전통음식인 헛제사밥은 쌀이 귀한 시절 양반이라도 쌀밥을 드러내놓고 먹기가 미안스러워 유생들이 모여 제사음식을 차려놓고 축과 제문을 지어 풍류를 즐기며 제사를 지낸 후 제수음식을 먹었다는 설과 또는 상민들이 제사밥을 먹고 싶어 그냥 헛제사 음식을 만들어 먹는 데서 유래했다는 설이 있다. 헛제사밥은 실제 제사에 쓰이는 것과 똑같이 각종 나물과 생선 등이 함께 차려진다. 여기에 육탕(肉湯), 어탕(魚湯), 소탕(素湯)의 삼탕이 약식으로 변형된 막탕이 오르고 자극성 없는 양념으로 무친 나물과 어우러진 진한 맛이 고소하면서도 담백하여 특이한 맛을 낸다.

4. 주요 관광지

1) 대구 동화사(桐華寺, Tonghwasa Temple)

대구의 대표적인 명소로는 이월드/83타워, 근대골목, 동성로팔공산하늘공원/케이블카, 동화사로 꼽힌다. 이중 동화사는 대구 팔공산 기슭에 위치하며, 이 절에는 마애불좌상(보물 243호)을 비롯하여 보물 5점 등이 있다. 민족의 숙원인 통일과 민족대화합의 화해를 이루고자 대불 높이 17m, 둘레 16.5m,

좌대높이 13m의 8등분으로 조
성한 석불이 있다.

▲ 대구 동화사

땅을 파는 과정에서 부처님을
모실 천연좌대가 놓여 있었으며
주변에서는 많은 오색도가 나왔
다고 한다.

電 053)982-0223   所 동구 동화사1길 1

(1) 팔공산(八空山, Palgongsan Mountain)

갓바위부처로 유명하여 전국에
서 소원을 비는 사람들이 많이 몰
려오는 팔공산은 대구의 명산으로
천년고찰 동화사 등 고찰과 울창
한 숲, 맑은 물이 흐르는 여러 갈
래의 계곡을 끼고 있다.

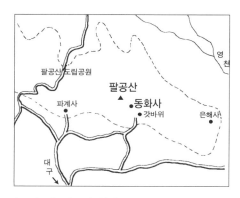

〈그림 28〉 팔공산 위치도

산의 높이는 1,192m이며 팔공
산에는 동화사뿐만 아니라 은혜사,
파계사, 부인사, 관암사 등 수십
개의 사찰과 암자가 있다. 여기에 국보와
보물, 사적지로 지정된 문화재가 많다. 국
보 2점, 보물 9점, 사적 2점, 30개의 명
승지가 산재해 있다.

팔공산 갓바위부처는 소원을 비는 사람
들이 연중 모여들고 특히 대입수험생을
둔 학부모들이 많이 찾아와서 전국적으로
유명하다.

▲ 갓바위부처

電 053)983-8586   所 대구시 동구 갓바위로 229

(2) 대구 근대골목

대구의 '몽마르트'라고 한다. 1907년 대구읍성 철거 전후를 중심으로 한 대한민국 근현대사 스토리와 관련된 많은 건축물들이 근접해 있다. 대구읍성, 계산성당, 제일교회, 선교사주택, 이상화고택, 화교소학교, 3·1만세운동길, 약령시와 진골목 등 20세기 초까지 자연발생적으로 형성된 이후 큰 변형없이 원래 모습을 유지하여 보기 드문 근대역사자산이다.

인근에는 동성로, 경상감영, 김광석 다시 그리기 길, 방천시장 등이 있다.

電 053)982-0223   所 동구 동화사1길 1

(3) 방천시장

시장 벽과 가게 간판, 기둥에 그려진 아기자기한 그림이 방문객을 사로잡는다. 점포 중간중간에는 자그마한 카페와 쉼터가 있으며 공연도 자주 열린다. 가수로서 유명했던 김광석은 방천시장 대봉동에서 태어났는데, 방천시장의 신천대로 둑길을 따라 '김광석 다시 그리기 길'이 100여m 남짓 조성되어 있다. 그를 추모하는 동상이 서 있고 벽화도 그려져 있다.

電 053)661-2000(대구 중구청)   所 대구광역시 중구 달구벌대로 2238

(4) 안지랑골목

1979년 양념곱창가게 한 곳이 문을 열면서 출발후, IMF를 겪으며 10여곳의 곱창집이 들어서면서 자연스레 맛집골목이 만들어졌다. 지금은 곱창 전문식당이 50여개나 성업중이다. 매콤한 소스가 일품이다.

電 053)664-2000(대구 남구청)   所 대구 남구 대명동 일대

2) 안동 하회마을과 탈춤(Andong Hahoe Village and Mask Dance)

영국의 엘리자베스 여왕이 20세기 마지막 외국 공식순방에서 가장 한국적

인 곳을 찾아 방문한 곳이 곧 안동화
회마을이다. 한국 사람들은 안동하면
'하회탈'이 떠오를 정도로 안동을 유명
하게 만든 것이 바로 이 마을에서 만
들어지는 '하회탈'과 한국에서 가장 오
래된 탈춤굿의 하나인 '하회별신(河回
別神)굿놀이'이다.

▲ 안동하회마을(한국관광공사 제공)

안동군 풍천면 하회동은 '산태극', '수태극'을 이룬 민속마을로, 낙동강이
태극 형상으로 굽이치는 강가에 다소곳이 위치하고 있다. 엄숙하고 조용한
선비의 마을로 옛 모습을 그대로 보존하고 있으며, 이 곳은 '하회별신굿놀이'
와 '하회탈'로 유명한 곳이기도 하다. '하회별신굿놀이'는 예로부터 하회마을
에서 전승되어 온 것으로서 그 역사가 한국에서 가장 오래된 별신굿으로 꼽
힌다.

하회마을은 명재상 유성룡(柳成龍) 일가가 크게 번창하며 살았던 곳으로 풍
산 류씨가 대대로 살던 전형적인 동성 부락이다. 이 곳은 사대부 집으로부
터 하층계급의 가람집에 이르기까지 300~500년된 130여 호의 대소 고가들
이 잘 보존되어 있는 민속마을로 유네스코 문화유산으로 지정된 곳이다.

조선 전기 이후의 전통적 가옥들과 영남의 명당지라는 풍수적 경관, 별신
굿과 같은 고려시대의 맥을 이은 민간 전승 등 전통적 경관과 정신문화의
보존이 잘 어우러져 있어 마을 전체가 중요한 민속자료로 지정되어 있다.

별신굿에 쓰이는 탈은 하회에 살던 허도령이 신의 계시를 받아 만들었다
는 전설이 전해 내려오는데, 그 내용은 다음과 같다.

● 하회탈에 얽힌 허도령전설

옛날 하회마을에 살던 허도령은 꿈 속에서 마을의 수호신으로부터 탈을 만들라
는 계시를 받았다. 그래서 그는 목욕재개한 후에 외부사람이 출입하지 못하도록 대
문에 금줄을 친 다음 혼신의 힘을 다해 탈을 제작하였다.

그런데 이 마을에는 허도령을 사모하는 한 처녀가 있었다. 그녀는 여러 날 동안
허도령의 모습이 보이질 않자 안달이 났다. 그래서 그녀는 견디다 못해 밤중에 허

도령의 집을 찾아가 보았는데 대문에는 금줄이 쳐져 있는 것이 아닌가. 그녀는 그 금줄이 외부사람의 출입을 금하기 위해 쳐 놓은 것임을 알고 있었으나 허도령을 보고 싶은 마음을 주체할 수 없어 그만 대문을 열고 살그머니 문 안으로 들어섰다.

꽤 늦은 밤이었지만 허도령의 방에서는 불빛이 새어나오고 있었다. 그녀는 허도령의 방문 앞으로 살금살금 다가갔다. 그리고는 손가락에 침을 묻혀 방문에 바른 창호지에 구멍을 뚫고서 방안을 들여다보았다. 순간 그녀는 '어마나!'하고 자신도 모르는 사이에 짧은 신음소리를 내고 말았다.

허도령이 무아경에 빠져 탈을 만들고 있었는데, 그 모습이 너무나 아름답고 황홀하게 보였기 때문이다. 이제까지 저토록 빼어난 허도령의 모습을 본 적이 없었기 때문이었다.

이때 허도령은 마지막으로 이매탈을 만들고 있었다. 그런데 그가 인기척을 느끼고 방문쪽으로 고개를 돌리는 순간, 그는 그 자리에서 피를 토하면서 죽고 말았다. 그 처녀가 몰래 훔쳐보는 바람에 신의 노여움을 샀던 것이다.

하회탈 중에는 오직 이매탈만이 턱이 없는데, 이는 허도령이 이매탈의 턱을 완성하지 못한 채 죽고 말았기 때문이라고 한다.

그리고 이렇게 해서 만들어졌다는 하회탈은 모두 12개로 이루어졌으나, 3개가 없어진 채 지금은 9개만이 남아 국보 제121호로 지정되어 있다.

별신굿 놀이는 허울 좋은 지체만을 자랑하는 양반들과 속 빈 선비 그리고 파계승을 신랄하게 야유하고 비판하는 내용으로 꾸며져 있는 게 특징이다.

하회마을에서는 의례와 민속프로그램을 체험할 수 있다. 의례체험은 전통상례와 혼례이며 민속체험은 세시풍속, 고객체험으로 여중 분기별 또는 명절에 열린다.

안동의 별미로는 '헛제사밥'과 '건진국수', '안동식혜', '청포묵' 등이 유명하고 전통가옥에서 민박을 체험할 수 있다(www.hahoe.or.kr, 관광도우미마을홈페이지).

하회마을 가까이에 유성룡선생을 기리는 병산서원이 굽이치는 낙동강과 조화되어 옛건축의 아름다움이 뛰어나 많은 사람들이 방문하고 있다.

電 054)853-0109　　　　　　　　所 안동시 풍천면 종가길 40
주변관광지 : 병산서원, 도산서원, 봉정사

(1) 도산서원

유학자 **퇴계 이황선생**을 기리는 서원과 제자들을 가르쳤던 서당이다. 46세에 관직에서 물러나 낙향하여 학문에 정진하고 제자들을 가르친 곳이다.

서원의 건물들 이름을 퇴계가 성리학적 의미로 부여하였다. 도산(陶山)이라는 사액은 선조가 1575년에 하사하였고, 전교당에 걸린 도산서원 현판글씨는 한석봉이 임금 앞에서 쓴 것이다.

(2) 안동 봉정사

봉정사 극락전은 현존하는 가장 오래된 목조건물이다. 1972년 극락전 복원공사시 성량문에서 고려 공민왕 12년(1363년)에 중수한 기록이 발견되었다. 고려시대의 3층석탑과 국보인 극락전 · 대웅전, 보물인 고금당 · 화엄강당이 있다. 서암(西菴)에는 〈독포도덕(獨抱道德)〉 선조가 쓴 현판이 있다. 고려 태조와 공민왕도 다녀간 유명사찰이다.

(3) 영주 부석사

부석사는 안동에 있는 봉정사의 극락전과 함께 한국에서는 가장 오래된 **무량수전(국보 제18호)**이 있는 고찰로 676년에 의상조사가 창건했다.

의상(義湘)은 19세 때 황복사에서 중이 된 뒤, 당나라에 들어가 10년 동안 화엄경을 연구하고 돌아와서 왕명을 받

▲ 영주부석사무량수전(한국관광공사 제공)

고 국내에서는 부석사에서 화엄종을 처음으로 펼쳤기에 부석사는 화엄종의 근본 도량으로 삼고 있는 큰 절이다.

부석사에 있는 주요 문화재로는 국보 제18호인 무량수전, 국보 제19호인 조사당, 국보 제46호인 조사당벽화, 국보 제17호인 무량수전 앞 석등, 보물 제249호인 3층석탑, 그리고 보물 제255호인 길이 5m의 당간지주, 소조여래좌상(흙부처 : 塑造如來坐像)이 있다.

부석사에 어려있는 전설이 재미있다. 의상대사가 원효대사와 함께 당나라에 가서 화엄경을 연구하고 있는 동안 한 신도의 집에서 선묘라는 아가씨를 알게 되었는데, 선묘는 의상대사를 짝사랑하여 흠모하면서 법복을 만들어 전하려 했다.

그러다가 의상이 귀국길에 올랐다는 말을 듣고는 황급히 바닷가에 나가 법복을 날려 대사에게 전해 달라고 기원했다. 그러자 돌풍이 불어 법복이 날려서 항해중인 의상에게 전해졌고, 선묘는 용이 되어 의상이 탄 배가 신라에 무사히 도착하도록 도왔다. 의상이 부석사를 창건하자 선묘는 석룡이 되어 무량수전 아래에 묻혔는데, 용의 머리는 아미타불 아래에서 시작이 되어 석등 아래에 그 꼬리가 놓여 있다는 것이다. 이것을 선묘화룡이라 한다.

電 054)633-3464   所 영주시 부석면 부석사로 345
주변광광지 : 봉정사(鳳停寺) 054-853-4181

(4) 소수서원(紹修書院, 사적 55호)

우리나라 최초로 왕이 이름을 지어 하사한 사액사원이다. 국학의 제도를 따라서 선현을 제사지내고 유생들을 교육한 서원이었다. 풍기군수 주세붕이 유학자 안향(安珦)을 배향하기 위해 사묘를 설립했다가 1543년(중종 38)에 유생 교육을 겸비한 백운동서원을 설립한 것이 시초이다. 국보 111호 최헌영 정과 보물 59호 숙수사지 당간지주가 있다.

電 054)639-7691   所 영주시 순흥면 소백로 2740

(5) 문경새재도립공원

경상북도 문경시와 충북 괴산군 사이의 조령산 마루를 넘는 재이다. 새재는 한자어로 조령(鳥嶺)인데 새도 날아 넘기 힘든 높은 재라는 의미이다.

문경새재는 조선시대 영남지역에서 한양을 향하는 중요한 관문이었으며 전략적 요충지기도 했다. 제1관문인 주흘관에서 제3관문인 조령관까지의 6.5km의 길은 산책하듯 걷기에 그만이다. 조선 후기 한글 비석인 '산불됴심비'와 조령원터, 교구정터 등 옛모습이 남아 볼거리를 제공한다.

電 054)571-0709   所 경북 문경시 문경읍 새재로 932

(6) 문경 선유동천 나들길

대야산 자연휴양림과 연결된 선유동천길은 2018년 숲길 이용자 만족도 조사에서 울진 금강소나무숲길(2위) 보다 높은 1위를 기록했다. 문경세재도 립공원과는 남서방향 26km 거리에 있다. 독립운동가 운강 이강년 선생기념 관에서 시작해 월영대까지 계곡을 따라 8.4km이어진다. 이길은 용추계곡, 선유구곡 등 숲길 주변의 계곡형세가 매우 아름답다. 길따라 풍부한 역사문 화자원도 만나게 된다. 월영대(月影臺)는 휘영청 밝은 달이 중천에 뜨는 밤이 면 계곡을 흐르는 맑은 물위에 달빛이 아름답게 드리운다 하여 지어진 이름 이다.(문경세재 도립공원입구)

3) 김천 직지사(直指寺)

서기 418년 아도화상이 창건하고 사명대사가 30세에 주지를 역임했다. 직지(直指)는 불교의 본질을 나타내는 이름으로 절이름에 이렇게 표시한 것 은 이례적이다. 조선중기에 사명대사 (四溟大師)가 직지사에 출가하여 신묵 대사의 제자가 되었다. 직지사는 군

▲ 김천직지사(한국관광공사 제공)

내 25본산 중 8교구본사로 54개의 말사가 있다. 사찰 면적은 약 30,000평으 로 황악산 동남쪽 자락에 위치한다. 황악산은 전라·경상·충청의 3도 경계 에 있다.

電 054)429-1700   所 경북 김천시 대항면 직지사길 95

4) 주왕산국립공원(周王山, Chuwang Mountain)

우리나라의 12번째 국립공원
으로 산이라기보다는 한 폭의
동양화라 표현할 정도로 경치가
수려하다. 주왕산에는 대전사 등
유서깊은 3개의 사찰을 비롯해
서 폭포 4개소, 많은 바위동굴들
이 특색있는 산이다.

주왕산 명물의 하나인 수단화

〈그림 29〉 주왕산 위치도

(수달래)는 주왕(周王)의 죽은 넋
이라고 불리는 아름다운 꽃을 피우며 이 밖에도 봄이면 망개나무, 고양목,
신작약 등 많은 꽃들이 만발하여 무릉도원을 이룬다.

주왕산의 달기약수는 옛날부터 유명하여 위장이 불편한 사람들에게 특효
약으로 애용되어 왔다. 물맛은 당분을 첨가하지 않는 사이다와 같은 탄산수
의 맛을 느끼게 한다.

電 054)870-5300   所 청송군 부동면 공원길 169-7
주변관광지 : 달기약수탕, 달기폭포

---

(1) 백암온천(白岩溫泉, Paegam Hot Springs)

백암온천의 특징은 지하 160m에서 솟는 평균 수온 섭씨 48~50도의 유
황냄새가 진한 온천수이다. 또한 수질이 매우 매끄러워 피부에 와 닿는 감
촉이 좋고 수소이온농도가 전국에서 가장 높은 pH 9.43의 상급온천수이다.
나트륨, 염소, 불소, 칼슘 등이 비교적 많이 함유되어 있어 여러 질병 치료
에 탁월한 효과가 있다고 알려져 있다.

또 라돈 함유량이 많은 천연 알칼리성 라돈천으로 자궁내막염, 부인병, 동
맥경화, 당뇨병, 신경마비, 중금속 중독 등에 효과가 크다. 온천수를 마시면
변비, 신경통, 요도결석에 상당한 치료효과를 볼 수 있다.

옛날에는 사내아이를 갖고 싶어하는 여인네들이 입욕효과를 얻을 수 있었

다고 전해진다. 백암온천에는 신라시대부터 전해 내려오는 이야기가 있다.

한 사냥꾼이 창에 맞은 사슴을 쫓다 날이 어두워져 그냥 집으로 돌아오게 되었다. 그 사냥꾼은 깊게 상처 입은 사슴이 멀리 도망가지는 못했으리라 생각하고는 다음날 다시 그 사슴을 찾아 나서게 되었다. 사냥꾼은 부근을 살피던 중 상처 입은 사슴이 앉아 있던 흔적을 발견하고는 다가가 보니 온천이 솟아나는 곳이었다고 한다.

그 후 백암사의 스님이 처음으로 석조욕탕을 설치했고 고려 영종 때 현령이 주민들을 동원하여 화강암 석조와 가옥을 짓고 욕탕을 공개하였다는 유래가 있다.

관광지식 5

온천의 형성과 종류

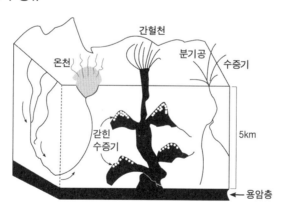

온천에는 지열과 물이 있어야 한다. 지하수가 지층의 균열된 공간에서 가열된다. 분기공은 지하에 물이 고일 시간 없이 계속 김으로 분출되는 것이며, 간헐천은 지표면에 이르는 꼬불꼬불한 통로에 갇힌 수증기가 일정한 압력에 도달하면 폭발하듯이 간헐적으로 분출된다.

우리나라는 대부분이 온천이고 간헐천과 분기공은 거의 없다. 지표면으로부터 약 5km 길이에 용암층이 있어 지하수가 가열된다.

(2) 덕구온천

백암온천에서 북서쪽으로 약 30km 지점인 울진군 북면 덕구리에 위치하고 있는 덕구온천은 산속 바위틈에서 용출되는 특이한 노천으로도 유명한데, 추운 겨울에도 김이 무럭무럭 나는 섭씨 39~42도의 온천수가 4곳의 암벽 사이에서 분출된다. 천질은 유황수소가 많이 포함된 약알칼리성 단순천으로 무색·무미·무취이며 피부병, 신경통, 당뇨, 소화불량, 빈혈 등에 효과가 크다고 한다.

덕구온천은 온천 초입에 국내 유일의 유황노천 냉탕이 있는데 가까이만 가도 유황냄새가 진동을 하여 웬만한 피부병은 1주일이면 치유된다고 한다.

백암온천과 덕구온천 인근의 주요 관광명소로는 두 온천의 중간지점에 불영사, 불영계곡, 성류굴 등을 비롯하여 관동팔경 중의 월송정과 망양정이 있으며, 후포항 등 아름다운 동해의 풍광이 가득하다.

(3) 울진 금강소나무숲길

한국인은 소나무로 지은 집에서 태어나 푸른 생솔가지를 꽂은 금줄을 치고 사악한 기운으로부터 보호를 받았다. 옛부터 소나무는 한국인의 건축재료, 연료로 사용되었다.

1996년 고성 산불, 2000년 동해안 산불, 2005년 양양 산불로 약 9,000만 평의 금강소나무숲이 사라져 산림청에서 우량소나무숲을 보전하고 가꾸기 위해 울진금강송숲을 탐방예약제로 운영된다.

電 054)781-7118   所 경북 울진군 근남면 울진북로 245-5

(4) 백두대간협곡열차

경상북도 봉화군 소천면에 있는 기차역 분천역과 강원도 태백시 철암동 철암역 사이 영동선(27.7km) 구간을 다닌다. 백두대간의 빼어난 협곡 구간(분천~비동~양원~승부~철암)을 시속 30km 내외 저속으로 왕복 운행하는 파노라마형 관광열차이다. 백두대간에 걸쳐 있는 심산유곡의 역사와 문화생태를 구경할 수 있다.

電 054)1600-7788　　　　所 경북 봉화군 소천면 분천리 964

4) 경주도시국립공원
(慶州國立公園, Kyungju National Park)

신라 천년의 찬란한 문화를 꽃
피운 경주는 한국 고도(古都)관광의
대표적인 곳이다. 한국 21개 국립
공원 가운데 유일하게 도시형 국립
공원이다.

훌륭한 사적과 역사적 유물이
놀라울 만큼 한 지역에 집중적으로
잘 보존되어 있어 국보급 또는 세

〈그림 30〉 경주국립공원

계적으로 가치있는 문화재들이 쏟아져 나왔다. 또 찬란했던 문화와 그 예술
을 확인할 수 있는 경주는 도시 전체가 살아 있는 박물관이라고 할 수 있
다.

경주에서 빼놓을 수 없는 곳이 불국사와 석굴암이다. 이 밖에도 첨성대,
천마총, 무열왕릉, 남산지역 등 많은 문화재가 도시 전체에 보석처럼 흩어져
있어 유네스코는 경주를 세계 10대 문화유적도시로 지정한 바 있다.

정부는 경주에 보문관광단지를 조성하여 숙박, 음식, 여가시설을 갖추어
국내외 관광객들에게 서비스를 제공하고 있다.

電 054)778-4100(국립공원 관리사무소)　　所 경주시 천북남로 12

(1) 국립경주박물관(國立慶州博物館, National Kyungju Museum)

국립경주박물관은 에밀레전설을 간직한 에밀레종과 신라금관을 마주할 수
있는 곳이다. 국립경주박물관은 하나의 거대한 박물관인 경주를 밀도있게
압축해 놓은 곳으로 안압지, 황룡사터 등의 주변 신라유적지와 함께 신라 천
년의 역사를 말해 주고 있다.

건축가 김수근씨가 설계하고 1975년에 완공한 국립경주박물관은 건물 전체가 초승달 옆에 빛나는 작은 별 모양을 하고 있다. 경주와 주변지역에서 수집한 8만여 점의 유물을 보유하고 있으며, 그 중에서 2500여점의 유물을 상설 전시하고 있다.

상설 전시는 신라역사관, 신라미술관, 월지관, 옥외전시관에 금관을 비롯 십이지상(김유신 묘에서 출토된 납석제 십이지상) 등의 조각품과 이차돈 순교비, 그리고 삼산신성비 비석같은 금석문 자료가 전시되어 있다.

박물관 정문 오른쪽 뜰에 자리잡은 성덕대왕 신종은 세계적으로 매우 우수한 동종(銅鐘)으로 인정받고 있으며, '에밀레, 에밀레'하고 운다 하여 에밀레종이라는 이름이 붙여져 있다.

電 054)740-7500　　　　　　　　所 경주시 일정로 186

(2) 불국사(佛國寺, Pulkuksa Temple, 세계문화유산)

세계문화유산 지정(1995년)과 한국의 사적(史蹟) 및 경승(景勝) 제1호로 지정되어 있는 불국사는 세계적으로 진귀한 문화명물이다. 신라인이 불교의 천국인 불국(佛國)을 건설하겠다는 이상과 의지로 세운 절이 바로 불국사이다.

경주 토함산 자락에 위치해 있으며 원래 대웅전, 극락전, 무설전, 비로전, 관음전, 지장전, 십왕전, 응진전, 오백나한전, 향로전, 천불전 등 목조건물이 총 2천칸이 넘는 큰 절이었으나, 임진왜란 때 목조건물들이 모두 불에 타 소실되었다.

조선 광해군 4년, 인조 8년, 효종 10년, 영조 41년 등에 걸쳐 일부 복원되었고, 그 후 1970년부터 4년에 걸쳐 무설전, 관음전, 비로전, 회랑이 복원되어 현대의 모습을 갖추게 되었다.

불국사는 경덕왕 때 김대성이 대규모의 절로 증축한 것으로 축대 위에 평지를 조성하고 여기에 전각들을 세운 대표적 가람이다.

현재의 경내는 크게 세 영역으로 나누는데, 대웅전과 극락전 및 비로전이 각각 중심건물이 된다. 각 영역은 영역에 이르기 위한 계단, 영역 입구인 문, 영역의 중심건물, 영역을 둘러싼 회랑 등의 네 가지 기본요소로 이루어진다.

불교적 해석을 빌면 각 영역이 하나의 이상적인 세계인 불국(佛國)을 형상화한 것으로 대웅전 영역은 석가여래의 세계를, 극락전 영역은 아미타불의 극락세계를, 비로전 영역은 비로자나불의 연화장세계를 나타낸 것이다.

이들 세 영역 가운데 중심이 되는 공간은 대웅전 영역이다.

또 대웅전 앞마당에는 석등과 석가탑(석가여래常住說法塔 국보 제21호), 다보탑(다보여래常住證明塔 국보 제20호)이 있어 석가모니가 설법을 하면 다보여래가 증명을 한다는 구도이다.

앞쪽에 범영루와 좌경루가 좌우대칭이 되어 팽팽한 긴장감을 준다.

현재의 대웅전은 영조 41년(1765년)에 증축된 것으로, 정면 5칸, 측면 5칸의 겹처마 팔작지붕 건물이다. 대웅전의 초석과 돌계단은 신라의 원형을 그대로 유지하고 있다.

대웅전 뒤쪽의 무설전은 경론을 강의하는 곳으로, 신라 때 만든 기단 위에 아홉 개의 기둥이 다섯 줄로 서서 육중한 맞배지붕을 떠받치고 있다. 무설전 뒤쪽의 가파른 계단을 오른 피라미드식의 지붕을 얹은 아름다운 관음전이 있다. 관음전에는 관세음보살을 모시고 있다. 범영루와 좌경루가 솟아 있는 석축 중앙에 33계단이 있다.

위쪽의 16계단이 청운교이고 아래쪽의 17계단이 백운교, 이 다리는 밑부분이 무지개처럼 둥근 모양으로 만들어진 것이 홍예교이며, 홍예교는 무지개다리 혹은 아치교라고도 부른다. 청운·백운교 계단을 올라가면 자하문이다. 자하문(국보

上. 불국사 경내(① 대웅전, ② 무설전, ③ 비로전)
下. 비로전·극락전의 불상(국보)

제23호)은 석가모니의 피안세계인 대웅전 영역으로 들어서는 관문이다.

비로전 안에는 통일신라 때 조성된 비로자나불이 있다. 비로자나란 '빛을 발하여 어둠을 쫓는다'는 뜻으로, 부처 가운데 가장 높은 화엄 불국의 주인이 되는 부처이다. 오른손은 불계를 표시하고 왼손은 중생계를 표시한 것이다.

지권인은 중생과 부처가 둘이 아니며, 어리석음과 깨달음이 둘이 아니라는 심오한 뜻을 나타낸다. 8세기 중엽 통일신라시대의 씩씩한 기상이 엿보이는 금동비로사나불좌상(국보 제26호)이다.

극락전 안에는 금동아미타여래좌상(국보 제27호)이 결가부좌를 하고 있다. 오른손은 무릎 위에 놓고 가슴께로 올린 왼손은 엄지와 장지 손가락을 짚어 극락에 사는 이치를 설법하고 있는 자세이다. 풍만하고 탄력있는 살결 위에 간결하게 흐르는 옷주름, 전체적으로 인자하고 침착한 모습의 이 불상은 국립 경주박물관에 있는 백률사의 약사여래상과 함께 신라시대 금동불상 중 가장 크고 훌륭한 것이다. 8세기 중엽의 작품이다.

안양문(安養門)은 편안하고 좋은 문의 의미로 연화교·칠보교(국보 제22호)와 연결되는데 이들의 양식은 청운교·백운교와 같으며 다소 규모가 작을 뿐이다. 연꽃잎이 새겨진 아래쪽의 계단이 연화교이고 위쪽이 칠보교이다. 이 다리는 세속인들이 밟는 다리가 아니라 극락(極樂)세계로 통하는 다리인 것이며, 이 다리를 넘으면 불국사의 극락전에 도달하게 된다.

電 054)746-9913　　　　　　所 경주시 불국로 385

(3) 석굴암(石窟庵, Sokkuram ; 국보 제24호, 세계문화유산)

1995년에 불국사와 함께 세계문화유산으로 등록되었다.

국보 중에서도 으뜸으로 꼽히는 문화재로서 석굴암은 통일신라의 문화와 과학의 힘, 종교적 열정의 결정체이다.

불국사 가까이에 있는 석굴암은 불국사와 함께 김대성에 의해 창건되었다고 전해지는데, 그는 전생의 부모를 위해 석불사 곧 석굴암을 창건하고 현생의 부모를 위해서는 불국사를 세웠다고 한다. 석굴암은 경덕왕 10년(751)에 착공하였으며 김대성이 죽은 뒤에는 나라에서 공사를 맡아 완성시켰다.

주실에는 본존불과 더불어 보살과 제자상이 있고 앞방에는 인왕상과 사천왕상 등이 부조되어 있다. 석굴 사원이긴 하지만 사찰 건축이 갖는 격식을 상징적으로 다 갖추어 하나의 불교세계를 이루었다.

▲ 석굴암

우선 앞방에서부터 배치된 조각을 살펴보면, 석벽 좌우에 팔부신 중 4개씩이 각각 마주보고 있고, 연이어 금강역사가 1개씩 서 있다. 일반 사찰과 견주어 보면 이들 조각은 사천왕문과 같은 도입부에 속한다. 앞방과 주실은 골목으로 연결되어 있다. 골목 좌우에는 사천왕상이 2개씩 조각되어 있다.

석굴암 십대 제자 부조상은 세계 불교미술사에 있어서도 극히 드문 대형 조상으로, 특징있는 표현과 예술성으로 높이 평가받고 있다.

이들 제자상은 모두 머리를 깎았고 발목에 이르는 가사를 입었는데, 두 어깨에 걸치거나 또는 오른쪽 어깨를 드러내고 있다. 머리에는 둥근 두광이 새겨져 있고 두발 밑에는 타원형의 대좌가 놓여 있다. 높은 코와 깊은 눈 등은 서역 사람들과 닮은 듯하다. 제일 작은 제자상이 높이 2.08m이며 가장 큰 제자상은 높이 2.2m이다.

일제시대에 석굴암은 세 차례의 복원공사를 했다. 그러나 석굴암을 완전 해체하고 잘못 조립했기 때문에 지금으로서는 불상들의 위치와 석굴암의 정확한 구조를 전혀 알 수가 없게 되었다.

뿐만 아니라 습기가 많은 자연적인 장애를 극복하고 천년을 넘게 버텨 온 석굴암은 그 자체가 과학기술의 결정체라 할 만큼 우수한 것으로 자체적으로 환기와 습도를 조절할 수 있는 능력이 있었으나, 보수를 하면서 당시 신소재로 각광을 받던 시멘트로 석굴암 둘레를 막아 버렸다.

결국 이는 석굴암 내부에 습기가 차는 원인이 되고 말았다. 이후 석굴암은 1963년과 1975년 2차례에 걸쳐 원형 복구를 시도, 일본인들이 잘못 수정했던 굴의 배치를 바로잡고 지하수가 굴의 주변에 접근하지 못하도록 처리했다. 현재 석굴암은 더 이상 훼손되지 않도록 유리로 차단해 놓고 있다.

電 054)746-9933 所 경주시 불국로 873-243

(4) **천마총**(天馬塚, Chonmachong ; 국보 제207호)

1973년에 발굴된 천마총은 신라 특유의 적석목곽분으로, 이 곳에서 출토된 유물은 11,526점에 이르며, 특히 천마도는 우리나라 고분에서 처음 출토된 귀중한 유물이다.

출토된 장신구는 한결같이 순금제였으며 신분을 가늠할 수 있는 마구류도 이제까지 출토되지 않았던 진귀한 것이었다. 출토된 유물들로 미루어 5세기 말에서 6세기 초의 것으로 추정된다.

특히 자작나무로 만든 말다래(말이 달릴 때 튀는 흙을 막는 마구)에 하늘로 날아오르는 천마가 그려져 있는 천마도 때문에 천마총이라 부르게 되었으며 신라의 회화예술을 알 수 있게 해주는 귀중한 자료로 평가받고 있다.

국보 제207호로 지정된 천마도는 너비 75cm, 세로 53cm의 말 다래에 그려진 그림으로 자작나무 껍질을 여러 겹 겹쳐 실로 누비고 둘레에 가죽을 댔는데, 안쪽 주공간에 백마가 그려져 있다.

이 백마는 네 다리 사이에서 나온 고사리모양의 날개, 길게 내민 혀, 바람에 나부끼는 갈기와 위로 솟은 꼬리 등이 하늘을 나르는 천마임을 말해 주고 있다. 이 천마는 사실적인 그림이 아닌데다 백색 일색이기 때문에 말의

▲ 경주 보문단지

몸에 힘이 나타나 있지는 않으나 실루엣으로서는 잘 묘사되었다. 둘레의 인동당초문대도 각부가 정확한 비율로 구성되었으며 고구려 사신총에서 보는 완숙한 당초문에 견주어도 손색이 없다.

목관 안에는 금제 허리띠를 두르고 금관을 썼으며 둥근 고려장식의 자루가 붙은 칼을 차고 팔목에 금팔지 및 은팔지 각 1쌍, 그리고 손가락마다 금반지를 끼고 있었다.

이것은 옛 신라인의 생활모습을 짐작하게 하는 중요한 자료가 된다. 또 천마총에서 출토된 금관은 경주시내에 있는 금관총, 금령총, 서봉총 등에서 출토된 금관보다 크고 장식이 한층 더 호화로운 것이었다.

이외에도 경주에는 남산, 세계 유일의 수중릉(水中陵)인 문무대왕릉, 감은 사지석탑, 포석정, 안압지, 첨성대, 분황사전탑 등 많은 유적이 있고 보문단지에는 관광객들의 숙식을 위한 각종 호텔과 서비스시설들이 있다.

▲ 문무대왕 수중릉전경(左), 내부(右)

電 054)743-1925　　　　　　　　所 경주시 계림로 9
特 황남빵 054-749-7000

6) 고령 대가야고분군

5~6세기 후반기 가야의 중심국으로 위세를 떨치던 대가야의 고분군. 고령 지산동 주산능산을 따라 대가야의 왕과 귀족들의 무덤으로 추정되는 200여 기의 고분이 흩어져 있다. 고분군 옆에 있는 대가야박물관에서 다양한 유물을 관람할 수 있다.

電 054)950-7103　　　　　　　　所 경북 고령군 대가야읍 대가야로 1203

7) 포항제철(浦項製鐵, POSCO)

포항제철은 1968년 4월 1일 출범한 이후 짧은 역사에도 불구하고 조업, 생산, 경영 등 전반에 걸쳐 세계의 유수한 철강기업으로 발전하였다. 철강업계의 상위권으로 성장했다.

이 공장에서는 폭 1m, 두께 10cm 안팎의 두꺼운 철판들이 길이 1km가 넘는 얇은 철판으로 만들어지는 과정을 자세히 관찰할 수 있다. 제철소 견학의 백미이다.

1973년 7월 조강연산 103만톤 규모의 포항 1기를 준공한 이후 포항제철은 1992년 10월 광양 4기 준공까지 지속적으로 설비를 확장, 창립 4반세기만에 조강산 2080만톤 규모를 갖춘 세계 2위의 철강기업으로 발돋움하여 세계의 철강업계와 어깨를 나란히 하고 있다.

포항제철의 광양제철소는 1993년 총 1215만톤의 조강을 생산, 단위 제철소별 조강생산 실적순위에서 세계 1위를 차지했으며, 이같은 포항제철의 급속한 성장과 더불어 한국은 일본, 구소련, 중국, 미국, 독일에 이은 6대 철강대국으로 부상했다.

방문은 포항제철홍보부서에 연락하면 된다.

電 054)220-0114   所 포항시 남구 동해안로 6261

(1) 장기갑등대박물관(燈臺博物館, Light House Museum)

한반도의 '호랑이 꼬리' 부분에 있는 이 등대는 한국 최대의 등대로써 1903년 12월 경상북도 영일군 대포리에 세워진 장기갑에 세워졌다. 높이가 26.4m이고, 8각형 연화조의 서구식 건축양식이다. 이 등대 옆에는 장기갑 등대박물관이

▲ 장기갑등대박물관

있는데, 이 박물관은 1985년 2
월 개관, 영일만 입구의 수려
한 해상경관과 함께 등대의 역
사성과 사라져 가는 각종 항로
11기를 보존하고 있다.

이 등대박물관에는 한국 등
대 역사의 모든 과정을 살펴볼
수 있도록 각종 자료들이 1, 2
층 전시실에 일목요연하게 전
시되어 있다.

〈그림 31〉 장기갑등대박물관 지도

1층에는 실물 및 모형 전시장, 2층에는 출판물류 전시장으로 구성되어 있으
며, 국내 자료 591점과 국외자료 119점을 보유하고 있다. 1층의 전시실에는
영일만이 한국 지형상 호랑이 꼬리부분임을 나타내는 범 모양의 지도가 걸려
있고, 항로표지를 크게 세 가지로 분류하여 각종 기구들을 전시하고 있다.

☎ 054)284-4857　　　　　　　　　　所 포항시 남구 호미곶면 해맞이로 1

---

(2) 울릉도(鬱陵島, Ullungdo Island)·독도

포항 및 울진 후포항에서 쾌속
선을 이용하여 2시간 반이면 울릉
도까지 갈 수 있다.

울릉도는 270만년전 바닷속의
화산이 폭발하여 솟아오른 섬이다.

울릉도 관광에서 빼놓을 수 없
는 것은 식물관광이다. 해안식물
에서 고산식물까지 무려 575종에
이르는 다양한 식물들이 자생하고

〈그림 32〉 울릉도

있으며 성인봉 일대는 원시림이다. 울릉도의 나리분지는 화산이 폭발하면서

생긴 거대한 규모의 분화구이며, 그 외에
도 최고봉인 성인봉과 울릉도 해상일주는
관광의 핵심코스이다.

▲ 독도(한국관광공사 제공)

한편, 울릉도의 별미는 나리분지와 인근
산지에서 나는 산채로 만든 산채전과 오
징어가 유명하다.

독도는 울릉군에 속하는 바위섬으로 동도·서도로 구성되어 있다. 이곳은
국민적으로 관심이 높아 매년 관광객들이 많이 찾아온다. 울릉도에서 동남
쪽으로 약 87km 떨어져 있다.

(3) 영일만 포항운하

1960년대 말 포항제철소를 세울 때 매립한 형상강지류를 다시 복원하여
1.3km구간에 폭 15~26m의 운하를 2014년 개통했다. 운하 양옆에는 산책
로와 자전거 도로, 그리고 각종 조형물을 설치하였다. 유람선이 운행된다.
동빈내항을 출발해 영일만 앞바다, 포항물회가 시작된 설머리 물회지구, 해
수욕장 등을 돌아온다. 크루즈는 야경크루즈, 야경·음악·불꽃크루즈, 선상
디너크루즈 등이 운행된다. 영일대 해수욕장에 있는 죽도시장은 동해안 최
대의 전통시장으로 각종 수산물이 가득하다. 영일대 해수욕장 2층 전망대에
오르면 영일만 일대와 포스코가 한눈에 들어온다. 가까운 곳에 있는 호미곶
은 해안둘레길이 좋아 입암리 선바위에서 마산리까지 700m구간이 하이라이
트이고, 각종 조형물과 특히 육지의 왼손 바다의 오른손이 있는 호미곶 해맞
이 광장도 매력이다.

8) 영덕대게거리

영덕대게는 속살이 꽉 들어차는 2~3월
이 최고로 탱탱하고 향긋하다. 6~10월은
금어기라 별로다. 강구항에서 만나는 박
달대게가 최고다. 강구항에서 북쪽 축산

▲ 영여덕대게거리(한국관광공사 제공)

에 이어지는 '강축해안도로'는 한국의 아름다운 길 100선 중 한 곳으로 영덕 불루로드의 4코스 중 B코스(영덕해맞이공원~축산항)의 '푸른 대게의 길'이 하 이라이트다.

電　　　　　　　　　　　所 경북 영덕군 강구면 영덕대게로 68

5. 레포츠

1) 드라이브코스

울진~포항간 115km 구간이 대표적인 드라이브 코스이다. 승용차로 달리 면 2시간 남짓 걸린다. 7번국도로부터 멀지 않은 곳에 백암온천과 덕구온천 이 있고, 울진 후포와 강구 등 포구에서는 신선한 해산물을 맛볼 수 있다. 또 울진 군내를 돌며 관동팔경 중의 월송정과 망양정을 비롯하여 불영사 및 성류굴 등 관광명소를 둘러볼 수 있다. 특히 울진군 서면 삼근리에서 근남 면 행곡리에 이르는 12km의 불영계곡도 빼놓을 수 없는 관광코스인데, 계 곡의 기암괴석과 깍아내린 듯한 절벽이 절경을 이루고 있다.

경남

부산

경남 · 부산 · 울산 **10**

가야산
해인사

창녕우포
통도사
울산

부곡온천
범어사

함양상림
창원
진해군항제

지리산
사천
부산
태종대 자갈치축제

해운대

통영
충무마리나
외도
독일마을
해금강

남해

한려해상국립공원

울산
경상남도
부산

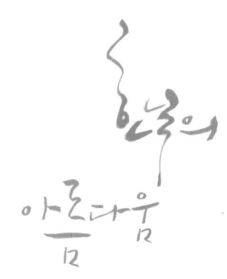

한국의
아름다움
12

핵심매력지역

축제 · 행사

• 부산시

매년 40여개의 축제 · 행사가 개최된다.

부산바다축제(8월), 부산국제영화제(10월), 영도구풍어제(4월), 부산자갈치축제(10월), 북극곰수영대회(1월), 해넘이(12월 31일)와 해맞이축제(1월 1일), 동해충렬제(10월) 등이다.

• 경상남도

팔만대장경축제(4월), 화개장터벚꽃축제(4월), 통영국제음악제(3월), 한산대첩축제(8월), 진해군항제(4월), 비사벌문화제(10월), 진주남강유등축제(10월), 지리산한방약초축제(5월), 가양문화제(3~4월) 등이다.

• 울산시

울산고래축제 등 10여개가 매년 열리고 있다.

간절곶해맞이축제(1월 1일), 처용문화제(10월), 울산고래축제(4월)

▲ 부산겨울바다축제

▲ 경남진주남강유등축제(한국관광공사 제공)

1. 지역 개관

대표적인 관광지는 부산 해운대 해수욕장·태종대·감천문화마을, 울산의 반구대 암각화·장생포 고래문화특구, 경남의 거제해금강·남해 다랭이마을·남해 독일마을·진주성·창녕 우포늪·합천해인사·통영의 동피랑마을, 소매물도, 장사도, 한려수도 조망케이블카 등이다.

• 자연 환경

경남은 소백산맥을 경계로 전라북도와 전라남도 동남쪽으로 대한해협을 건너 일본의 대마도와 마주보고 있다. 서부지역은 소백산맥과 그 지맥들이 서부와 북동부로 뻗어 서부산지를 이루고, 동부지역은 태백산맥 남부의 지맥들이 뻗어 동부산지를 이룬다. 그 사이의 중앙부는 **낙동강**(洛東江)과 그 지류인 남강·황강 등의 하천유역을 중심으로 중앙저지를 이루고 있다. 서부산지에는 소백산맥을 따라서 **지리산**(智異山, 1,915m)을 비롯해 덕유산(1,614m)·백운산(1,279m) 대덕산 등의 고봉들이 솟아 있다. 대덕산에서 동남쪽으로 갈라져 나온 소맥산맥의 지맥에는 가야산(1,430m)·수도산(1,327m) 등이 고봉을 이루고 있다.

서부산지는 오랜 역사를 통해 영남지역과 호남지역의 교류에 지형적 장애물로 작용했으며, 육십령(六十嶺, 734m)·팔량치(八良峙, 513m)는 두 지역을 연결하는 통로였다. 동부산지에는 가지산(1,240m)·운문산(1,118m)·원효산(922m)·금정산(801m) 등 1,000m 내외의 산지들이 솟아 있다.

낙동강 하구에 발달한 삼각주인 김해평야는 충적평야로서 곡창지대를 이루며 지금은 대부분이 부산광역시에 있다. 남해와 만나는 해안은 소백산맥 및 태백산맥의 말단부가 바다에 침몰해 해안선의 굴곡이 심한 리아스식 해안이며, 400여 개의 섬이 있다. 반도로는 고성반도, 만(灣)으로는 진해만·고성만·진주만 등이고, 섬으로는 우리나라에서 두 번째로 큰 **거제도**와 네 번째로 큰 남해도가 있다.

부산은 낙동강을 기준으로 동부 구릉성 산지지대와 서부 평야지대로 구분된다. 동부 구릉성 산지지대는 낙동강의 동쪽지대로 태백산맥이 동해안과 평행하게 달려 남해에서 바다로 잠긴다. 서남쪽 해안선에서는 대부분 수심이 깊고 해식작용이 활발하여 태종대 · 몰운대 등의 암석 해안에 해식애 · 해식대 등이 잘 발달했다.

울산광역시의 지형은 전체적으로 북 · 서 · 남의 삼면이 태백산맥의 산지로 둘러싸여 있고, 동남쪽으로 동해를 향해 트여 있다. 산지의 지세는 영남 동부 태백산지의 단층지괴와 관련되며, 대체로 남북방향으로 발달해 있다.

• 역사적 배경

경남 · 부산 · 울산의 역사문화적 배경은 삼한시대에 동북부는 진한, 남서부는 변한의 땅이었다. 그 뒤 삼국시대에는 신라의 영역에 속했다. 신라가 국운을 아직 떨치지 못했을 때, 변한의 옛 땅에 가락국이 창건되어 가야 또는 금관국이라 칭했다. 가락국은 지금의 김해시에 도읍을 정했으며, 전성기에는 그 경계가 북동으로 가야산, 동으로는 낙동강에 이르고, 북서로 전라남도경계의 지리산, 서로는 섬진강에 닿았으며, 남으로는 바다에까지 이르러 그 영토는 거의 이 도의 절반에 걸쳐 있었다. 서기 42년 변한의 옛 땅에 김수로왕이 가락국(금관가야)을 창건하였다. 그러나 562년(진흥왕 23) 신라에 병합되어 지금의 경상남도 전 지역을 신라가 영유하게 되었다. 고려시대 995년도에는 금주(김해)소관지역은 영동도, 진주소관지역은 산남도가 되었다. 1012년 동경(경주)에 속하는 대부분의 지역과 진주목에 속한 전 지역이 현재의 경상남도에 해당되게 되었다. 1314년(충숙왕 1)에 경상도로 지명을 정한 후 고려 후기와 조선 말기까지 600년 동안 이어진다. 1407년 경상도를 둘로 나누어 낙동강 동쪽을 좌도, 서쪽을 우도라 칭하였다. 1413년 전국을 8도로 나누고 각 도 · 군 · 현의 이름을 고칠 때 경상도라 하였다. 1896년 경상도가 남북으로 분할되었고 2부 27군으로 재편성되었다. 1925년 진주에 자리하던 도청소재지가 부산으로 이전하였다. 1963년에는 부산이 직할시로 승격 · 분리되면서 경상남도와 부산의 행정구역이 분리 되었다. 신도시로 건설된 창원은 1980년에 시가 되었으며, 1983년 도청소재지가 부산에서 창원으로 이전하였다. 1997년 울산시는 광역시로 경상남도와 분리되었다.

• 관광자원

경남과 부산 울산의 자연적 관광자원으로 경남에 한려해상 · 지리산 · 가야산 · 덕유산 등 4개의 국립공원과 가지산 · 연화산 등 도립공원이 있다. 부산에는 해운대와 광안리해수욕장, 태종대가 유명하다. 부산 영도의 태종대는 김춘추 태종무열왕이 다녀간 곳이라 한다. 울산의 서부 외곽 가지산과 신불산을 중심으로 7개의 산이 모여 이루는 산악지역은 수려한 산세와 풍광이 유럽의 알프스에 비견되어 '영남의 알프스'라 불린다. 울산 동해해변의 간절곶은 해맞이 명소이다. 그리고 울산앞바다에는 천연기념물로 지정되어 있는 쇄고래가 매년 11월에서 다음 해 3월까지 회유한다.

지리산은 전라남북도와 경남의 경계를 이루는 남한 최초의 국립공원이다. 지리산의 쌍계사, 가야산의 해인사, 영취산의 통도사를 비롯하여 밀양의 표충사 등은 경승지속의 불교문화자원이다. 통도사는 자장율사가 계율종의 본산으로 선덕여왕때 건립하였는데, 대웅전에는 유일하게 불상이 없다. 사찰경내의 금강계단에 부처님 진신사리를 모시고 있기 때문이다. 해인사는 가야산에 자리하고 있는데 홍류동계곡은 최치원선생이 말년을 보낸 곳이고, 해인사에 보관된 8만대장경은 약 8만 천장인데 고려시대 몽고의 침입을 불교의 힘으로 막고자 16년간 후박나무에 조각하였다. 가야산이 명산이고 외적의 침입이 적은 교통 불편한 곳이라 대장경 보관에 적합했다.

통영과 남해를 중심으로 섬과 바다가 어우러진 한려해상국립공원에는 해안 경승지와 이순신장군의 역사유적지가 여러 곳에 분포되어 있다. 특히 해금강은 해식애로 이뤄진 절경이 빼어나 유람선을 이용해 관광객이 즐겨 찾는 곳이다. 해수욕장으로는 남해시의 상주 · 송정 거제시의 구조라 · 지세포, 사천시의 남일대 등이 있다. 상주해수욕장은 주변의 기암괴석과 어우러진 수려한 경치로 유명하다.

온천으로는 부산 해운대와 동래온천, 창녕군의 부곡온천, 창원시의 마금산온천, 거창군의 가조온천 등이 있으며, 부곡온천은 수온이 75℃에 이르는 유황온천으로 우리나라에서 가장 높은 수온이다. 그리고 철새도래지인 창원시의 주남저수지, 생태계의 보고인 창녕군의 우포늪, 사계절 내내 얼음이 어는 곳으로 알려진 밀양시의 얼음골도 유명하다.

문화적 자원으로는 중요무형문화재 제6호인 통영오광대, 고성오광대(중요무형문화재 제7호), 영산줄다리기(중요무형문화재 제26호) 등이 있고, 영산쇠머리대기(중요무형문화재 제25호)는 그 해 농사의 풍 · 흉년을 점쳐 보는 농경의례 놀이로써 이긴 마을이 풍년이 든다는 믿음이 있기 때문에 격렬한 겨룸

판이 펼쳐지기도 한다. 그리고 울산의 반구대는 귀중한 문화재이다.

부산에 전해오는 민속놀이로는 역사가 오랜 동래줄다리기와 중요무형문화재는 동래야류, 대금산조, 수영야류, 좌수영 어방놀이 등이 있다. 경남은 통영오광대, 갓일, 고성오광대, 진주검무 등이 중요무형문화재이다.

주요향토문화제는 밀양 아랑제, 창원 진해군항제, 진주 개천예술제, 통영한산제 등이다. 밀양아리랑 전설을 가진 영남루는 진주촉석루, 평양 부벽루와 함께 우리나라 3대 루(樓)이다.

산업과 사회적·관광시설자원으로는 부산의 광안대교·국제영화제, 진양호와 합천군의 합천호, 울산의 중공업단지, 창원시·마산시·거제시·사천시 등에 발달한 대규모 공업단지, 도서와 육지를 연결하는 남해대교·거제대교 및 통영시의 해저터널 등도 주요한 관광자원이다. 통영에는 1932년도에 동양최초로 완공된 해저터널이 있고, 부산과 거제 사이에 거가대교가 해저터널로 2010년 개통되었다. 통영시의 도남관광단지는 해상 레크리에이션 시설을 갖추고 있고, 거제시의 장목관광단지에는 해안휴양림이 조성되어 있다.

2. 특산물

1) 부산·울산

부산지역에는 예로부터 구포배와 딸기, 기장미역과 송정미역, 낙동강하구의 재첩, 동래 담뱃대와 말뚝이탈, 동래 유기 등이 유명하다.

울산지역은 태화 먹, 미나리, 처용의 탈, 은장도가 유명하다.

2) 경 남

경남에서는 통영 연공예, 거제 피혁제품, 합천돗자리, 통영 나전칠기, 진주 은장도, 양산 박공예, 합천도자기와 한과, 진영 단감 등이 유명하다.

• 통영의 나전칠기

통영나전칠기(중요무형문화재 제54호)는 나전칠기의 대명사로 통한다. 통영

나전칠기는 조선 중엽 삼도수군 통제영이 설치됨과 더불어 13공방(工房)이 생기면서 만들어지기 시작해 전국 최상품으로 대접받아 이후 4백여년 동안 전통을 이어왔다.

여인들의 보석함에서부터 경대, 장롱, 옷장까지 칠흑의 바탕 위에 화려한 봉황이며 화조(花鳥)그림, 산수화 등 찬연한 빛깔의 자개무늬를 수놓아 멋에 사치를 더했다. 전복·

▲충무 나전칠기

진주조개·소라 등의 껍데기를 원료로 하는 나전칠기는 조개류를 조각하는 나전기술과 나무에 옻칠을 하는 칠기술이 조화를 이뤄야 훌륭한 제품이 나온다. 나무는 오동나무와 소나무를 많이 쓰고, 자개는 제주도와 남해안 연안에서 많이 나는 전복과 소라의 껍데기를 많이 쓰는데, 옻은 우리나라의 것이 세계 제일이라고 한다.

• 통영의 피조개

피조개는 고막과에 속하며 원래는 '피안다미조개'이다. 피조개의 안쪽은 백색이고 연체부는 적자색을 띠며 혈색소는 헤모글로빈을 함유하고 있어 피가 붉게 보인다. 피조개는 약 12cm까지 자라고 껍질의 주름인 방사륵이 42~43개 정도 되며 고막조개과에서 가장 크다. 우리나라에서는 자연산의 어미조개가 낳은 조개알을 받아내 얼마만큼 키운 다음 바다에 뿌려 기르는 양식방법이 개발되었다.

3. 별미음식

1) 부 산

부산은 동래파전, 생선회, 복국이 유명하다. 수영구 민락동 횟집촌과 어패류 시장, 중구 남포동 자갈치시장과 신동아시장, 서구 송도 해변가, 해운대구 미포, 청사포, 송정해변가, 사하구 다대포 해변가 등이 생선회로 유명하다. 부산에는 유난히 복국집이 많다. 생복에 다시마, 무우, 파, 콩나물, 미나리, 식초등을 가미한 요리로 애주가들에게 인기가 높다. 복불고기, 복수육, 복회, 복어튀김 등도 부산의 대표적인 요리이다. 복요리점은 동래구 온천동 해운대 해수욕장, 중구 남포동 영도지역에 집중되어 있다.

• 동래파전

동래파전은 100여년 동안 향토음식의 맥을 이어온 부산의 대표적인 고유음식이다. 육전이나 생선전에 버금가는 야채전 가운데 파전을 첫째로 꼽는다. 파의 향긋하면서도 부드러운 향미 때문이다.

식품 자체의 맛으로 유명한 기장파와 언양 미나리, 그리고 조개, 굴, 새우, 홍합 등 싱싱한 해산물을 구하기 쉬운 부산 동래에서 향토음식으로 발전할 수 있었다. 식사대용은 물론 술안주로도 인기있는 동래파전은 온천 관광객들에 의해 오래 전부터 그 맛이 널리 알려졌다고 한다. 지금도 동래에 가면 식당 메뉴에 파전이 빠지지 않고 있으며 파전만을 전문으로 하는 전문집들도 많다.

2) 경남

경남음식의 풍은 멋내고 사치스러운 음식이 아니라 소담스럽고 푸짐한 것이 특징인데, 주로 해산물을 가미한 국과 탕이 있으며 신선한 바닷고기를 국에 넣어 끓여 시원한 맛을 내는 것은 내륙이나 산간지방에서는 볼 수 없는 독특한 조리법이기도 하다.

• 마산의 아구찜

아구는 비늘이 없고 입이 대단히 큰 바다물고기로 입이 큰 탓에 아구로 불리운다. 옛날 생선이 흔할 때에는 그야말로 아구뿐이어서 퇴비로 사용하는 데 불과했지만, 점차 생산이 귀해지면서 요리법도 개발되어 아구 특유의 진가를 인정받기 시작했다.

콩나물, 미나리, 매운 고추 등의 양념에다 마산의 명물 미더덕을 곁들여

찜을 해낸 후 멸치의 일종인 꼬노리를 24시간 끓여 만든 국물을 약간 부어 범벅을 한다.

• 충무의 김밥

여객선터미널 근처 할머니의 김밥은 보통 김밥과 다르다. 인근 섬으로 다니는 여객선을 타고 김밥행상을 했던 할머니는 한여름 행상바구니 속에서 쉬지 않는 김밥을 만들어야겠다는 발상에서 생각해 낸 것이 속이 없는 김밥에 찬을 따로 싸 주면서 대꼬챙이로 찍어 먹게 하는 것이었다.

엄지손가락만한 크기의 김밥 속에는 맨밥뿐이고 무를 아무렇게나 툭툭 썰어서 만든 석박김치와 쭈꾸미무침을 비닐종이에 긴 이쑤시개 몇 개와 함께 싸서 내준다. 50여년 가까이 만들어 파는 이 김밥의 맛은 고성 등지에서 나는 쌀로 김밥에 알맞도록 밥을 짓고, 싱싱한 낙지와 직접 고른 참깨로 짠 참기름을 무치는 정성이 더하여 이 곳 사람들 뿐만 아니라 외부 관광객들도 단골로 찾는 별미이다.

3) 울 산

언양과 봉계불고기, 고래고기 육회, 수육의 별미와 정자향의 생선회는 미식가의 마음을 설레이게 하는 울산 전통음식이다.

또한 달고 시원한 울산배와 가지산 맑은 물에서 나는 언양의 청정 미나리, 신선한 동해의 멸치로 가공한 강동젓갈과 돌미역은 오랫동안 잘 알려진 농수특산품이다.

4. 주요 관광지

1) 부산 자갈치시장(Chagalchi Market)

한국 최대의 종합어시장이다. 수산물시장, 음식점, 위락시설, 컨벤션, 테라게스트하우스와 전망대를 갖추고 있다. 자갈치시장에서는 자갈치축제가 매년 10월 중순에 열리는데, 약 일주일간 펼쳐지는 잔치에는 주요 행사로 '용

▲ 자갈치시장(한국관광공사 제공)

왕제', '한국의 빛잔치', '환경캠페인', '생선무게 알아맞추기', '매운탕 끓이기 대회', '불꽃놀이', '풍어제' 등이 재미있게 펼쳐진다.

자갈치시장이 본격적으로 형성된 것은 6·25를 전후해서부터이다. 해외동포와 전국 각지에서 몰려든 피난민들이 생계를 꾸려가기 위해 이 곳에 좌판을 놓고 행상 노점을 시작한 것이 계기가 되어 시장이 생겨났는데, 당시 상인의 대부분이 전쟁 미망인이었던 까닭에 억척스러울 수밖에 없었던 자갈치 아지매의 기질이 지금도 이어진다. 항상 살아가는 활기가 넘실대는 자갈치시장. 이 곳에서 장사하는 아낙들에게는 '자갈치 아지매'라는 고유명사가 붙여져 있다. 이들 자갈치 아지매들과 손님들이 흥정하는 모습을 바라보는 것만으로도 삶의 활력을 가슴에 전해 주는 자갈치시장은 그래서 항구도시 부산을 대표하는 곳이다.

자갈치시장내 회센터에는 아나고회가 유명하다. 배에서 잡은 고기를 내려놓는 인부 외에 거의가 여자인 자갈치시장은 억척스런 경상도 아지매들의 활기찬 목소리와 파닥거리는 고기들의 물튀기는 소리로 늘 시끌시끌하다.

연간 총물동량은 약 1만통이며 연간 매출액은 약 200억원이다.

자갈치시장의 부두에서는 해상택시라고 할 수 있는 통통배를 탈 수 있다. 교통체증이 심한 부산에서는 편리한 교통수단이 되기도 한다.

주변의 초량동에는 초량 외국인상가지역이 조성되어 있어 러시아 상인과 일본인들이 자주 찾고 있다.

電 051)713-8000　　　　所 부산 중구 자갈치해안로 52

(1) 감천문화마을

한국의 '산토리니', '마추피추' 별명을 가지고 있다. 한국전쟁 당시 힘겨운 삶의 터전으로 한국전쟁전후의 흔적과 문화를 가지고 있다. 산자락을 따라 계단식 집들이 빼곡하게 들어서 미로 골목이 특징이고, 파스텔 톤의 다양한 색채가 이채로워 마을 전체가 볼거리이다.

電 051)204-1444   所 부산사하구 감내2로 203

(2) 송도해수욕장

1913년에 개장한 우리나라 최초의 공설해수욕장이다. 케이블카, 해상구름산책로, 유람선, 해변산책로, 다이빙대가 매력이다. 해상케이블카는 1.6km 길이에 높이가 86m이다. 송도스카이파크(상부역사)에서 내려다 보는 바닷가 전망은 탁트이고 아름답다. 그리고 상부정류의 암남공원에서 송도해수욕장까지 해안산책로가 있는데 진기한 지질(바위)과 바다사이를 30여분 걷게된다.

電 051)247-9960   所 부산시 서구 송도해변로 171

(3) 태종대(太宗臺, Taejongdae)

해발 250m의 최고봉을 중심으로 200여 종의 수목과 기암괴석으로 이루어진 태종대는 신라 29대 태종 무열왕이 삼국통일의 위업을 이룩한 후 전국을 순회하던 중 이 곳의 해안절경에 심취하여 활을 쏘며 즐겼다고 하여 유래된 이름으로, 신선암은 태종대를 대표하는 명소이

▲ 태종대

다. 이 곳에서 일본 대마도가 보인다.

가뭄때면 동래부사가 이 곳에서 기우제를 지낸 것으로 유명하며, 망부석과 등대, 영도섬을 한 바퀴 돌아오는 드라이브 코스, 태종대를 일주하는 관광유람선 등이 있다.

2) 해운대해수욕장(海雲臺, Haeundae)

온천과 해수욕을 겸할 수 있는 국내 최대의 해수욕장이며 관광특구이다. 해운대는 예로부터 '조선 8경'으로 꼽히던 경승지로서, 약 2km의 거리에 펼쳐 있는 백사장에는 여름 한철엔 하루 100만명 이상의 해수욕객이 해수욕을 즐기기 위해 몰려드는데 그 중에는 외국인도 20만명 이상이 찾아온다.

해운대는 신라의 석학이던 고운(孤雲) 최치원 선생이 가야산에 입산하는 도중 이곳에 들러 서남쪽 동백섬 바위에 자기 별명을 붙여 '해운대'라 새긴 데서 유래한다고 한다.

해운대는 임해 온천, 동백섬, 오륙도, 누리마루APEC하우스, 아쿠아룸, 각종 숙박시설과 음식점이 있으며 주변에 센텀시티쇼핑센터, 영화의 전당, 광안대교가 있다.

(1) 더베이 101

더베이 101은 해운대 동백섬 입구에 있어 야경이 아름다운 마린시티를 마주보고 있다. 마린시티의 40~80층 건물에서 나오는 불빛이 별빛을 또는 크리스마스추리처럼 아름답다.

더베이 101은 2014년 5월에 개장하여 마린시티와 잘 조화되고 야간뿐만

▲ 해운대 더베이101(한국관광공사 제공)

아니라 동백섬 산책로 등 주간에도 주변 경치가 아름답다.

요트로 인근 바다에서 선셋투어를 즐기고 제트보트와 반잠수정도 즐길 수 있다. 푸드트럭에서 부산어묵과 건물 2층 '핑거스앤 챗 다이닝펍'에서 재즈와 함께 밤바다의 낭만을 만끽할 수 있다.

電 051)726-8888　　　所 부산 해운대구 동백로 52

(2) 부산유람선

부산에는 부산항 주변을 돌아보는 몇 개의 해상 유람선이 운행되고 있다.

주요 코스는 선사에 따라 다른데 대체로 해운대 중심으로 해운대, 오륙도, 누리마루, 광안대교 코스와 중앙동 여객선 중심의 오륙도, 태종대 코스가 있다. 주간과 야경코스, 주간코스와 런치, 디너 크루즈 등 다양하게 운영되며 선상에서 불꽃쇼, 라이브 등 이벤트가 마련되고 그룹행사 등도 가능하다.

(3) 범어사(梵魚寺, Pomosa Temple)

범어사는 왜구를 막기 위해 835년(신라 흥덕왕 10년)에 의상을 예공대사로 삼고 금정산 아래에 범어사를 창건하였다고 한다.

임진왜란 때는 서산대사가 범어사를 사령부로 삼아 승병활동을 한 것으로 유명하며, 3·1운동 때는 이 곳에서 공부하던 학생들이 한

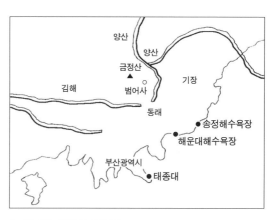

〈그림 33〉 범어사 위치도

용운 선생의 지시에 따라 범어사 학림의 거리는 독립만세운동을 일으키기도 했을 뿐만 아니라 전국에서 쓸 태극기를 이 암자에서 만들기도 했다고 한다. 임진왜란으로 잿더미가 된 범어사는 1602년(선조 35년) 중건되었다가 다시 소실되고, 1613년(광해군 5년)에 중창한 뒤부터 많은 고승들을 배출하며 사원의 규모를 넓혀 나가, 합천 해인사, 양산 통도사와 함께 경상도 3대 사찰의 하나로 손꼽힐 만큼 발전하였다. 경내에 들어서면 천연기념물 제176호로 지정된 등나무 군생지를 볼 수 있다. 약 500그루의 등나무가 서로 엉켜 자라고 있어 등운곡(藤雲谷)이라고도 하며 금정산 절경 중의 하나로도 꼽히는 곳이다.

신라시대의 삼층석탑(보물 제250호)이 마당 한쪽에 놓여 있고, 1614년(광해

군 6년) 묘전화상(妙全和尙)에 의해 중건된 대웅전(보물 제434호)은 내부의 목조보개와 불단의 정교한 수법으로 조선시대 목조공예의 진수를 보여준다고 평가받는 우수한 건물이다.

電 051)508-3122　　　　　　　　所 금정구 범어사로 250
주변관광지 : 동래온천장, 동래 허심청

3) 울산 현대중공업

▲ 울산 현대중공업

울산은 1966년에 특정 공업지역으로 지정되었으며 정유공장, 자동차공장, 조선공장 등과 석유화학제품 공장들이 들어서 한국의 대표적인 공업도시로 발전하였다.

울산현대자동차는 1967년 12월에 설립되어 생산량 중 3분의 2를 캐나다, 영국, 쿠웨이트, 칠레, 홍콩 등지에 수출하고 있으며 최신 시설을 설비하여 세계적인 자동차 메이커로 성장하였다. 공장견학은 인터넷 신청으로 할 수 있으며 약 1시간 30분 소요된다.

현대 중공업은 1972년 3월에 착공하여 총부지 270만평에 종업원 약 3만명이 넘는다.

각 공장에서 조립된 부럭을 배의 크기에 따라 4개월에서 5개월 가량 조립·용접하여 도크 끝에 있는 수문을 열면 물이 가득 차 배가 물에 뜬 다음 예인선으로 끌어내 의장 안벽에 정박한 후 내부시설을 한다. 도크에 가득찬 물을 퍼내기 위해서는 고압 양수기로 10시간 정도 걸린다고 한다.

제3도크는 길이가 660m, 너비 92m, 깊이가 13.2m로서 백만톤급 배를 만들 수 있다. 도크 위에 거대한 구름다리 모양의 크레인이 있는데, 현대중공업의 상징이다.

☎ 현대중공업(052-202-2232)과 현대자동차 견학은 홈페이지에서 인터넷으로 신청

(1) 반구대 암각화

신석기시대의 사냥과 어로 등 생활상을 바위에 새긴 그림이다. 반반하고 매끈거리는 병풍 같은 바위면에 고래, 개, 늑대, 호랑이, 사슴, 물고기, 사람 등의 형상과 고래잡이, 배와 어부, 사냥하는 광경 등이 새겨져 있다. 세계 최고의 신석기시대 문화유산으로 인정받아 1995년 6월 23일 국보로 지정됐다.

☎ 052)229-6678(울산 암각화 박물관)
所 울산광역시 울주군 언양읍 반구대안길 285

(2) 장생포 고래문화특구

장생포가 예전에는 고래잡이의 중심 항구로 유명하였으나 최근에는 고래잡이가 금지되어 있다. 전성기에는 한 해에 대략 1,000여 마리의 고래가 인근 앞바다에서 잡혔다고 한다. 장생포항에 자리한 고래박물관은 고래의 생태와 세계의 포경 역사를 한 눈에 살펴볼 수 있는 곳이다. 고래생태체험관은 국내 최초의 돌고래 수족관을 갖춘 전시관으로 살아있는 고래를 만나고 해양생태문화를 체험할 수 있는 공간이다.

☎ 055)226-5671　　　　　　　所 울산광역시 남구 장생포고래로 244

(3) 태화강대공원 · 십리대숲

태화강 양편에 약 4km의 대나무숲이 형성되어 있다. 이 숲은 원래 홍수방지용으로 식목하였다. 2011년 5월에 개장한 '태화강 대공원 초화단지'는 16만km²에 꽃양귀비, 수레국화, 청보리, 금계국, 안개초 등 6천여만 송이의 국내 최대 수면초화단지이다.

4) 창원시 진해군항제(鎭海軍港祭, Chinhae Gunhang Festival)

창원시(구 : 진해시)는 벚꽃이 피는 4월 초에 맞춰 해마다 군항제를 개최한다. 진해에서 벚꽃이 가장 아름답게 피는 곳은 탑산으로 불리는 제왕산 공원과 해군 통제부 일원이다.

개화 예정일은 4월 초순경이다. 구 진해시 전역에 분포한 7만여 그루의 20~70년생 벚나무가 개화를 시작하면 온 시내가 벚꽃 터널을 이루고 벚꽃이 뿜어내는 향기와 남해안의 아기자기한 섬들로 이루어진 풍경은 진해를 더할 나위 없는 봄의 천국으로 만든다.

그리고 매년 4월에 개최하는 군항제 기간에 해군사관학교를 개방하므로 이일대의 벚꽃을 마음껏 즐길 수 있다.

구 진해의 벚꽃은 1905년 일본이 한국 침략 당시 진해에 해군사령부를 설치하고 벚꽃을 심은 것이 시초였다.

이 충무공 추모제를 시작으로 개최되는 군항제는 1만여 개의 오색등에 불이 밝혀지는 전야제와 경축식, 시가행진, 문화와 체육행사 등 50여 종의 다채로운 행사로 꾸며진다.

(1) 창녕 우포늪

우리나라에서 가장 오래된 최대의 내륙습지로 약 70만평(2.4km²)이다. 가시연꽃, 창포 등 500여종의 식물, 노랑부리저어새(천연기념물 205호), 황조롱이 등 150여종의 조류와 어류, 파충류, 곤충 등 1,500여종이 서식한다. 1997년 정부가 생태계특별보호구역으로 지정하였고, 1998년 국제협약 람사협약에 등록하고 보존습지로 지정되었다.

(2) 부곡온천(釜谷溫泉, Pugok Hot Springs)

부곡온천은 한국에서 가장 높은 수온과 최대의 용출량을 자랑한다.

온천수는 섭씨 75~78℃로 날계란을 넣으면 반숙이 될 정도이며 1일 용출량 6천톤의 풍부한 용출량이다.

부곡온천의 천질은 약알칼리성 라듐 유황천으로 무색투명하고 매끄럽다. 성분은 칼륨, 라듐, 규소, 염소, 탐산, 유화수소, 불소 등이 함유되어 있는데,

특히 유황성분이 많이 용해되어 있어 목욕을 하고 나면 피부에서 윤기가 나고 매끄러워진다. 주요시설은 숙박과 실내외 물놀이장을 갖추고 있다.

電 055)536-6277　　　　　所 창녕군 부곡면 거문리

5) 한려해상국립공원
(閑麗海上國立公園, Hallyo Waterway National Park)

한려해상국립공원은 경상남도 통영시 한산도에서 전라남도 여수 오동도에 이르는 3백리 물길의 한려수도를 중심으로 하는 수역과 남해도·거제도 등의 남부해안 일부를 포함하여 지정된 국립공원이다. 경남(慶南)과 전남(全

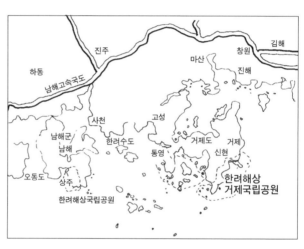

〈그림 34〉 한려해상국립공원

南)의 양도(兩道)에 걸쳐 115개의 유인도(有人島)와 253개의 무인도가 있는 해상공원이다. 이와 같이 한려해상국립공원은 수많은 섬과 해수욕장, 밝은 태양, 충무공 이순신장군의 유적지 그리고 난대성 식물과 다양한 조류들이 조화를 이루어 빼어난 해상경관을 연출하고 있다.

1968년 12월 31일 국립공원으로 지정되었고, 면적은 6개지구에 510.323km^{2}이다. 6개지구로는 기암해벽이 절경을 이루고 있는 해금강지구, 이충무공 전승지가 있는 한산도지구, 학섬으로 유명한 삼천포지구, 남해대교가 있는 노량지구, 남해금산과 상주해수욕장이 있는 금산지구, 그리고 오동도지구 등인데, 각 지구별로 독특한 특성과 국립공원으로서의 가치를 간직하고 있다.

(1) 남해 다랭이마을

▲ 다랭이마을(한국관광공사 제공)

　남해군 가천면의 다랭이마을은 해안 절벽을 끼고 있어 배 한 척이 없던 마을이다. 그래서 협소하고 척박한 땅을 개간하기 위해 한층한층 석축을 쌓아 다랭이논 (명승 15호)을 만들었다. 들쑥날쑥 제멋대로 생긴 논밭들이고, 기계 농사가 어려워 지금도 소를 이용하여 논밭을 쟁기로 갈고 있다. 숙박, 음식, 체험프로그램이 마련되어 있다.

(2) 독일마을

▲ 독일마을(한국관광공사 제공)

　남해군 삼동면 독일마을은 1960년대 한국이 독일에게 차관을 사용하기 위해 파견한 노동자들의 국내정착을 돕고자 2001년부터 약 3만평의 대지를 마련하였다. 건축은 교포들이 직접 재료를 수입하여 전통 독일식 주택으로 지었다. 독일 교포들이 생활하고 일부는 민박을 운영하고 있다. 마을 앞으로 펼쳐진 방조어부림의 바다와 아름다운 해안드라이브코스가 펼쳐진다.

(3) 거제해금강(海金剛)·바람의 언덕

　거제 해금강은 명승 제2호로 지정되었을 만큼 절경을 자랑한다. 이 곳에는 아열대 식물 30여 종이 자라고 있으며, 절벽으로 둘러싸인 섬 꼭대기에는 풍란, 효란, 석란을 비롯하여 동백 등 희귀초목으로 덮여 있다.

　인근의 노자산에 서식하는 팔색조와 동백림은 천연기념물 제233호로 지정되어 보호받고 있다.

　해식애와 해식동굴이 마치 만물상을 빚어 놓은 것처럼 절승을 이루는 이

곳은 배로만 관람할 수 있다.

그 생김생김으로 각자 이름을 지니고 있는 기암괴석들은 해금강 관광의 백미라고 할 수 있다. 십자굴을 비롯한 선녀바위, 일출과 일몰의 절경을 연출하는 사자바위와 그네바위, 그네바위 위의 천년송, 미륵바위, 신랑바위, 신부바위, 촛대바위 등은 바다 한가운데에서 금강산을 연출해 내고 있다.

〈그림 35〉 해금강 위치도

바다를 돌다 보면 가장 눈에 띄는 곳은 거제도 동남부의 노자산이다. 거제도 내에서 가장 높은 산으로 사방이 그림같은 섬들과 푸른 바다로 둘러싸여 장관을 이룬다. 노자산이 바라다 보이는 곳에 위치한 **학동 몽돌밭**은 특색 있는 해변으로 유명하다.

1.5km에 이르는 해변에 가득 깔린 자갈들은 콩알만큼 작은 것에서부터 주먹크기 만한 것까지 있으며, 8가지 빛깔의 철새인 팔

▲ 해금강

색조가 여름이면 날아드는 동백섬이 해변 뒤에 있고 바닷가의 노송지대가 운치를 더해 주기 때문에 산책코스로도 그만이다.

거제도의 해안을 따라 펼쳐지는 **구조라해수욕장**도 명소 중의 하나이다. 이 곳은 중국 진시황의 명으로 서불이 동정녀 500여명을 거느리고 불로초를 찾으러 오기도 했다는 전설을 간직하고 있다.

해금강 선착장이 있는 '바람의 언덕'은 경관이 뛰어나 많은 사람들이 찾아

오는 명소이다.

電 055)633-5431(거제도 해금강 사무소)

(4) 남해 보리암

경남 남해군 상주면 금산에 위치하며 한려해상국립공원내로 주변경관과 특히 바다경관이 뛰어난다. 소금강 또는 남해 금강으로 불리는 금산(704m)은 태조 이성계가 젊은 시절 이 산에서 백일기도 끝에 조선왕조를 개국하여 영원히 잊지 못할 영산이라 하여 산을 비단으로 두른다는 뜻으로 금산(錦山)이라 하였다는 전설이 있다. 금산 정상에 있는 보리암은 경주 보문사, 낙산사 홍련암과 함께 우리나라 3대 기도처로 소문나 있다.

電 055)860-5800   所 경남 남해군 상주면 보리암로 665

(5) 외도(外島) 보타니아

▲ 외도(경상남도 제공)

외도는 13개의 테마가 있는 정원으로 다채로운 볼거리를 제공하고 있다. 주요 테마공원으로는 비너스가든, 대죽로, 외도성, 조각공원이 있는데, 이 섬은 약 25년 이상 최호숙부부가 조성한 남해안의 이색적인 해상정원이다. 섬의 경관이 거의 유럽풍이어서 매일 관광객이 많이 찾아온다.

所 거제시 일운면 외도길 17   주변관광지 : 바람의 언덕

(6) 소매물도

통영항에서 동남쪽 26km 해상에 위치한 절경을 가진 섬이다. 소매물도

분교에서 바라보는 바다풍광과 바로 옆 등대섬의 아름다움이 백미이다.

(7) 통영 장사도

2014년 대한민국을 뒤흔든 드라마 '별에서 온 그대' 촬영지로 전파를 타면서 유명해졌다. 동백나무 10만 그루가 자생하는데, 동백꽃이 만개하는 2월 말부터는 붉은 카펫을 깔아놓은 듯 장관을 이룬다. 분교, 교회, 무지개다리 등 다양한 볼거리가 있다. 장사도는 뱀을 닮은 섬이라는 뜻이다.

電 055)633-0362(장사도해상공원)　　　所 경남 통영시 한산면 매죽리

(8) 통영 한려수도 전망케이블카·루지탑승

해발 461m의 미륵산까지 약 10분 정도 운행한다. 미륵산 8부 능선에 위치한 상부정류장까지 선로 1,975m를 케이블카로 오르며 한산대첩의 역사적인 현장과 한려수도의 비경이 한눈에 들어와 입을 다물 수가 없다. 망망대해에 점점이 뿌려진 섬과 바다가 어우러진 비경과 일출, 일몰, 통영시 야경, 봉수대 등이 핵심매력이다. 케이블카 아래는 루지탑승기구도 있다.

電 055)649-3804~5　　　　　　所 경남 통영시 발개로 205

6) 합천 해인사
(陝川 海印寺, Hapchon Haeinsa Temple, 세계문화유산)

해인사(海印寺)는 세계의 문화유산(1995년)으로 지정된 팔만대장경이 보관된 국제적인 명찰이다.

'해인'이란 이름은 화엄경의 '해인삼매'에서 딴 것으로 삼라만상이 잔잔한 바다에 비치듯 번뇌가 끊어진 부처님의 경심 가운데 과거·현재·미래 법이 모두 명랑하게 나타나는 경지를 뜻한다.

동해 제일의 영장이라 불리는 사적 및 명승 제5호로 국립공원 가야산(1,430m)의 서남쪽 기슭에 자리하고 있다.

▲ 팔만대장경

가야산은 산세가 빼어나 옛 선인들이 풍류를 즐겼던 곳이 많다. 이 명소들은 산의 울창한 숲으로 들어가는 동구의 무릉교를 건너 해인사에 이르는 십여리 길을 따라 전개된다.

불가사의한 일은 수차례 화재를 당하면서도 8만대장경판과 장경각만은 화를 입지 않고 옛 모습을 간직하고 있어 이에 따른 많은 전설과 설화가 전해져 오고 있다.

해인사에 있는 팔만대장경(국보 제32호)은 고려 23대 고종 당시(1236~1251년)까지 16년간에 걸쳐 만들었는데, 글 자체가 마치 한 사람이 쓰고 새긴 것처럼 나타나 이것 또한 불가사의하다.

불교의 모든 경전인 삼장(경장, 율장, 논장)의 통칭인 대장경에 포함된 법문이 8만 4천이므로 그 큰 수를 8만대장경이라고도 한다.

팔만대장경을 보관해 두는 장경각(국보 제52호)은 서고형식의 건물이다. 장경각은 태조 7년에 창건했으며 3차례의 중수를 거쳤다.

온도와 통풍, 방습이 자연적으로 조절되게 과학적으로 설계된 뛰어난 건물이다. 장경각은 임진왜란 때에도 병화를 모면했지만, 해인사의 수차례 크고 작은 화재에도 한 번도 화를 입지 않는 '삼재불입지처(三災不入之處)'의 성역으로 일컬어지고 있다. 또한 거미줄은 물론이고 새도 둥지를 틀지 않으며 그 위로 날지도 않는다고 전해 온다. 이 곳에는 국보인 추사 친필의 '가야산해인사중건상량문'이 비장되어 있다.

해탈문의 현판에는 '해동원종대가람'이라 쓰여 있고, 그 안쪽에는 '해인대도량'이라는 우남 이승만대통령의 글씨도 걸려 있다. 해탈문에서 쭉 올라가면 구광루가 나온다.

이 구광루에 차려진 보장전에는 희랑 조사상, 세조 초상과 현종·숙종 어필, 단원의 화조병 그림이 봉안되어 있다.

電 055)934-3000　　　　　所 합천군 가야면 해인사길 122

(1) 진주성

행주대첩, 한산대첩과 함께 임진왜란 3대 대첩으로 꼽히는 진주성대첩(1592년)이 벌어진 곳. 진주 목사 김시민과 군대 4,000여 명이 3만여 대군의 왜군을 7일간의 격전 끝에 격퇴시켰다. 촉석루에서 바라보는 남강의 경치도 운치 있지만, 진주성 맞은편에서 보는 촉석루의 모습도 한 폭의 산수화처럼 고즈넉하다. 매년 10월 초에 진주성 앞 남강에서 유등축제가 열린다.

電 055)749-2480(진주성 관리과)　　　　所 경남 진주시 남강로 626

7) 양산 통도사(梁山 通度寺, Tongdosa Temple)

석가의 진신사리를 모시고 있는 곳으로 불보(佛寶)사찰의 명예를 얻고 있는 삼보(三寶)사찰 중의 하나이다. 다른 삼보사찰로는 승보(僧寶)사찰 송광사, 법보(法寶)사찰 해인사가 있다.

통도사 경내에는 대원군이 쓴 현판이 걸린 일주문, 보물 제144호인 부처가 없는 대웅전, 부처의 진신사리를 모신 금강계단을 비롯해 50여 채의 건물들이 계곡을 낀 넓은 터에 꽉 들어차 있다.

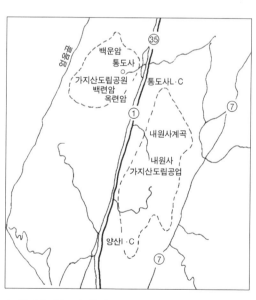

〈그림 36〉 통도사 위치도

통도사(通度寺)라 함은 첫째로 통도사가 위치한 이 산의 모습이 부처님이 설법하시던 인도의 영취산(靈鷲山)의 모습과 통하므로 '통도사'라 이름했고,

▲통도사의 석가모니 진신사리 부도

둘째, 승려가 되려는 사람은 모두 이 계단을 통한다는 의미에서 통도라 했고, 셋째로는 모든 진리를 회통하여 일체 중생을 제도한다는 의미에서 통도라 이름붙였다고 한다.

대웅전 바로 뒤에 있는 **금강**계단은 금 가운데 최강이므로 금강(金剛)이라 이름했다.

이 대웅전 안에는 불상을 모셔 놓지 않고 불단만 마련해 놓은 점과 특이한 건축구조양식을 하고 있다는 점 등에서 통도사 성격의 일면을 나타내 주고 있다.

통도사로 들어가는 관문격인 일주문은 대원군의 필적인 '영취산통도사(靈鷲山通度寺)'라는 글씨가 돋보이며, 대웅전 뒤에 있는 연못인 '구룡신지(九龍神池)'는 이에 대한 전설이 있다.

전설에 따르면 자장율사가 처음 절터를 찾기 위해 나무로 새를 깎아 날려 보내자 한겨울인데도 연꽃 한 송이를 물고 날아왔다고 한다. 이에 그 곳을 찾아가 보니 연못에 연꽃 세 송이가 피어 있었는데 그 중 두송이만 남고 한 송이는 자장율사의 새가 따 가지고 온 것임을 알게 되었고, 통도사는 바로 이 연못을 메워 버리고 그 자리에 세운 절이라고 한다.

電 055)382-7182   所 양산시 하북면 통도사로 108

한국의 사찰(절)

불교의 절이란 승려들이 불상과 불탑을 모시고 살면서 불도를 닦고 교리를 배우고 가르치는 곳을 말한다. 때로는 가람, 사찰, 정사라 부르기도 하고, 순 우리말로는 절이라고 한다. 절은 수도하는 곳, 즉 불교의 인생관과 세계관을 올바로 수립하며 그 진리를 널리 선양하고 구현시키는 곳이다. 따라서 절은 수행과 교육과 포교의 세 가지 기능을 발전시켜 왔다. 이 세 기능을 보다 훌륭하게 충족시키기 위해서 절에는 예배의 대상이 되는 불상이나 탑이 가장 핵심적인 구조물로서 만들어졌다.

1) 가람배치

가람이란 승려가 살면서 불도를 닦는 곳인데 가람배치란 사찰건물의 배치이다. 즉 탑, 금당, 강당 등 사찰의 중심부를 형성하는 건물의 배치를 가리키며 그 배치는 시대와 종파에 따라 다르다.

고구려의 가람배치는 팔각의 목탑을 사찰의 중심 건물로 하고, 일탑 삼금당식에 북쪽 금당 좌우에 2개의 건물지가 배치돼 있고, 백제 가람은 탑의 불전과 일직선상에 놓여 있으며 일탑 일금당식 가람배치이다. 신라의 가람은 모두 평지에 있는 점이 특색이며 절의 중심 건물은 탑이었다. 통일신라 가람에서는 전기에는 두 탑이 불전의 동쪽과 서쪽으로 대칭하여 세워지며, 쌍탑식 가람배치라 했는데, 후기에는 절이 산에 건립되었으며, 산지가람이 발달하여 가람배치가 자연의 지세에 따라 건물이 놓이게 되어 쌍탑이 없거나, 일탑 일금당이거나, 경우에 따라 무탑절이 생겼다. 이후 고려는 통일신라의 가람배치를 계승하였다. 초기에는 탑에 대한 배려가 높았으나, 후기가 되면서 탑이 없는 절이 많이 생겼다. 고려의 가람은 산지 일탑 일금당병렬식과 산지 쌍

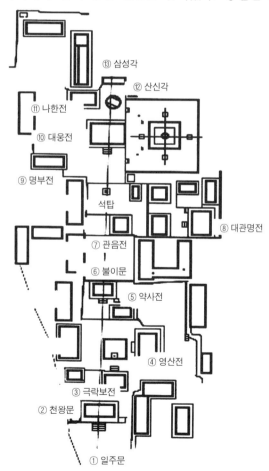

⑬ 삼성각
⑫ 산신각
⑪ 나한전
⑩ 대웅전
⑨ 명부전
석탑
⑧ 대관명전
⑦ 관음전
⑥ 불이문
⑤ 약사전
④ 영산전
③ 극락보전
② 천왕문
① 일주문

▲ 가람배치도

탑병렬식, 산지 무탑식이 혼재한다. 조선시대는 가람배치의 계승과 모방에 그치고 있다.

2) 불전(佛殿)

불전이란 부처를 모시는 건물이다.

① 일주문(一柱門)

절의 대문에 해당하는 일주문은 세속의 차원을 벗어나 맨처음 불법의 세계로 들어오는 단계를 상징한다. 이때 불제자에게는 불법과 부처님을 믿는 한마음이 꼭 필요하다는 뜻에서 일주문은 두 개 혹은 네 개의 기둥을 가로로 나란히 세우고 그 위에 지붕을 얹는 독특한 양식을 취하고 있다.

② 천왕문(天王門)

불법을 보호하는 네 천왕이 배치되어 있다. 여기서의 무시무시한 모습의 천왕들을 배치한 까닭은 중생의 탐욕과 분노와 어리석음을 질타하는 한편, 비록 엄청난 신력을 가진 천왕이라 할지라도 부처님의 경지에서 보면 까마득한 낮은 차원임을 보여준다.

③ 극락전(極樂殿)

아미타전(阿彌陀殿) 또는 무량수전(無量壽殿)이라고도 한다. 아미타여래를 중심으로 관음보살과 대세지보살을 좌우에 봉안하고, 삼존불의 뒤쪽에 극락의 법회장면을 묘사한 극락회상도나 극락구품탱화를 걸어서 극락의 모습을 나타낸다. 아미타전은 아미타여래의 법회인 미타회상을 상징한다.

④ 영산전(靈山殿)

석가모니불과 그의 일대기인 팔상탱화를 봉안하다.

⑤ 약사전(藥師殿)

약사여래를 주불로 모시고 월광보살과 일광보살이 협시로 봉안된다.

⑥ 불이문(不二門)

절의 세번째 문으로 바로 도리천을 상징하는 것이다. 너와 나, 중생과 부처, 생사와 열반 등 온갖 상대적인 개념들을 초월하여 모든 것이 둘이 아닌, 불이의 경지에 부처님이 계신다는 것을 공간적으로 상징한다.

⑦ 관음전(觀音殿)

원통전(圓通殿)이라고도 한다. 관세음 보살을 주로 봉안하고 그 좌우에는 남순동자와 해상용왕을 배치하는데, 이들은 조상이 아니라 후불탱화에서만 나타난다.

⑧ 대광명전(大光明殿)

화엄전(華嚴殿) 또는 비로전(毘盧殿)이라고도 하며 불전 가운데 가장 큰 규모이다. 연화장 세계의 교주인 비로자나불을 중심으로 화신불인 석가모니불과 보신불인 아미타여래를 봉안한다. 그리고 화신불과 보신불의 좌우에 각각 문수·보현·관음·세지보살을 협시로 봉안하기도 한다. 해인사·금산사의 대적광전이 대표적이다.

⑨ 명부전(冥府殿)

지장전(地藏殿)이라고도 하며, 저승의 유명계를 사찰에 옮겨놓은 것이다. 지장보살을 중심으로 도명존자와 무독귀왕을 협시로 봉안하고, 그 좌우에 명부시와상을 배열한다. 따라서 지장이 강조되면 지장전, 명부시왕이 강조되면 명부전이라고 한다.

⑩ 대웅전(大雄殿)

대웅보전이라고도 하며 한국의 절에 있는 불전 가운데 가장 많다. 절의 중심에 위치하며, 가장 흔히 볼 수 있는 형태는 석가모니불을 중심으로 문수보살과 보현보살을 봉안한 것이다. 격을 높여 대웅보전이라고 할 경우에는 석가모니불의 좌우에 아미타여래와 약사여래를 모시고, 여래불의 좌우에 다시 협시불을 봉안하기도 한다. 이것은 석가모니의 법회인 영산회상을 상징한다.

⑪ 나한전(羅漢殿)

석가모니불을 주불로 봉안하고 주위에 석가의 존자인 16나한상을 봉안한다. 이것은 수도승에 대한 신앙형태를 보여주는 것이다.

⑫ 산신각(山神閣)

불교에 없던 토착신을 호법신중으로 수용한 것으로 산신은 호랑이와 노인 상으로 표현된다.

⑬ 삼성각(三聖閣)

산신 · 칠성 · 독성을 한 전각 안에 봉안한 것이다.

3) 기타 부속건물

① 용화전(龍華殿)

미륵전 또는 미륵의 한문 의역인 자씨를 취하여 자씨전이라고도 한다. 이 불전은 미륵신앙을 응축시킨 것으로 미륵불이 주존불이며, 그 뒤에는 미륵정 동변상도 · 용화회상도 · 미륵내영도와 같은 미륵후불탱화를 봉안한다. 금산 사의 미륵전이 대표적인 예이다.

② 조사당(祖師堂)

응진전이라고도 하며, 선종 계통의 절은 조사에 대한 신앙이 강하기 때문 에 조사들의 영정을 봉안한다.

③ 산문(山門 또는 삼문)

사원입구에 있는 문으로 총문 또는 삼문이라고도 한다. 삼문이란 절 경계 문인 산문, 큰문인 대문, 예배장소에 들어가는 중문의 셋을 말한다. 우리나 라에서는 대체로 일주문, 천왕문, 불이문의 순서로 배열돼 있다. 절의 입구 에 있는 일주문, 가운데에 있는 천왕문, 마지막에 있는 불이문을 말한다. 사 찰에 따라 일주문과 천왕문 사이에 금강문을 두기도 한다. 사천왕문에는 사 천왕상을, 인왕문에는 인왕상을, 금강문에는 금강역사상을 봉안하는데, 이러 한 불법 옹호신중을 봉안한 문을 지나 절 안으로 들어오면 모든 악귀가 제 거되어 가람이 청정도량이 된다는 것이다.

④ **칠성각**(七聖閣)

산신과 같이 불교와는 무관한 신이었으나 수명 장수신의 성격을 갖게 되었다. 칠성의 화현인 칠여래 등을 탱화로 그려 봉안한다.

⑤ **독성각**(獨聖閣)

독성이란 혼자 깨우친 성자라는 뜻이며, 천태산에서 홀로 선종을 닦고 있는 나반존자를 모신 전각이다.

⑥ **팔상전**(八相殿)

부처님의 생애를 여덟부분으로 나누어 그린 팔상탱화를 안치한 곳이다.

⑦ **응진전**(應眞殿)

부처님의 제자인 16나한을 모신 곳이다.

⑧ **천불전**(千佛殿)

천불전이란 천불을 모시는 전각이다. 천불이란 현재, 과거, 미래의 삼겁(三劫)에 각각 1천부처씩 나타내는 가운데서 현재 겁(劫 – 한없이 길고 오랜시간)의 1천 부처이며 이때 석가는 그 가운데 네번째 부처에 해당한다.

4) 석탑(石塔)

탑이란 사리 신앙을 바탕으로 하여 발생한 불교의 독특한 조형물이다. 석가모

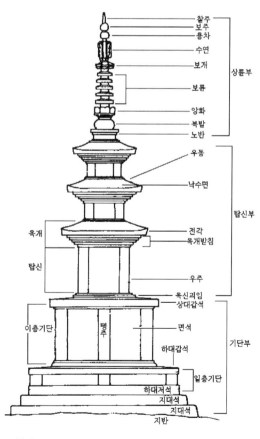

▲ 석탑

니의 열반후 불도들은 인도의 장례법에 따라 화장의 예를 갖춤으로써 그 유신인 사리를 얻게 되었고, 이 사리를 봉안하기 위하여 구조물을 쌓은 것이 바로 탑파, 즉 불탑이 되었다.

한국 탑의 기원은 대체로 6세기 후반에서 7세기 초에 이르는 삼국말기이다. 이 시기에는 목탑을 소유하였는데, 고구려는 청암리 절터에서 8각목탑지가 발견되었고, 백제는 익산의 제석사지에서 발견, 신라는 황룡사지에서 발견되었다. 그 뒤 목탑이 지닌 내구성에 대한 취약점을 보완하는 한편, 탑파가 지향하는 종교적 영원성을 위해 석재로써 탑을 만들었다. 이런 식으로 발전하여 벽돌탑 양식인 모전석탑 양식을 발전시켰다. 이러한 탑의 종류에는 재료에 의하여 목탑, 전탑, 모전석탑, 석탑, 청동탑, 금동탑 등으로 구별할 수 있다.

탑의 구성은 기단부, 탑신부, 상륜부로 형성된다. 탑신부의 옥개(지붕형태) 숫자로 3·5·7·9층탑을 부른다. 석탑은 대개 홀수로 되어 있다.

상륜부가 불교의 상징이다.

노반(露盤)은 아침 이슬을 받는 그릇으로 정결함을 의미한다.

복발(覆鉢)은 둥근 하늘인 우주로서 영혼의 안식처인데 한국의 둥근 묘 형태와 같다.

앙화(仰花)는 연꽃으로 진흙밭에서도 맑고 고우며 순결하게 피어나 존귀함을 의미한다.

보륜(寶輪)은 4개의 수레바퀴로 균형과 선(善)을 겸비한 절대적 힘을 의미한다. 즉 석가모니 사후로 절대적 힘을 가진 성인(聖人)의 출현을 염원한다.

보개(寶蓋)는 고귀한 성인과 왕이 사용하는 우산으로 존귀함의 상징이다.

수연(水煙)은 물안개로 신비와 존엄을 의미하고 화재 방지를 기원하는 상징이다.

용차·보주(龍車·寶珠)는 용의 힘을 가진 수레와 여의주(寶珠)로서 모든 것을 해결할 수 있는 절대적 능력을 의미한다.

5) 불상(佛像)

불상이란 불교의 신앙대상으로 창조된 부처의 모습을 말한다. 불상은 부처님 생존 당시에는 만들어지지 않았다. 약 5세기 동안의 무불상 시대가 지나고 불상이 비로소 인도의 쿠샨 왕조의 가니슈카왕 때인 서기 2세기초 정도로 추정하고 있다. 중국에서는 3~4세기로 보여지고 우리나라에서는 4세기경에 나타난 것으로 보고 있다.

(1) 불 타

불타는 여래라고도 불리우는데 이를 풀이하면 "진리를 깨달은 사람"이라는 뜻이다. 이 "불타"는 크게 두 가지로 나누어지는데, 응신불과 법신불이다.

- 응신불(應身佛) – 인간으로 태어나서 인간으로 생활하다가 드디어 부처가 되신 분이다.
- 법신불(法身佛) – 인간의 형태로 태어나지 않은 부처이다.

① 대일여래(大日如來)

마하비로사나여래라고도 하며 이 부처는 전우주 어디서나 빛을 발하는 참된 부처이며 석가여래는 그 분신으로 태어났다고 생각하였고, 그의 지혜의 광명은 주야의 구별을 주는 해보다도 더하다고 생각하고 있다.

② 약사여래(藥師如來)

동방 유리광세계의 주인이며, 대의왕불이라고도 하여, 중생의 병을 치료하고 수명을 연장하며 재화를 소멸하고 의복, 음식 등을 만족하게 하는 등 12대원을 세운 부처이다.

③ 미륵불(彌勒佛)

석가 다음으로 부처가 될 보살이다. 현재 도솔천에서 보살로 있으면서 56억 7천만년 뒤에 이 세상에 나타나 용화수 아래에서 성불하고, 3회의 설법으로 석가여래가 모든 중생을 구제한다는 미래불이다.

④ 석가여래(釋迦如來)

석가모니를 형상화한 것으로 우리나라의 석가모니불은 입상일 경우에는 시무외인, 여원인 손모양을 하고, 좌상일 때에는 선정적인 자세에서 오른손을 살짝 내려 항아촉지인을 취하는 것이 일반적이다. 양옆에는 문수보살

과 보현보살을 거느리는 것이 있으나, 간혹 관음보살과 미륵보살을 두기도
한다.

⑤ **아미타불**(阿彌陀佛)

서방극락세계에 살면서 중생을 위해 자비를 베푸는 부처로 "무량수불" 또
는 "무량광수불"이라고도 한다. 보통 아미타 9품인의 손모양을 하고 좌우에
는 관음보살과 대세지보살이 표현되고 시대가 지나면서 대세지보살 자리에
지장보살이 등장하는 경우가 많아졌다.

⑥ **관음보살**(觀音菩薩)

대세지보살과 함께 아미타여래의 부처보살이다. 이 관음보살이 봉안된 불
전을 관음전 또는 원통전이라고 한다.

⑦ **문수보살**(文殊菩薩)

문수사리를 줄인 것으로, 손에 칼을 들고 있거나 사자를 타고 있는 형상
을 하고 있다. 번죄를 단호하게 끊어버리는 칼이나, 용맹과 위엄의 상징인
사자를 통해 지혜의 준엄한 성격을 암시한다.

⑧ **지장보살**(地藏菩薩)

중생을 구제해 주는 보살로써, 머리에 관을 쓰고 왼손에 연꽃을 드는 형
식이 정식이지만, 지금은 머리를 깍고 보주와 석장을 잡는 상으로 표현된 것
이 일반화되었다. 보살을 표현할 때에는 귀인, 특히 여성의 모습으로 표현한
다. 그래서 보살은 머리에 관을 쓰고 몸에는 하늘을 날 수 있는 천의를 걸
치며, 목걸이, 귀걸이, 팔지, 영락 등의 장신구와 손에는 연꽃, 정병, 구슬 등
을 들었고, 얼굴은 아름답고 온화한다.

6) 부도(浮屠)

불탑이 불사리를 장치한 불의 묘탑으로서의 성격을 지닌 것이라면, 부도
는 승려의 묘탑이라고 할 수 있다. 불탑은 사찰의 중심부에 위치하나 부도는
그 변두리나 경내 밖으로 위치할 경우가 있고, 형태에 있어서도 불탑이 방형

다층인데 비해, 부도는 8각 또는 특수한 형태를 지니고 거의 단층을 이루고 있다. 우리나라의 부도의 기원은 통일신라 말기에서 비롯되며 선종의 발달과 더불어 크게 유행하게 되었다. 즉 부도는 조상숭배를 중시하는 선종의 발달과 더불어 성행하였으며, 고승신앙의 한 형태로 전개되어진 것이다. 부도의 대표적인 양식은 8각 원당형을 들 수 있다. 이 8각부도는 단층을 이루고 있는데, 기단이나 탑신부에는 사자, 신장, 연화, 비천 그리고 목조건물의 세부 등이 음각되어 있어서 아름다움을 한층 돋보이고 있다. 특히 우수한 것은 신라후기와 고려초기에 걸쳐 건립된 것이다. 오늘날에 전하는 대표적

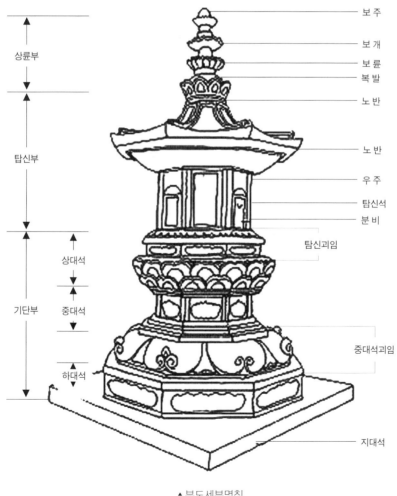

▲ 부도세부명칭

8각 부도를 보면 **쌍봉사 철감선사탑**(국보 제57호), 실상사 증각대사탑(보물 제38호), 보림사 보조선사탑(보물 제157호), 태안사적이선사탑(보물 제273호), 진전사부도(보물 제439호), **연곡사부도** 등을 들 수 있다. 8각부도 외에 신라말기 작품으로는 울산 태화사지 부근에서 발견된 부도(보물 제441호)를 들 수 있는데, 이것은 인도의 원탑양식을 따르고 있고, 그 둘레는 나체에 가까운 12지의 입상으로 조각한 것이다.

5. 특별한 여행

▶ 한국 최대의 자연 늪 우포(牛浦)

경남 창녕(昌寧)은 '메기가 하품만 해도 물이 넘친다'는 고장이다. 지금은 제방공사로 그럴 일은 없지만, 지금도 장마때만 되면 유달리 걱정이 되는 건 마찬가지다.

창녕읍이 기대고 서 있는 산이 화왕산(火旺山)인데, 이 산의 이름을 불기운이 왕성하다는 뜻의 화왕으로 지은 이유도 유난스런 이 지방의 물기운을 다스리기 위해서였다고 한다.

우포는 창녕읍으로부터 서쪽으로 약 8km 떨어진 곳에 있다. 흔히들 그냥 우포(牛浦) 혹은 소벌이라고 부르지만, 크게 보아 우포와 목포(혹은 나무벌, 나무갯벌)의 2개의 늪지로 구분된다. 여기에는 **수많은 생물**이 살고 있다. 희귀종인 잎의 지름이 1m나 되는 가시연꽃을 비롯해 갈대, 개여뀌, 부들, 나사말 등 30종의 습지식물을 포함, 조류, 수서곤충 등 매우 풍부한 담수생물상을 보이고 있다. 이렇듯 수많은 수중 동식물을 안은 늪지는 뛰어난 수질 정화 기능을 가지고 있으며, 우포의 경우 수천억원을 들여 건설한 댐과 맞먹는 물 저장고 역할도 한다는 것이 학자들의 말이다.

소목마을서 도로로 되돌아 나와 3km 서진하면 '우포입구'가 또 나온다. 이곳은 중국 원산인 콩과의 두해살이풀로서 이제는 야생화한 자운영 군락지가 나타난다. 매년 초여름이면 보라색 자운영 꽃이 만발한 아름다운 초원이 늪가를 따라 펼쳐진다. 한국에서 이렇듯 낭만적인 분위기의 호수를 만나기는 어려울 것이다.

▶ 2만여 그루 거목 사이로 낭만의 산책길 상림(上林)

지리산 자락의 고장 함양군 함양읍 대덕동에는 낙엽활엽수림으로서 유일하게 천연기념물(제154호)로 지정된 상림이란 숲이 있다. "상림 속이 곧 첩첩산중인데 굳이 땀 흘리며 지리산 갈 것 무어 있느냐"고 과장할 정도로 함양 사람들이 자부심을 내보이는 이 상림은, 그러나 자연림이 아닌 인공림이다. 상림은 함양읍 북서쪽에 위치한다. 읍 중심부에서 지척이므로 슬슬 걸어가도 10분 이내에 다다른다. 88고속도로를 타고 가다 함양 인터체인지로 빠져나와 5분쯤 내려가면 함양 읍내다.

상림은 1,100년 전 신라 진성왕(887~896년) 때 이곳에 태수로 있던 고운 최치원이 조성한 것으로 알려져 있다. 지금은 함양 주민들을 비롯해 외지인들이 끊임없이 찾아드는 이색 관광 겸 휴식처가 되었지만, 당시는 홍수로 툭하면 위천수가 넘쳐 읍내가 물바다가 되곤 하는 피해를 막고자 이 상림을 조성했던 것이다.

아름드리 수목이 하늘을 가린 가을의 상림 속으로 들어서면 후두둑거리며 도토리 떨어지는 소리가 요란하다. 비닐봉지를 하나씩 들고 그 도토리 줍기에 여념이 없다. 상림 가운데로는 길게 남북으로 폭 2~4m의 좁은 실개천이 흐르고 있다. 이는 상림 속에 수분을 대기 위한 것이다. 또한 상림숲은 워낙 상서로와서 개미와 뱀, 개구리 세 가지가 없다고 한다.

아무튼 수많은 사람이 밤낮 없이 드나들고 있지만, 이 곳 상림에서는 아직 험한 사고가 난 적이 거의 없다. 이는 함양 사람들이 상림을 신성한 곳으로 여기고 있는 산 증거라고 할 수 있다.

제주도 11

제주도

우도

제주시
용두암
삼성혈
민속자연사박물관

성산일출봉

사려니숲길
비자림
섭지코지

한림공원
분재예술원
산굼부리

한라산
성읍민속마을

제주민속촌
표선

중문단지
여미지식물원
서귀포
쇠소깍

추자적거지
산방굴사
정방폭포

모슬포
로얄마린파크
천지연폭포
용머리해안

ㅇ 마라도

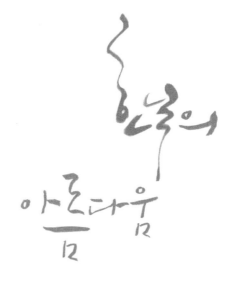

한국의

아름다움

12

핵심매력지역

축제 · 행사

제주도는 연간 20여개의 축제가 있다.

성산일출제(1월), 정월대보름들불축제(2월), 한라산눈꽃축제(2월), 탐라국입춘굿놀이(2월), 고사리꺾기대회(4월), 서귀포여름음악축제(7 · 8월), 서귀포별축제(9월), 이중섭예술제(9월), 정의마을전통민속재현축제(10월), 한여름밤해변축제(8월), 제주국제관악제(8월), 수월노을축제(9 · 10월) 등이다.

▲ 제주도 들불축제(한국관광공사 제공)

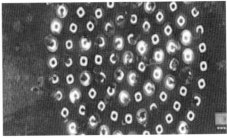

▲ 제주별빛축제(제주도청 제공)

▲ 제주도탐라굿(제주도청 제공)

1. 지역 개관

제주도는 세계 7대 자연경관지이고 제주도에는 유네스코 자연유산·지질공원·생물권보전지역을 가지고 있다. 인기관광지는 한라산, 성산일출봉, 제주올레길, 비자림, 사려니숲길, 산굼부리, 섭지코지, 쇠소깍, 우도, 중문관광단지 등이다. 제주도는 탐라국, 삼다多(바람, 돌, 여자), 3무無(거지, 대문, 도둑), 3보寶(식물, 바다, 언어)의 섬으로 유명하다

• 자연환경

제주도의 자연환경은 위치가 목포에서 남쪽으로 141.6㎞, 부산에서 남서방향으로 286.5㎞, 일본 대마도(對馬島)에서 서쪽으로 255.1㎞ 떨어져 있다.

제주도는 신생대 제3기 말 플라이오세(약 700만 년 전에 시작되어 530만 년 동안 지속된 후기 제3기 암층 및 그 퇴적시기)에 화산활동이 시작된 이후 제4기(250만 년 전부터 현세까지)에 완성된 대륙붕 위의 화산도이다. 지질은 제3기 말에서 제4기까지 5회에 걸쳐 분출된 화산암류가 대부분이며, 퇴적암층이 부분적으로 적은 면적에 분포한다. 화산암류는 주로 현무암에 속하며 조면암질 안산암과 조면암도 소량 나타난다.

제주도 화산활동의 시작은 제일 먼저 제1기의 현무암이 분출되어 평면의 지형을 형성하였고 제2기는 표선지역의 현무암(玄武岩) 분출과 서귀포 및 중문지역 조면암(粗面岩)이 분출되었다. 제3기에는 제주도 중심지역에서 분화(中心噴火)가 진행되었으며, 제4기에는 시흥리·성판악·한라산 현무암이 분출되었다. 유동성이 적은 한라산조면암질 안산암(安山岩)이 분출하여 1,750~1,950m에 걸친 한라산 산정부 서쪽의 험준한 종 모형의 종상화산체(鐘狀火山體)가 형성되었다.

제5기에는 백록담 화구를 만든 화산폭발과 함께 백록담현무암이 소규모로 분출되었으며, 오름이라 불리는 기생화산은 후화산작용(後火山作用)의 일환으로 대부분 형성되었다. 역사시대에 들어와서는 1002년(목종 5)과 1007년에 국지적인 화산활동이 있었다는 기록이 있다.

한라산(漢拏山, 1,950m)의 정상에는 직경 약 500m의 화구가 형성되어 있으며, 이곳에 물이 고여 화구호(火口湖 : 白鹿潭)를 이룬다. 한라산은 종모형의

산정부를 제외하면 사면의 경사가 매우 완만하여 순상화산(楯狀火山)에 속한다. 360여 개의 기생화산은 섬의 장축을 따라 한라산의 동·서 산복(山腹)에 대상(帶狀)으로 분포하며, 송당 일대에서 최대 밀도를 나타낸다(38개·100㎢). 제주도 한라산에는 기생화산과, 용암의 표면은 굳었으나 그 아래의 미처 굳지 않은 용암이 흘러 나가면서 생긴 만장굴, 금녕사굴, 협재굴, 쌍룡굴 등의 이름난 용암동굴이 있다. 만장굴은 약 11km로 케냐의 용암동굴에 이어 현재는 세계에서 2위로 길다. 제주도는 각종 화산지형이 많이 나타나 '화산의 보고'라고 일컬어진다.

해안 지역에 위치한 성산일출봉과 산굼부리는 깊은 웅덩이 모형 즉 응회구(凝灰丘, tuff cone : 수성(水性)화산 분출에 의해 높이가 50m 이상이고, 층의 경사가 25° 보다 급한 화산체) 또는 응회환(凝灰環)에 속하며, 산방산(山房山)은 조면암질 안산암의 전형적인 종상화산이다.

제주도는 전지역의 기반암 대부분이 수분과 가스의 증발로 구멍과 절리(수직으로 갈라진 틈새)가 많은 현무암지대라는 지역 특성 때문에, 지상에 내리는 강우량의 대부분이 절리(節理)를 통하여 지하로 쉽게 스며들고 하천의 발달은 물이 거의 흐르지 않은 건천(乾川)이다. 절리를 통해 지하로 스며든 빗물이 지하수가 되어 해안지역에서는 지상으로 용출하기 때문에 제주도의 거주지가 모두 해안변에 형성되었고 논농사가 없다.

제주도의 해안선은 비교적 단조로우며 남부 해안에는 주상절리를 따라 높은 해식애(海蝕崖)를 이루고 있는 지역이 많다. 북부 해안의 퇴적물은 대부분이 흰 모래를 이루는 패사(貝砂)인 데 비하여 남부 해안에는 화산쇄설물이 풍화된 검붉은 모래가 많다. 남부 해안의 절벽에는 서귀포의 천지연폭포와 정방폭포, 중문의 천제연폭포 등이 형성되어 있다.

• 역사적 배경

제주도에서는 석기시대부터 사람이 살기 시작했다. 이 시대 사람들은 동굴이나 바위 그늘 주거지에서 생활하였으며 유물로는 타제석기, 골각기 등이 발견되고 있다.

제주도의 개벽신화인 3성 신화에 의하면 태고에 '고을나(高乙那)', '양을나(良乙那)', '부을나(夫乙那)'라고 하는 '삼성신(三聖神)'이 한라산 북쪽 삼성혈에

서 나와 가죽옷을 입고 사냥을 하면서 살고 있었다. 이들은 '벽랑국'에서 소
와 말, 그리고 오곡의 씨앗을 갖고 목함을 타고 들어온 삼공주(三公主)를 맞
아 혼례를 올림으로써 촌락을 이루어 살게 되었다고 한다.

삼국시대에 이미 '탐라(耽羅)'라는 고대국가가 있었던 것으로 알려지고 있
으며, 고려시대에는 몽고의 침입을 받아 약 100년간 직·간접적으로 그 지
배를 받게 되었다.

오늘날 제주도의 조랑말 사육이 이 때부터 본격적으로 시작되었다. 일설
에 의하면 몽고군이 일본을 침략하기 위하여 이 곳에 대규모 말사육장을 조
성하였다고 한다.

현재 제주(濟州)라는 이름을 갖게 된 것은 고려 고종 때 일이라고 하며,
1946년에는 전라남도에서 분리되어 제주도로 승격되었다.

• 제주도의 생활과 문화

제주는 섬이라는 특수한 환
경으로 인해 다른 지방과 뚜
렷하게 구별되는 독특한 문
화를 형성하고 있다.

제주인들은 척박한 땅에서
거친 바다와 싸워 이겨야만
했기 때문에 모두가 근면하
고 강인한 생활태도를 지니
고 있으며, 천혜의 자연경관
만큼이나 인심도 아름다워

▲ 전통가옥과 물허벅을 진 여인

집에 손님이 찾아오면 정성을 다해 극진히 대접한다.

제주에는 바람과 돌과 여자가 많은 것으로 알려져 있으나, 그밖에도 '전설
과 민요와 신'이 많은 곳이 제주이다. 키가 큰 설문대 할망이야기를 비롯한
여러 전설이 전해져 내려오는데, 모두가 슬프고 아름다운 전설이다.

또한 제주의 해녀들만이 부르는 해녀노래를 비롯한 갖가지 민요들이 있어
'민요의 섬'이라 할 만하며, 자손을 번창시켜 주는 조상신인 구슬할망 등 민
간신앙의 바탕이 되는 여러 신이 있다.

제주 사람들은 이 신들을 위로하면서 목숨을 걸고 바다로 나가 일을 해야만 살 수 있는 자신들의 삶을 함께 위로하였다.

제주도의 관광은 제주특별자치도로 되면서 국내외 관광객이 크게 증가하고 있다. 주요 자연적 관광자원으로는 **성산일출·한라산 녹담만설**(鹿潭滿雪)과 안덕계곡, 천지연·정방·천제연 등의 폭포, **용두암**(龍頭巖)**·외돌괴·오백나한**(五百羅漢) 등의 기암, **만장굴**, 협재굴 등 용암동굴, **비자림**(榧子林)**·동백군·구상나무군** 등의 수림, **산굼부리** 등 360여 개의 **기생화산**, 한란·왕벚나무·문주란 등 1,700여 종의 식물, 꿩, 노루 등 800여 종의 동물과 곤충, 협재·표선 등 10여 개의 해수욕장, 이시돌·송당·제동 등의 목장 등이 있다. 표고 600m 이상부터 국립공원인 **한라산**은 단일산으로는 세계적으로 많은 1,700여종의 식물 분포를 보유하고 있으며, 천연기념물 19호 문주란은 하도리 토끼섬에서 자생한다.

세계자연유산은 한라산 정상등반코스(관음사·성판악코스), 윗세오름코스(어리목·영실·돈내코 코스)이며, 거문오름과 만장굴, 성산일출봉이다. 한경면 수월봉은 세계지질공원이다.

문화적 자원으로는 **성읍민속촌**, 무속(巫俗)의 당공 보성리 민속촌, 표선민속촌 등이 있다. 민속 행사로는 한라문화제, 삼성사제 및 삼성혈제(三姓穴祭, 乾始祭)가 있다.

최근에 각종 테마파크와 숙박시설이 잘 갖추어지고 국내외를 연결하는 여객선과 항공편이 크게 증가하고 있다.

2. 특산물·쇼핑

제주에는 각종 청과류를 비롯한 신선하고 품질 좋은 농산물과 싱싱한 수산물이 넘칠 정도로 풍부하다. 또한 돌하르방이나 도자기 등과 같이 제주가 자랑하는 향토 토산품도 매우 다양하다.

농수산물은 농협과 수협 혹은 수산시장이나 상설시장 등에서 구입할 수 있고, 토산품점이나 호텔 아케이드 등에서는 제주의 멋과 향기가 베어나는 여러 가지 토속적인 상품이 눈길을 끈다.

• 감귤 · 표고버섯

감귤은 껍질이 얇은 것이 좋고, 너무 크거나 작지 않은 적당한 크기의 것이 좋으며 표고버섯은 주로 한라산 700고지에서 재배되고 있으며, 관광객에게 선물용으로 인기가 높다.

▲ 한라산과 감귤

• 옥 돔

제주 옥돔은 등살이 붉고 눈은 투명하며 실바닥은 하얗고 꼬리지느러미가 4~5개 있는 것이 제주산이다.

• 사라봉 5일장

제주시에서는 2일, 5일, 사라봉 근처에서 5일장이 열린다.

제주의 전통적인 재래시장인 5일장은 제주도인의 진솔한 삶의 모습을 들여다볼 수 있는 것으로 상품의 종류와 수가 많고 가격이 저렴한 편이다.

3. 별미음식

제주의 별미음식으로는 빙떡, 옥돔구이, 전복죽, 오메기술, 해물뚝배기 등이 있다. 해변마을이나 시내의 작은 음식점에서 음식을 먹는다면 더욱 맛이 좋을 것이다.

• 옥돔구이 · 옥돔국

옥돔은 제주 연안과 일본 근해에서만 잡히는 어종으로 그 맛이 일품이고, 영양가도 높다. 내장을 발라내고 말린 옥돔은 참기름을 발라 구워 먹어도 맛있고, 미역을 넣어 국을 끓여 먹어도 좋다.

• 흑돼지

원래 제주도 토종 돼지는 사람들의 분뇨로 사육하였으나 최근에는 그렇지 않다. 그러나 제주 토종인 흑돼지를 특미로 꼽고 있다.

• 전복죽

전복은 예로부터 명성이 자자해 임금에게 바치는 진상품이었으며 간기능 회복 등에 특효가 있는 고영양가 음식이다. 제주도 해안가 곳곳에서 많이 잡히며, 성산포 전복죽이 특히 맛있어서 유명하다.

• 오메기술

오메기떡을 원료로 하여 빚은 청주를 말한다. 차조를 곱게 갈아 가루로 만든 다음 끓는 물에 반죽을 하고 쪄서 만든 떡이 오메기떡이고, 이를 다시 끈끈하게 죽으로 만들어 누룩가루를 섞어 발효시킨 술이 오메기술이다. 감칠맛 나는 향기와 독특한 맛이 있다.

• 생선회

회는 여행중에 자칫 잃기 쉬운 입맛을 되찾게 해준다. 제주에서 흔히 볼 수 있는 횟감으로는 돔, 전복, 소라, 성게 등이 있는데, 이 중에서 백미로 치는 것이 돔이다. 그리고 제주의 희귀종 다금바리 전문회는 고가의 생선회다.

• 성게국

성게는 5월 말에서 6월 사이의 제주 바다에서 많이 잡힌다. 이 무렵에 가장 살이 오르고 맛이 들어 있어서 제주 해녀들은 바위틈에 붙어 있는 성게를 따낸다.

성게는 단백질과 비타민 철분이 많아서 빈혈이 있는 사람에게 특히 좋은 것으로 알려져 있다. 제주사람들은 성게를 '구살'이라고도 불러 성게국을 '구살국'이라 부르기도 한다. 이 국은 술을 많이 마신 이튿날의 해장에도 아주 좋다.

• 자리회

제주도의 여름 식단에 주로 오르는 음식으로 자리는 표준어로 자리돔이다. 색깔이 검고 붕어만하게 생긴 것으로 5월부터 8월까지 제주도 근해에서 그물로 건져 올리며 보리 수확이 한창일 무렵의 것이 가장 맛이 좋다.

자리회는 지방, 단백질, 칼슘이 많은 영양식이다.

• 빙 떡

메밀가루로 얇게 지진 떡에 고물로 무채나 팥 등을 넣은 것으로 맛이 아주 고소하다. 과거에는 명절이나 제사 때 반드시 올리는 재물이었으나 지금은 별미로 만들어 먹는다. 재료나 맛에서 제주의 대표적인 떡이라 할 만하다.

4. 주요 관광지

1) 제주 민속자연사박물관
(民俗自然史博物館, Folk & Natural History Museum)

제주의 독특한 유물과 동·식물에 관한 자료를 전시하고 있는데, 전시실은 세계유산전시실, 자연사전시실, 민속전시실, 해양종합전시실, 특별전시실, 야외전시실 등으로 구분되어 있다.

자연사전시실에는 각종 암석과 지질의 분포, 그리고 해양생태계를 일목요연하게 식별할 수 있도록 전시되어 있다.

한편, 민속전시실에는 옛 제주

〈그림 37〉 삼성혈 위치도

▲ 민속전시실

인의 일생, 무속신앙 등과 떼배, 제주의 전통 초가집을 재현해 놓았다. 그리고 2층 민속전시실에는 갈중이, 갈적삼 등 이 고장 고유의 작업복과 향토음식, 각종 농기구, 해녀가 사용하던 도구 등을 전시하고 있다. 그 외에도 연자방아, 물허벅, 돌하르방, 장문석 등이 전시되어 있다.

한편, 특별전시실에서는 각종 기획작품을 순환, 전시하고 있다.

電 064)710-7708　　　　　所 제주시 삼성로 40

• 제주시내 관광

제주시는 제주를 찾는 사람들을 제일 먼저 맞아 주는 '제주의 얼굴'로 신제주와 구제주로 나뉘어 있다. 신제주에는 주로 숙박시설, 쇼핑시설 등이 모여 있고, 구제주에는 삼성혈을 비롯한 여러 관광지가 곳곳에 자리잡고 있다.

제주시내는 다른 도시와 달리 도로가 붐비지 않고, 공기가 맑고 깨끗하여 드라이브 관광을 하기에 최상의 조건을 갖추고 있다.

• 1박 2일 제주 순환투어코스(공항안내소)

제주도를 동과 서로 나누어 각각 하루씩 관광을 하는데 매일 09：00시에 제주 공항을 출발하여 당일 18：00시에 끝난다. 아침에 제주시의 유명 호텔에서 관광객을 태우고 출발하며 숙식·식사는 각자가 해결한다.

• 야간관광(나이트 라이프)

밤이 되면 제주는 눈부신 성장을 하고 사람들을 맞이할 준비를 한다. 도로변 가로수의 화려한 불빛과 즐비한 상가와 주점에서 새어나오는 따뜻한 불빛이 사람들의 발길을 붙잡는다.

특히 해질 무렵의 풍경은 하루의 피곤을 말끔히 잊게 하여 마음을 편안하게 해준다. 시내에서 조금 벗어나면 까만 바다 위에 오징어잡이 하는 고깃배들의 환한 불빛이 어슴푸레 보이는 섬들과 장관을 이룬다.

용두암 해안가나 탑동 광장주변에는 횟집과 포장마차가 줄지어 있어 여행지의 회포를 풀기에 적당하고 밤낚시나 야간 드라이브를 즐길 수도 있다.

호젓하게 제주의 야경을 감상하고 싶다면 제주시내에서 가까운 사라봉을 올라가면 된다. 밤에는 사람들의 발길이 뜸한 편이어서 데이트 코스로도 안성맞춤이다.

또한 많은 사람들과 어울리며 즐거운 시간을 보내고 싶다면 나이트클럽이나 노래방 등을 찾으면 된다. 시내 곳곳에 나이트클럽이나 볼링장 등 위락시설이 잘 갖추어져 있어 즐거운 시간을 보낼 수 있다.

(1) 삼성혈(三姓穴, Samsunghyol : 사적 134호)

제주의 개국신화를 간직한 곳으로 고 · 부 · 양(高 · 夫 · 梁)의 3성 후손들이 제사를 올리고 있다.

삼성혈은 제주도의 원주민의 발상지로 고 · 부 · 양(高 · 夫 · 梁) 삼신이 용출하여 수렵생활을 하다가 오곡육축을 가지고 온 벽낭국의 삼공주를 맞이하여 이 땅에 농경생활을 밀고한 삶의 터전을 개척하였다는 지신족설화가 깃든 곳이다.

지혈은 품(品)자형으로 나열되어 있는데 오랜 세월이 흐름에 따라 흔적만 남았고, 상혈은 고(高), 좌혈은 양(梁), 우혈은 부(夫)를 전하고 있다.

삼성혈의 조성은 중종 21년(1526년) 이수동 목사가 삼성혈 주위 280여 척에 석단을 쌓고 혈의 북쪽에 홍문과 혈비를 세워 삼성의 후손들로 하여금 춘추제(4월 10일, 10월 10일)를 봉행함과 아울러 매년 12월 10일에 도민으로 하여금 혈제를 모시게 하였다.

電 064)722-3315　　　　　　　所 제주시 삼성로 22

(2) 용두암(龍頭岩, Yongduam Rock)

용두암은 화산폭발에 의한 용암이 바다로 흘러 파도와 부딪혀 마치 용모

▲ 용두암(한국관광공사 제공)

양으로 굳어진 화산암의 하나이다.

전설에 의하면 한라산 용이 한라산 신령의 옥구슬을 훔쳐 달아났는데, 이에 화가 치민 한라산 신령이 활을 쏘아 이 곳 용두암 해면에 떨어뜨려 몸 전체는 바닷물에 잠기게 하고 머리부분은 하늘로 향하게 하였다고 한다.

용머리 입구에는 화란인 하멜의 표착기념비가 서 있고 용머리를 관광하기 위해서는 한 시간 정도면 족하다.

電 064)728-2745   所 제주시 용담로

용두암(龍頭岩) : 승천하지 못한 용의 울부짖는 모습

전설에 의하면 옛날 용왕의 사자가 한라산에 불로장생의 영약을 캐러왔다가 한라산 산신령이 쏜 화살에 맞아 죽었는데, 그 시체가 굳어져 몸은 바다에 잠기고 머리만 돌출된 것이 이 용두암이라고 한다. 또 용이 승천하기 위해 한라산 산신령의 옥구슬을 입에 물고 달아나려 하자 산신령이 노하여 활을 쏘았으므로 막 승천하려던 용이 이 바닷가에 떨어져 바위가 되었으며, 그래서 구슬을 찾으려고 울부짖는 형상을 하고 있다고도 한다. 멀리 수평선을 배경으로 끊임없이 용트림을 하는 듯한 용두암은 제주시를 상징하는 여러 경관 중의 하나로 유명하다.

(한국의 지명유래, 땅이름으로 본 한국향토사, 김기빈)

(3) 제주러브랜드

성(性)테마 조각공원이다. 10,000평의 대지 위에 성(性)을 주제로 한 다양한 현대조각의 테마공원으로 야간에도 환상적 조명하에 작품을 관람할 수 있다. 현대문화의 화두인 성문화를 올바로 인식하고 예술적으로 승화된 성

을 현대적 감각의 예술작품으로 체험하도록 작품마다 해설을 부착하고 에로틱 아트를 체험적으로 이해하게 하는 열린 성 테마 예술공간으로 조성되었다고 한다.

電 064)712-6988   所 제주시 1100로 28

(4) 절물자연휴양림

산림청 소관 국유림이다. 2019년도 한국관광 100명소에 선정된 곳이다. 1997년 7월에 개장하였으며, 총 300ha 면적에 40~45년생 삼나무숲이다. 휴양림내에는 숙박시설, 산림문화휴양관, 약수터, 연못, 잔디광장, 세미나실, 맨발산책로, 흙길 등 다양한 시설을 갖추었다. 숙박비가 저렴하고 산책로는 노약자, 어린이, 장애인에게도 무난하다. 등산로 정상 '말굽형' 분화구에서는 성산일출봉과 제주시를 조망할 수 있다. 약수터 물은 마르지 않고 다양한 동식물을 가진 휴양림이다. 바로 근처에 사려니숲길과 인접해 있어 휴양지로 최고 좋은 곳이다.

電 064)728-1510   所 제주시 명림로 584

(5) 사려니숲길

삼나무가 가득한 향기로운 숲길이다. 제주시 봉개동 비자림로에서 월든삼거리를 거쳐 남원읍 한남리 사려니오름에 이르는 15km 남짓한 구간을 말한다. 제주도와 국립산림과학원이 사람들의 발길을 수십년 차단하면서 보존해 온 해발 800m 안팎의 한라산 중 산간지대 원시림이다. 수목이 우거진 숲 사이로 송이로 덮인 부드럽고 폭신폭신한 길이 나 있다. 삼나무 숲길 사이사이에 참꽃나무숲, 치유와 명상의 숲, 서어나무숲 등의 테마포인트가 있어 남녀노소 모든 연령층이 함께 걷기에도 좋다.

電 064)740-6000(제주관광공사)   所 제주시 조천읍

(6) 산굼부리

산체에 비해서 대형의 분화구를 가진 기이한 기생화산으로 실제 바닥은 평지보다 100m 가량 낮다. 세계적으로 드문 마르(Maar)형 분화구이며, 한국에서 하나뿐인 마르(Maar)형 분화구이다. 마르형이란 용암이나 화산재의 분출 없이 열기의 폭발로 암석을 날려 구멍만이 남게 된 분화구를 말한다. 굼부리는 화산체의 분화구를 가리키는 제주말이다. 천연기념물 제263호로 지정되어 있으며 그 둘레가 2km가 넘고 깊이는 한라산의 백록담보다 17m 더 깊어 132m에 이른다. 가을 억새가 장관이다.

산굼부리는 보기 드문 **분화구 식물원**이다. 상록수, 낙엽수, 활·침엽수의 난대성, 온대성에 겨울딸기 등 희귀식물들이 같이 살아가고 있다. 이유는 반원형의 분화구 사면이 방위에 따라서 일사량과 일조시간, 기온의 차이 때문에 각 기후대 식물들이 산굼부리 공간내에서 공존할 수 있기 때문이다.

電 064)783-9900   所 제주시 조천읍 비자림로 768

(7) 비자림

제주시 구좌읍에 있으며 가까운 곳에 세계문화유산(◎)인 만장굴과 김녕 사굴이 있다.

다랑쉬오름과 돗오름 사이에 수령 300~800년의 비자나무 2,800여 그루가 모여 있어 세계적으로도 희귀한 숲이다. 산책로가 잘 닦여져 있어 가족과 함께 돌아보기 좋다. 바닥에 깔린 혹은 화산토로 맨발로 걸어도 될 정도로 푹신하다. 비자숲 한가운데에는 이 숲에 처음 뿌리를 내린 800년 된 조상나무가 있는데, 키 14m, 폭 6m에 달한다. 비자나무가 1년에 고작 1.5cm를 자란다는 것을 감안하면 이 나무는 얼마나 오랜 세월을 지켜왔는지 짐작할 수 있다.

電 064)783-3857   所 제주시 구좌읍 비자숲길 55

(8) 김녕미로공원

김녕미로공원은 말 그대로 나무 사이로 샛길을 만들어 한번 들어가면 방향을 읽고 찾아 나오기 힘들게 만든 미로로 이루어진 공원이다.

미로 속으로 들어가면 양옆으로 3m 높이의 랠란디 나무들이 촘촘히 심어져 밖을 내다볼 수 없는데 길 따라 무작정 걸어간다면 빠져 나오기가 쉽지 않다. 운이 좋으면 5분이 걸릴 수도 있고 길을 잃으면 40분이 걸릴 수도 있다.

무엇보다 김녕미로공원에서의 가장 큰 즐거움이라면 미로를 통과하는 것 자체가 아니라 은은한 향 내음이 나는 랠란디 나무 사이를 걸으며 길을 찾는 즐거움이다. 이영애의 CF광고로 더욱 유명해진 이 공원은 연인들과 어린이를 동반한 가족 관광객들에게 좋은 곳이다.

所 : 제주시 구좌읍 김녕리   電 : 064)782-9266

2) 한림공원(翰林公園, Hallym Park)

한림공원은 '작은 제주'라고 부를 만큼 제주의 민속가옥, 분재, 식물원, 용암동굴 등을 한 곳에서 볼 수 있는 곳이다. 민간이 운영하는 사설 관광지로서 단지배치와 관리, 고객에 대한 배려 등을 눈여겨 볼 수 있다. 또한 협재굴, 쌍용굴 등 용암동굴의 지하경관과 진기한 수종들이 꾸며낸 이국적인 정취를 물씬 풍겨 주는 곳이다.

넓은 대지 위에 열대식물원, 워싱턴야자원, 카나리아야자원, 관엽식물원 등의 16개 구역으로 구분되어 식물의 왕국을 이루고 있다. 또한 협재굴 내 천장의 석종과 바닥에 솟은 석순 등이 신비스러울 정도로 아름답다.

쌍용굴 안에는 마치 용 두 마리가 굴 내부에 있다가 빠져나간 듯한 형체가 뚜렷이 새겨져 있다. 이 밖에도 민속촌 재암마을, 어린이 놀이동산과 다수의 휴양시설이 갖추어져 있다.

電 064)796-0001   所 제주시 한림읍 한림로 300
주변관광지 : 협재 해수욕장, 애월해안도로, 신천지미술관, 조각공원

(1) 분재예술원(盆栽藝術院, Bonsai Artpia)

중국의 이붕 전총리가 다녀갈 만큼 분재전문공원이다. 한 농부의 30년에 걸친 집념과 노력 끝에 탄생된 세계 최대의 분재공원이다.

공원 내에 잔잔하게 흐르는 클래식 음악과 연못의 비단잉어가 평화로운 분위기를 자아내기도 한다. 분재는 끊임없는 절제를 통해 형성된 강인한 생명력을 지니고 있는가 하면, 친근하고 아기자기한 맛도 있어 다양한 느낌으로 감상할 수 있다.

電 064)772-3702   所 제주시 한경면 녹차분재로 675

3) 마라도(馬羅島, Marado Island)

우리나라의 새로운 시작점으로 최남단에 자리잡은 그다지 크지 않은 섬이다. 마라분교, 등대 그리고 대한민국 최남단 기념비를 살펴보고 느껴보자.

이 섬은 북위 33도 07분, 동경 126도 16분에 자리하고 있어 뱃사람들의 안내자인 동시에 세계 해도상에도 표시된 등대가 있는 섬이다.

모슬포항을 출발한 지 50여 분 거리의 마라도는 한라산의 화산지대와 동일구조선상의 화산체이면서 생성시대는 전혀 다른 기생화산으로 밝혀졌다. 즉 일출봉 다음에 생성되었다.

이 섬에 사람이 살기 시작한 것은 1873년에 3세대가 정착하면서부터이다. 그 때는 식량이 부족하여 미역, 톳 등의 해산물로 연명을 하다가 농사를 짓기 위해 울창한 숲에 불을 놓는 바람에 지금까지 이 섬에는 뱀과 개구리가 살지 않는다고 한다.

면적이 0.3km²로 10만평에 이르고 있으며, 26세대에 107명의 주민들이 주로 어업에 종사하면서 살아가고 있다.

마라도의 주역처럼 버티고 있는 등대를 지나 약간 남쪽으로 내려가면 '대한민국 최남단'이라고 새겨진 기념비가 있어 새삼 국토의 소중함을 느끼게 한다.

▲ 마라도

섬 가장자리의 깎아지른 듯한 절벽과 기암, 남대문이라 부르는 해식터널과 해식동굴(海蝕洞窟) 등 어느 것 하나 버릴 것이 없이 아름답다.

電 064)794-5490 　　　　　　　交 모슬포항에서 마라도행 유람선 운행

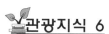관광지식 6

구름 아래는 섬이 있다!

　섬의 상승기류로 인하여 구름이 생기기 때문에 옛날 범선시대에는 구름을 보고 섬을 찾았다. 구름의 색깔을 보고 섬 주위에 암초와 바위를 조심하고 섬 안의 지형을 예측하기도 한다.

(1) 추사적거지(秋史謫居地, Exil Residence of Chusa)

조선조 헌종 때 추사 김정희(秋史 金正喜) 선생이 9년간 유배생활을 하였던 곳이다. 높은 덕과 깊이 있는 학문을 가졌던 김정희 선생이 이 곳에 다녀감으로써 제주 인문의 일대 혁신의 계기가 되었다. 선생은 금석문과 서화에 능통하였으며, 특히 서체의 새로운 경지를 개척한 추사체는 널리 알려져 있다.

이 곳에는 선생이 머물렀던 초가 4동과 연자마, 전시관, 돌하르방이 보존되어 있으며, 특히 여기서 그린 세한도(歲寒圖)는 선생의 서화의 경지를 유감

없이 발휘한 작품으로 알려져 있다.

電 064)760-3406   所 서귀포시 대정읍 추사로 44

(2) 산방굴사 · 용머리해안

▲ 산방산

본래 한라산 정상이었던 것이 뽑혀 산방산이 되고 그 뽑힌 자리가 백록담이 되었다는 전설이 전해지고 있다.

제주도의 형성시기에 생성된 해발 395m의 산방산은 제주의 다른 산과는 달리 도민의 사랑을 받고 있을 뿐 아니라 이 산에는 분화구가 없으며 외벽은 풍화작용에 의한 침식암굴로 특이한 경관을 이루고 있다.

한편, 산방산의 서남쪽 중턱 절벽에는 길이가 10m, 너비와 높이가 각각 5m가 되는 굴이 있는데 천장으로부터 수정같은 맑은 물이 떨어져 고인다.

산방산의 암벽에는 석곡, 지네발란, 풍란 등이 자생하고 있으며, 위쪽에는 제주에서 유일하게 회양목이 자생하고 있다.

산방굴사 해변에는 용머리해안이 절경을 자랑한다.

電 064)794-2940   所 서귀포시 안덕면 사계리 산 16

4) 중문관광단지(中文觀光團地, Chungmun Tourist Complex)

초현대식 관광시설, 숙박시설, 골프장 등이 들어서 있어 제주를 찾은 관광객들이 가장 선호하는 곳 중 하나이다. 서귀포시 서쪽 끝 색달동에 자리한 중문단지는 등에는 한라산을 업고, 가슴엔 푸르게 펼쳐진 바다를 안고 있다.

국제적 규모의 여미지식물원, 환상적인 돌고래쇼를 구경할 수 있는 로얄마린파크 등 볼거리가 풍부할 뿐만 아니라, 칠선녀가 노닐다 올라갔다는 천제연 폭포, 육모꼴 돌기둥이 병풍처럼 둘러쳐진 대포동 주상절리 등 자연경관도 뛰어나다.

　각 관광지가 가까운 거리에 모여 있어 도보로 이동할 수 있는 이점도 있는 국내 최대의 종합관광단지이다.

▲ 중문단지

電 064)739-1330　　　　　所 서귀포시 중문관광로

(1) 여미지식물원(Yomiji Botanical Garden)

　우리나라 최대의 식물원이다. 이탈리아·프랑스, 일본식 정원과 세계 여러 나라의 식물을 볼 수 있는 곳이다. 식물원 전체면적은 약 3만4천명이고 3천7백평 규모의 온실 속에는 꽃과 나비가 어우러지는 화접원(花蝶園)을 비롯해서 수생식물원, 생태원, 열대과수원,

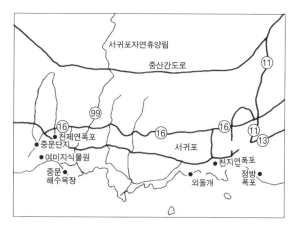

〈그림 38〉 중문관광단지 위치도

다육식물원, 중앙전망탑으로 구분해서 희귀식물을 포함한 1천3백여 종의 온갖 식물을 갖추어 놓았고, 온실 밖에는 제주도 자생수목을 포함하여 1천여 종의 나무와 화초류를 심어 놓았다.

　온실과 정원 사이에는 60인승 관광유람열차가 운행되며, 온실 중앙의 전망탑은 높이가 38m(12층 높이)로 관광용 엘리베이터를 타고 올라가면 식물원 안은 물론 날씨가 좋을 때는 멀리 국토의 최남단인 마라도까지 바라볼 수 있다.

電 064)735-1100   所 서귀포시 중문관광로 93

(2) 천지연폭포(天池淵瀑布, Chonjiyeon Waterfall)

▲ 천지연폭포(한국관광공사 제공)

하늘과 땅이 만나서 이룬 연못이라 붙여진 이름이다. 서귀포 포구에 이어진 냇가의 산책로를 따라 걷다 보면 하늘 높이 치솟아 있는 기암절벽에서 바다로 직접 쏟아내리는 하얀 물기둥을 만나게 되는데, 이 곳이 바로 천지연 폭포이다.

검은 용암 사이로 우뢰와 같은 소리를 내며 쏟아지는 하얀 물줄기의 웅장함이 가슴을 한껏 넓혀 준다. 또한 폭포 중앙 못 속에는 천연기념물 제27호로 지정된 **무태장어**가 서식하고 있고 주변 계곡에도 천연기념물 **담팔수** 나무가 자생하고 있다.

휴식공간이 잘 마련되어 있어 야간조경 아래에서 오붓한 밤데이트를 즐기려는 연인들의 발길이 끊이지 않는다.

電 064)733-1528   所 서귀포시 서홍동 남성중로

(3) 서귀포잠수함(大國海底觀光, Daeguk Undersea Tour)

서귀포 앞바다는 제주도의 다른 연안에서 쉽게 찾아볼 수 없는 해안경관과 수중경관의 아름다움을 지닌 곳이다.

바닷속 2.8km를 잠수함을 타고 둘러보는 해저관광은 산호, 불가사리, 물고기 떼의 유영 등 수심에 따라 다양하게 펼쳐지는 신비로운 해저세계와 해녀작업과 스쿠버들의 모습도 직접 볼 수 있다. 비가 오거나 흐린 날에는 바닷속 플랑크톤의 활동이 저하되어 시계가 더욱 맑아진다.

서귀포 앞바다의 세계 최대 맨드라미 산호 군락지인 문섬 주위의 바닷속 2.8km을 잠수함을 타고 둘러보는 코스이다. 오전 8시부터 매시간 정기운항

하며, 태풍·폭풍주의보 때는 운항이 중단된다.

電 064)732-6060   所 서귀포시 서홍동 707-5

서귀포(西歸浦) : 불로초를 못 찾은 서시가 돌아간 포구

제주도 서귀포시는 남국적 풍물이 절정을 이루고 있는 우리나라 최남단의 도시로서 이 이름에는 다음과 같은 내력이 전해진다. 중국의 진시황이 천하를 통일하자 불로장생(不老長生)하기를 원하여 방사(房事)로 유명한 서복(西福 : 西市)으로 하여금 동남동녀(童男童女) 5백명을 거느리고 금은보화와 음식, 기구 등을 큰 배 열척에 꾸려가지고 항해의 안전을 비는 큰 제사를 지낸 뒤 삼신산으로 불사약(不死藥)과 불로초(不老草)를 구하러 보냈다. 서복은 삼신산의 하나인 영주산, 즉 한라산에 이르자 남녀 5백명을 풀어 이 영약을 찾아오도록 하였으나 끝내 찾지 못하였다.

그들은 제주도에서 신선이 먹는 열매로 알려진 암고란 또는 시러미라고 부르는 풀만을 채집해 가지고 서쪽으로 돌아가면서(일설에는 동쪽의 일본으로 건너가 일본천황이 되었다고 한다) 서귀포시의 정방폭포 절벽에 '서시과차(西市過此)'라고 새겨 놓았다. 서귀포라는 이름은 '서시과차지포(西市過此之浦)', 즉 서시가 이 곳을 지나간 포구이므로 서과포(西過浦)라 한 것이 서귀포(西歸浦)로 바뀌었다고도 하고, 또는 그가 '서쪽으로 돌아갔다'는 서쪽을 서귀포(西歸浦)라 하였다고 한다.

(한국의 지명유래, 땅이름으로 본 한국향토사, 김기빈)

(4) 쇠소깍(명승 78호)

소가 누워있는 형태라 하여 쇠둔이라는 지명이었는데, 소(쇠) 웅덩이(소) 끝(깍)이라는 의미이다. 효돈천을 흐르는 담수와 해수가 만나 깊은 웅덩이를 만들고 있어 '쇠소깍'이라고 이름 붙여졌다. 암벽 위에는 곰솔이 비교적 많고 구실잣밤나무, 담팔수나무 등이 섞여 있으며, 나무줄기에는 모람이 착상해 있는 상록수림대가 형성되어 하천의 회백색 암벽과 잘 어울리고 있다. 쇠소깍은 용암이 흘러내리면서 굳어져 형성된 계곡 같은 골짜기로 독특한 지형을 자랑한다. 줄을 잡아당겨 물위를 가르는 전통 뗏목인 테우와 투명카 약 등을 체험해 볼 수 있다.

電 064)732-9998　　　　　　所 서귀포시 쇠소깍로 140

5) 성산일출봉
(城山日出峰, Songsan Ilchulbong)

〈그림 39〉 성산일출봉 위치도

▲ 성산일출봉(한국관광공사 제공)

세계자연문화유산·세계지질공원이다. 성산일출봉은 제주도 최고의 절경지로서 예부터 영주(제주) 제1경이라 해 왔다.

일출봉은 약 5만~12만년 전 바닷속에서 용암이 분출하여 생성되었는데, 제주의 동쪽 끄트머리에 우뚝 솟은 거대한 바위덩어리로서 정상에는 99개의 바위봉우리들이 마치 성처럼 분화구를 둘러싸고 있다. 동남, 북쪽의 외벽은 바닷물에 의해 빙벽(氷壁)같이 날카롭게 깎아 내린 절벽이고 서북면만이 유연한 잔디능선으로 성산마을과 이어져 있다.

잘 다듬어진 길을 따라 178m의 정상에 오르면 오밀조밀한 마을 정경과 섭지코지 주변 해안에 달려오는 파도, 샛노란 유채꽃 물결이 가물가물 어우러져서 이것이 바로 절경이다.

3만여 평의 푸른 초원, 깊이가

족히 100m는 됨직한 분화구 가장자리에는 오백나한의 전설과 그 수가 같다는 99개의 날이 선 기암들이 빙 둘러서 있어 마치 거대한 왕관을 연상케 한다.

하지만 일출봉의 빼어난 극치는 해가 솟아오를 무렵, 즉 일찍 일어나서 정상에 올라 희미한 어둠 속에서 일출을 마주할 때이다.

電 064)783-0959   所 서귀포시 성산읍 일출로

(1) 섭지코지(Sopjikoji)

섭지는 재사(才士)가 많이 배출되는 지세란 뜻이며, 코지는 곶을 의미하는 제주 방언이다.

제주의 다른 해안과는 달리 송이라는 붉은 화산재로 되어 있고 해수면의 높이에 따라 물 속에 잠겼다가 일어서는 기암괴석은 수석 전시회를 연상케

▲ 섭지코지(한국관광공사 제공)

할 정도다. 섭지코지 해안에는 용암이 분출하는 분석구가 침식되어 분석구 중심인 화도(火道)와 이로부터 멀리 날아가 쌓인 마그마의 화산탄들이 쌓인 것이다. 섭지코지는 봉화대와 삼성혈에서 나온 산신인의 혼례를 올린 세 여인이 배를 타고 도착했다는 황금알이 있다.

電 064)782-2810   所 서귀포시 성산읍 섭지코지로 107

(2) 제주민속촌(濟州民俗村, Cheju Folk Village)

옛 제주 마을의 생활상을 생생하게 살려 놓은 곳이다. 14만여 평의 대지 위에 산촌, 중산간촌, 어촌, 식물원, 장터, 어구전시장, 야외 전시장, 무속신앙지구, 관아, 무형문화재의 집 등을 정갈하고 깔끔하게 정돈해 놓았다.

해녀춤, 비바리춤 등이 하루 2차례에 걸쳐 민속공연장에서 공연되며, 무형문화의 집에서는 영상자료와 녹음자료를 이용해 제주도의 전설, 방언, 민요

〈그림 40〉 제주민속촌 위치도

등의 대표적인 무형문화재를 방영한다. 또한 민속촌 내의 장터에서는 빙떡, 그을려 잡은 돼지, 몸국백반, 오메기술 등의 옛맛을 맛볼 수 있다.

이곳저곳에 간간이 배치되어 있는 대장간, 연자방아, 서당, 한약방, 해녀의 집, 심방 집 등이 들려 오는 제주 민요의 구성진 가락을 들으면 제주의 과거생활 속에 서 있는 자신을 느낄 수 있다.

電 064)787-4501   所 서귀포시 표선면 민속해안로 631-34

(3) 성읍민속마을(城邑民俗村, Songup Folk Village)

▲ 성읍민속마을(한국관광공사 제공)

섬나라 제주의 독특한 풍물과 마을 모습을 원형 그대로 보존하고 있는 마을이다. 제주도가 삼현으로 나누어져 있던 1410~1914년까지 정의현의 수도였던 마을로서, 동부산간지대 마을의 특징이 남아 있다.

현재 민속자료보호구역으로 지정되어 300여채의 집에 사람이 실제 생활하고 있

는 민속촌이다. 현청이 있던 일관헌(日觀軒), 키가 작은 돌하르방, 현무암으로 건축된 성읍성지, 대나무와 억새를 사용한 지붕의 초가, 여러 가지 생활용구 등이 옛날 그대로 보존되어 있으며 일부는 일반에 공개되고 있다.

電 064)760-3578   所 서귀포시 표선면 성읍정의현로 19

(4) 우도(牛島, Udo Island)

우도는 마치 소가 드러누웠거나 머리를 내민 모습과 같다고 해서 붙여진

이름이다.

　성산포에서 북동쪽으로 3.8km 떨어진 섬으로 성산항에서 15분이면 갈 수 있다. 섬 남단 동어귀는 광대코지라 불리는데 안에 동굴이 있다. 이 동굴에 스며드는 햇빛이 암굴의 천장에 반사하여 둥근 달이 떠 오르는 듯한 절경을 이루는데, 이를 '달그리안' 또는 '주간 명월'이라 하여 우도 8경 중의 첫번째로 꼽는다. 우도에 가면 꼭 이 곳을 가보도록 한다. 달그리안을 보려면 작은 배를 타고 들어가야 하는데, 맑은 날 12시 전후 햇살이 동굴 안으로 비춰드는 때를 잘 맞추어야만 한다. 이 곳에는 우리나라에서 유일한 산호 모래사장도 있다.

- **우도 8경**

  - 주간명월 : 대낮에 굴 속에서 달을 본다.
  - 야항어범 : 밤 고깃배 풍경
  - 천진관산 : 동천진동에서 한라산 보기
  - 지두청사 : 지두의 푸른 모래
  - 전포망도 : 섬 전경을 바라보는 것
  - 후해석벽 : 바위 절벽 경관
  - 동안경굴 : 동쪽 언덕에 있는 고래가 살 수 있을 정도의 큰 굴이라는 뜻
  - 서빈백사 : 하얀 산호 백사장

電 064)783-0448/783-0004(이장댁)
交 성산항에서 도항선 이용. 도착 후 섬순환관광버스 이용

5. 레포츠

(1) 🌐한라산 등반(漢拏山 登攀, Mt. Hallasan Climbing, 세계자연유산)

　2007.6 UNESCO의 세계자연유산으로 등재되었다. 한라산은 해발 1,950m로 한반도에서는 백두산에 이어 두번째로 높으며 남한에서는 첫번째로 높고 웅장한 산이다. 약 120만년전 바다 한 가운데서 땅이 솟아 올라 생성되기

시작했다. 한라산이란 이름의 '한(漢)'은 은하수를 일컫는 것이고 '라(拏)'는 손을 들어 잡는다는 뜻으로 손을 들면 밤하늘의 은하수를 잡을 수 있을 만큼 높은 산이라는 뜻으로 풀이되고 있다.

한라산은 화산에 의한 지형적 특성을 지녀 크고 작은 분화구, 오름이 수없이 많이 이어지는 고사목과 구릉, 철쭉군락, 기암, 동굴, 계곡 등이 빼어난 경치를 이루고 있다.

1970년 **국립공원**으로 지정되었으며 산높이에 따라 수직으로 난대, 온대, 한대성 등 3기후대 동식물이 서식하여 산 전체가 세계적으로 드문 각종 동식물의 보고를 이루고 있다.

봄이 되면 구릉지에는 진달래와 철쭉이 피어 장관을 이루고, 여름이면 울창한 녹음으로 온 산이 온통 푸르다. 또한 가을이면 영실기암을 비롯한 온 산에 단풍이 물들며 겨울에는 수북하게 내린 눈이 쌓여 이른봄까지 설화(雪花)와 수빙(水氷)이 만발하여 국내 제일의 설경을 이룬다.

특히 한라산은 겉에서 볼 때는 부드러운 느낌이 들지만, 직접 오르다 보면 험하고 거칠 때가 많다. 이 때 주의할 점은 해발 고도에 따라 10℃ 안팎의 온도 차이를 보일 만큼 온도편차와 기상변화가 심하여 아무리 좋은 날씨라도 등반 때에는 비, 눈에 대한 장비를 갖추어야 한다.

• 성판악코스(064)758-8164)

등반길이가 긴 반면, 길이 매우 평탄하다. 그래서 이 등산로는 오르기는 쉬우나 다른 등산로에 비해 조금 단조로운 편이다.

- 해발 750m에 위치
- 코스거리 : 9.6km
- 등반시간 4시간 30분, 하산시간 4시간

• 영실코스(064)747-4730)

등반길이가 짧고 영주십경의 하나인 영실기암이 있어 경관이 빼어난 등산로이다. 바위가 겹겹이 치솟아 석실같은 분위기와 함께 '신령(神靈)'이 산다고 하여 '영실(靈室)'이라고 한다.

- 시외버스에서 내린 후 국립공원사무소까지 6km(도보로 1시간 소요)
- 코스거리 : 6.5km

– 등반시간 3시간 30분, 하산시간 3시간

電 064)713-9950, www.hallasan.go.kr
交 제주시터미널과 중문단지에서 어리목/영실매표소행 이용

(2) 제주 올레길

올레는 '집 대문에서 마을길까지 이어 주는 좁은 골목'을 뜻하는 제주 방언이다. 제주 출신 언론인 서명숙이 스페인 산티아고 순례길을 걷고 나서 구상한 것이다. 2007년 9월 시흥 광치기 1코스를 시작해서 현재는 26개로 제즈 전도를 순회하는 코스가 개발되어 있다. 1코스당

▲ 제주도오레길(한국관광공사 제공)

평균 3~5시간 도보 코스이다. 제주 올레는 '제주에 올래', '제주에 오겠지?'라는 이중의 의미를 가진 관광상품이다(www.jejuolle.org).

• 찾아보기 •

● 참고문헌 ●

경상남도 관광홍보자료 및 홈페이지 2018

경상북도 관광홍보자료 및 홈페이지 2018

광주광역시 관광홍보자료 및 홈페이지 2018

대구광역시 관광홍보자료 및 홈페이지 2018

부산광역시 관광홍보자료 및 홈페이지 2018

서울특별시 관광홍보자료 및 홈페이지 2018

세종특별시 관광홍보자료 및 홈페이지 2018

울산광역시 관광홍보자료 및 홈페이지 2018

전라남도 관광홍보자료 및 홈페이지 2018

전라북도 관광홍보자료 및 홈페이지 2018

제주도 관광홍보자료 및 홈페이지 2018

충청남도 관광홍보자료 및 홈페이지 2018

충청북도 관광홍보자료 및 홈페이지 2018

관광통역안내사, 백산출판사, 2018

김정기, 1987. 한국목조건축, 일지사

사회과부도, 성지문화사, 2010

자연의 이해, 1993, 동아출판사

whtjsdlfqh 2018

한국관광공사 홈페이지

한국관광공사, 한국관광명소 베스트 100, 2018

한국관광공사, 한국을 대표하는 1지역 1명소 1명품, 1999

한국민족문화대백과

홍윤식, 1988, 한국의 불교미술, 일지사

www.daum.net(2018)

www.naver.com(2018)

google.com

저자약력

안종수 安鍾洙

前) 호남대학교 교수
　　한국관광학회 부회장
　　한국해양관광학회 회장
現) 한국해양관광학회 고문
　　한국해양관광연구소장
이메일 : boy3388@hanmail.net

▌논저

가족 관광행동에 관한 연구
한강 여가공간개발에 관한 연구 外 多數

▌저서

세계관광(백산출판사)
세계문화관광(백산출판사)

저자와의
합의하에
인지첩부
생략

한국관광지리

2002년 3월 15일 초 판 1쇄 발행
2019년 2월 25일 개정3판 1쇄 발행

지은이 안종수
펴낸이 진욱상
펴낸곳 백산출판사
교 정 편집부
본문디자인 오행복
표지디자인 오정은

등 록 1974년 1월 9일 제406-1974-000001호
주 소 경기도 파주시 회동길 370(백산빌딩 3층)
전 화 02-914-1621(代)
팩 스 031-955-9911
이메일 edit@ibaeksan.kr
홈페이지 www.ibaeksan.kr

ISBN 979-11-5763-893-2 93980
값 22,000원